水利水电工程测量、制图与遥感新技术应用研究

主　编　杜雷功　惠武权　高金平　谢津平
副主编　曹卫斌　陆日壮　余宣兴　张明东
　　　　詹　昊　魏培志　鲁志文　李　铎

黄河水利出版社
·郑州·

内 容 提 要

本书为水利水电工程测量、制图与遥感新技术应用研究论文集。其内容涉及水利水电工程测量、摄影测量与遥感应用、数字化制图与地理信息系统开发、变形监测等方面，反映了新世纪我国水利水电工程测绘新技术的前沿研究与应用的最新进展。

本书专业性、实用性强，可供水利水电工程勘测、设计、施工、科研人员及广大高校师生参考。

图书在版编目(CIP)数据

水利水电工程测量、制图与遥感新技术应用研究/杜雷功等主编. —郑州:黄河水利出版社,2010.10
ISBN 978-7-80734-917-4

Ⅰ.①水… Ⅱ.①杜… Ⅲ.①水利工程-文集②水力发电工程-文集 Ⅳ.①TV-53

中国版本图书馆 CIP 数据核字(2010)第 200414 号

组稿编辑:王路平 电话:0371-66022212 E-mail:hhslwlp@126.com

出 版 社:黄河水利出版社
地址:河南省郑州市顺河路黄委会综合楼 14 层 邮政编码:450003
发行单位:黄河水利出版社
发行部电话:0371-66026940、66020550、66028024、66022620(传真)
E-mail:hhslcbs@126.com
承印单位:河南地质彩色印刷厂
开本:787 mm×1 092 mm 1/16
印张:17.75
字数:410 千字 印数:1—1 000
版次:2010 年 10 月第 1 版 印次:2010 年 10 月第 1 次印刷

定价:49.00 元

序

从人类生存与发展的战略高度来认识水资源问题，把经济可持续发展和水资源可持续利用作为一条主线贯穿未来经济社会发展的始终已成为国际机构和各国领导人的共识，中国水资源总量虽然丰富，但人均淡水资源严重短缺，进入新世纪后国家加大了水利投入力度，水利基建投资的大幅度增加再次超过GDP的增长速度，我国的水利建设进入了一个新的发展阶段。国家新时期的能源发展战略是要优先发展低碳能源，首选能源仍为水电，水利水电这种可再生的低碳清洁能源，在保证我国经济建设快速发展的前题下，不造成环境污染，是其他能源方式无法相比的。发展水电事业、充分利用水能，既能改善周边环境，同时可在农田灌溉中发挥重要作用。水利是我国工农业发展的命脉，水利水电建设是国家的基础产业，而水利水电测绘则是水利水电建设的先行，它为水资源的开发、利用和可持续性发展提供坚强的技术保障。

随着许多现代测量技术与理论的不断发展，测绘生产力不断提高，每个测绘从业人员都必须跟上时代的步伐，不断学习，相互交流，促进测绘行业快速向前发展。由于空间技术、计算机技术、通信技术和地理信息技术的发展，致使水利水电勘测的理论基础、工程技术体系、研究领域和科学目标正在适应新形势的需要而发生深刻的变化。水利水电工程测绘也随着测量3S（全球定位系统GPS、遥感RS、地理信息系统GIS）技术的飞速发展，在信息采集、数据处理、成果应用等方面步入数字化、网络化、智能化、实时化和可视化的新阶段。许多现代测绘仪器（如三维激光扫描仪）也在水利水电测绘行业越来越多地得到应用，为加快水利水电建设速度与水平提供了有力支持。

《水利水电工程测量、制图与遥感新技术应用研究》一书的出版令人鼓舞，这部著作是理论探索与实践创新的完美结合，是新思路、新方法、新工艺在工程建设中成功运用和宝贵经验的汇总，有助于进一步提高我国水利水电建设的技术水平。正确的理论来源于实践，又对实践发挥指导作用，本书集多位水利测绘工作者智慧的结晶，在一些技术难题方面有所突破，具有宝贵的参考价值。让我们互励共勉，共同提高，勤奋努力，开拓创新，以更快的脚步，全面提升我们的测绘工作水平及测绘科技水平，促进水利水电事业的进步与振兴，为我国经济又好又快地发展保驾护航。

中国工程设计大师 林昭

2010年10月10日

目　录

GIS 与制图

GPS 测量

变形监测

工程测量

摄影测量与遥感

GIS 与制图

ArcGIS9 在官厅密云水库上游水土保持监测系统二期工程中的应用

崔洪岩　王　玲　黄会永　张　锴

（中水北方勘测设计研究有限责任公司）

摘　要　简述了 ArcGIS 的体系结构，并结合官厅密云水库上游水土保持监测系统二期工程的系统设计，阐述了 ArcGIS9 的优势，以及在工程中的具体应用。

关键词　地理信息系统　ArcGIS9　水土保持

1　概　述

1.1　地理信息系统

地理信息系统 GIS（Geographic Information System）是一门以计算机技术为基础，集地理学、测绘遥感学、环境科学、城市科学、空间科学和管理科学等相关学科于一体的新兴边缘学科。它将计算机技术和空间地理分布数据相结合，通过系统建立、空间操作与模型分析，为地球科学、环境科学和工程设计乃至企业管理等方面的规划、管理和决策提供有用的信息。随着信息技术的飞速发展，GIS 技术也在朝着组件式、网络化的模式发展，GIS 技术越来越成熟，可以说现在地理信息系统技术已经渗透到日常生活的各个领域，其开发和应用的前途和容量将不可限量。

1.2　ArcGIS 概述

在 GIS 专业领域中，美国 ESRI（环境系统研究所）公司是全球最大的 GIS 专业软件提供商，其 ArcGIS 软件体系最为强大。ArcGIS 是建立在一个被称为 ArcObject 的基于组件对象模型（COM）的集合之上的，包含客户端软件、服务器端软件以及数据模型产品等众多模块的庞大软件体系，其每个产品都是依据特定的需求而设计。现在 ArcGIS 已经发展到 9. X 版本，较旧版本扩展了一些新的功能，增加了 ArcGIS Engine 和 ArcGIS Server 两个产品，软件体系更加清晰完整，整个体系包括以下四个关键部分：

（1）ArcGIS Desktop——高级 GIS 应用程序的一个集成套件。

（2）ArcGIS Engine——通过多种应用程序接口建立自定义应用程序的嵌入式 GIS 组件库。

（3）ArcGIS Server——为企业和 Web 计算框架建立服务器端 GIS 应用程序的一个平台，可用于建立 Web 服务和 Web 应用程序。

（4）ArcIMS——通过开放 Internet 协议发布地图、数据和元数据的 GIS Web 服务器。

1.3　官厅、密云水库上游水保二期概述

官厅、密云水库（简称两库）上游水土保持监测系统是《21 世纪初期（2001～2005 年）

首都水资源可持续利用规划》总体项目的重要组成部分，系统总体设计贯彻了“全国水土保持监测网络与信息系统建设”和“数字海河”的设计思路和理念，建成后将是全国水土保持监测网络与信息系统建设的组成部分，也是“数字海河”的一个重要组成部分。一期工程是两库上游水土保持监测系统建设的核心，官厅、密云水库上游水土保持监测系统二期工程（简称两库上游水保二期工程）是一期工程的补充和完善，是两库上游水土保持监测系统的主要工程，是为了尽快实现两库上游水土保持项目管理、监督实施，加快水土流失动态监测的科学化、信息化进程。

2 两库上游水保二期系统设计

两库上游水土保持监测系统二期工程是以数据库为基础，以服务于水土保持职能部门为目标，以建模、统计分析、对比查询及专题制图等手段和方式实现水土流失监测、分析计算、对比及监督管理等的综合信息系统。它被设计为一类由数据库/数据仓库、查询报表、统计分析、信息管理、数据备份和恢复等部分组成的，以帮助职能部门进行业务管理和决策为目的技术及其应用。该系统将实时的监测数据以及相关的基础数据转化为水土保持业务管理所需的管理信息，并借助业务的管理流程，帮助各层次的职能部门进行明智的业务处理和管理。

根据海河流域水土保持业务工作的需要，系统主要由水土保持监测子系统、水土保持项目管理子系统、水土保持预防监督子系统、水土保持信息发布子系统、专题应用综合子系统这 5 个业务子系统构筑而成。每个业务系统均面向问题，以基本业务对象为单元，利用数据库系统提供的各种信息，按照不同的业务处理流程实现相应的业务功能，并使各业务系统功能有机结合和综合运用，以实现系统的整体业务功能。

在应用系统总体架构中，业务系统面向四种用户服务：业务用户、决策用户、公众用户和系统管理员，每个子系统可以单独授予权限。业务用户可以进行数据维护（编辑）、处理、查询、检索、统计报表、制图等各种权限；决策用户没有数据编辑和维护的权限，只按业务需求统计和显示结果；公众用户通过浏览器使用水土保持信息发布系统发布的基于 Web 的公开信息；系统管理员进行业务应用系统的运行维护，进行系统监控，分配用户的角色和权限。

2.1 系统架构体系

系统结构采用 C/S 结构与 B/S 结构相结合的方式，C/S 方式主要用于空间数据、专题图像等静态基础地理数据的收集、统计分析及系统维护管理等；B/S 方式主要用于静态信息查询、可视化及面向公众的社会化信息等非空间数据服务，以及动态的远程管理维护和查询显示等。系统结构在逻辑上分为三层，采用的主要技术包括基于权限的安全管理（RAC）、组件装配技术（CA）、面向方面的编程技术（AOP）、GIS 相关技术、数据访问对象（DAO）、实体/关系映射（ORM）、java 数据库连接（JDBC）等数据访问技术，空间数据访问通过 SDE 数据服务实现（见图 1）。

主要技术实现方式：

（1）GUI Framework 是 C/S 客户端表示层框架，实现表示层控制，包括 SWT GUI 和 ArcGIS GUI，自主开发，分别在属性应用和 GIS 应用中设计实现。

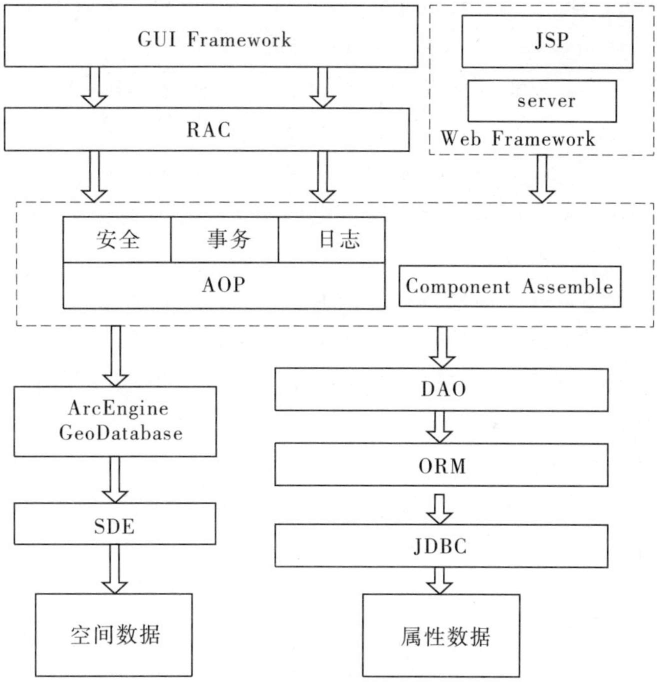

图 1 系统架构图示

(2)RAC 实现用户访问权限控制,自主开发,在系统的安全管理模块下实现。

(3)AOP、CA 负责系统逻辑控制,包括界面逻辑和业务逻辑,通过 Spring 框架实现。

(4)JDBC、ORM、DAD 是属性数据访问机制,使用 Hibernate 实现。

(5)GeoDatabase 及 SDE 通过 ArcEngine 开发包实现。

2.2 GIS 软件平台的选用

由于两库上游水保二期系统中包含大量对空间数据的操作功能,GIS 开发平台选用的合适与否直接影响到系统功能能否全面实现和系统运行是否稳定流畅的问题,还要考虑到采用的 GIS 平台体系结构的伸缩性、系统功能的强度、系统开发性、系统成熟性等因素。在初期进行系统设计时,曾试图采用较旧版本的 ArcGIS8.2 开发平台,在系统的需求分析中,用户提出该系统要建成为特定的、轻量级的 GIS 应用系统,脱离开 ArcGIS 的桌面环境。而 8.x 版本开发平台体系框架在现在看来不够完善,必须利用 ArcObjects 库开发高级 GIS 应用,不能脱离开 ESRI 公司的 ArcGIS Desktop(ArcInfo)桌面操作环境,安装复杂烦琐,要求的技能高,用户不能独立解决安装问题,需要开发商专业人员安装,而且 8.x 版本在 3D 分析功能上也有局限性,导致 ArcGIS8.2 开发平台不能满足用户的要求,而 ArcGIS9 平台下的新产品 ArcGIS Engine 却能很好的满足用户的要求,此产品具有实现嵌入应用的开发、发布安装简便、3D 功能完善等优点。最终在对系统需求全面分析后,系统建立者采用 ArcGIS Engine + ArcGIS Server 作为系统的基础 GIS 平台软件。

2.3 系统中 ArcGIS9 的应用

两库系统中的底层数据分为空间数据和属性数据两部分,其中空间数据存储着诸如行政区划、土壤类型、三维遥感图像等海量地理数据，大量的属性数据也是依附于空间数据之上的，系统中众多的业务功能也是以这些空间数据为基础开发的，所以整个系统对空间数据的集成和访问是系统实现的关键，而 ArcGIS9 软件的采用使系统建立者轻松地解决了这个关键问题。ArcGIS Server 产品中的 ArcSDE 应用程序为管理众多关系数据库中地理数据库的接口，它提供了与其他 ArcGIS 应用程序和基于工业标准的关系数据库之间的一个交互通道，通过 ArcSDE 用户可以很方便地访问到空间数据库，从而使空间数据完全集成到系统中。

ArcGIS Engine 组件是一个应用程序开发包，用于建立和部署自定义 GIS 和制图应用程序，它提供了一系列嵌入式、应用于 ArcGIS Desktop 应用程序框架之外的 ArcGIS 组件，开发人员可以使用 ArcGIS Engine 将 GIS 功能嵌入到现有的应用程序中，包括 Microsoft Office 的 Word 和 Excel 等产品，也可以建立能分发给众多用户的自定义高级 GIS 系统应用程序。两库上游水保二期系统建立者在 java 开发环境中调用 ArcGIS Engine 中的 Mapcontrol、Toolbarcontrol 等相关组件实现了系统中各种空间数据显示、查询等功能。

3 总 结

采用 ArcGIS9 开发平台建立两库上游水土保持监测系统，将先进的 GIS 技术和传统的水土保持工作结合到一起，给水土保持工作带来了更系统、更简便的工作方法。系统的建成，把原先分散于各地区的水保数据有效的整合在一起，实现了整个官厅、密云水库上游的水保数据全区域、可视化、智能化的分析操作，有利于该区域水保管理部门协同工作，使水土保持工作走上一个新台阶。

CASS 成图系统符号库的开发与利用

王 冰 庞清艳

（中水北方勘测设计研究有限责任公司）

摘 要 开发和利用 CASS5.0 软件符号库，扩大 CASS5.0 软件符号库应用范围，满足不同类型及小比例尺作图的需要。

关键词 CASS5.0 开发利用 符号库

1 引 言

在运用南方 CASS5.0 的实际工作中，我们经常会遇到符号库中存在未完善的符号或某些地区（国家）特有的地形图符号，或某些专业自己专用的地形图符号，同时符号库中没有 1:5万、1:10 万小比例尺地形图符号（南方 CASS 没有 1:2.5 万或更小比例的符号库），这时需要我们在 CASS 软件符号库中开发和利用新符号，以满足作图的需要。

2 符号的制作过程

以旋转的点状地物符号为例，1:1万中小比例尺图中单线河流流向（以下简称单线流向）符号的制作过程如下：

（1）按照图式（或要求）以实际尺寸绘制符号，绘制完后将符号整体移动（用移动命令），使其定位点中心（或底边中心）的坐标位为（0,0）（提前定义好符号颜色为随层），如图 1 所示。

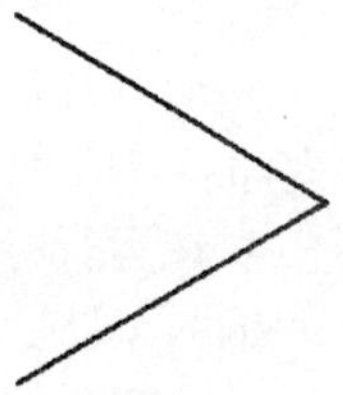

图1

（2）将画完的符号（图形）存盘，存盘目录为 CASS 的 BLOCKS （如 C:\CASS5.0\BLOCKS ），文件名为“GC + 三位数字”。（请不要与 CASS 已有的文件重名，CASS 已有的点符号图块都存放在 CASS 的 BLOCKS 目录中）。定义河流流向符号的文件名为“gc705”。

（3）编辑 WORK.DEF（CASS5.0\SYSTEM\WORK.DEF）文件，河流流向为旋转的点状符号，类别为 2，第一参数为图块名，第二参数不用。编辑如下所示：

……

x270310,SXSS,2,gc604,0,一般河流流向

x270311,SXSS,2,gc705,0,单线河流流向

x270320,SXSS,2,gc605,0,有潮汐河流流向

……

编辑完后存盘。

（4）①符号（图标）绘制完成后，并显示于屏幕中央，如图 2 所示。

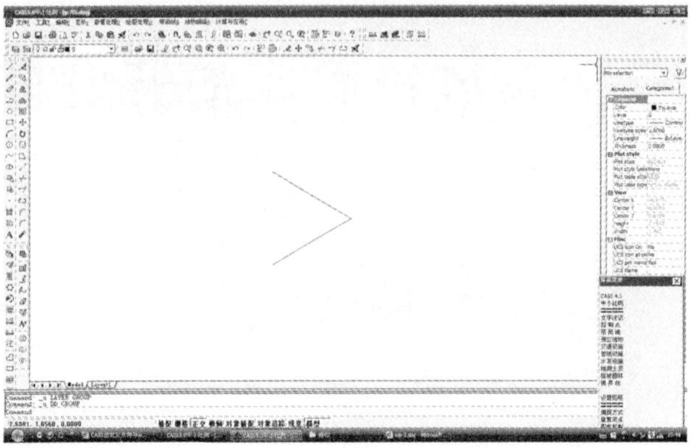

图2

②命令行输入制作幻灯片的命令,制作幻灯片。

键入命令(Command):mslide;

系统弹出创建幻灯片的对话框,如图3所示。

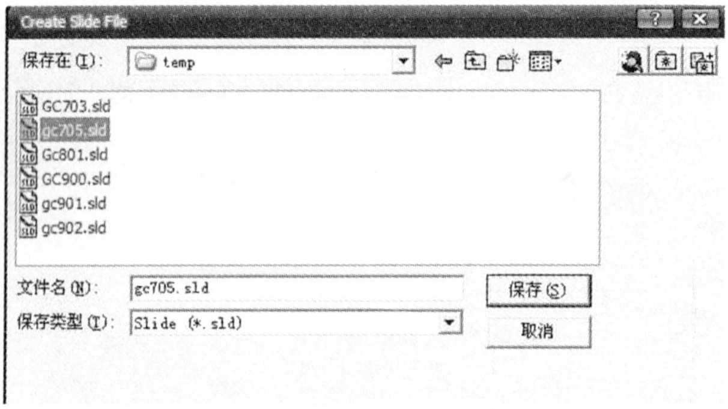

图3

将幻灯片保存到C盘的temp目录下,并输入文件名(如gc705.sld),见图3。

③在MSDOS环境下,进入幻灯片保存的目录,如C盘的temp目录。

④在运行行里输入cmd(确定)。

输入 cd c:\temp;

命令提示符下(如:c:\temp >),键入命令:dir gc705.sld > mmm/b,如图4所示。

图4

⑤把 CAD 里 support 文件夹里的 slidelib. exe 文件拷贝到 temp 里面。

命令提示符下(如:c:\temp >),键入命令:c:\temp > slidelib cass5 < mmm(cass5,5 为累计数)。

制作包含该目录所有幻灯片的幻灯片库(扩展名为. slb)。CASS 5.0 已有三个幻灯片库分别为 CASS1,CASS2,CASS3。因此,新建的幻灯片库从 CASS4 开始。

(5)编辑 ACAD. MNS 文件。

编辑 CASS/system/ acad. mns 文件:

```
……
[cassx(sx35,一般河流流向)]^C^C^Pdd;x270310;^P
[cass7(gc705, 单线河流流向)]^C^C^Pdd;x270311;^P
[cassx(sx36,有潮汐河流流向)]^C^C^Pdd;x270320;^P
……
^C^C^Pdd;x270310;^P
^C^C^Pdd;x270311;^P
^C^C^Pdd;x270320;^P
……
```

编辑完后存盘。

(6)编辑 INDEX. INI 文件。

打开 INDEX. INI 文件:

```
……
x270310,gc604,0.000,一般河流流向,270310
x270311,gc705,0.000, 单线河流流向,270311
x270320,gc605,0.000,有潮汐河流流向,270320
……
```

编辑完后存盘。

(7)最后打开 CASS5.0,运行 meun,重新加载 CASS/system/acad. mns 即可。

新加的单线河流向如图 5 所示。

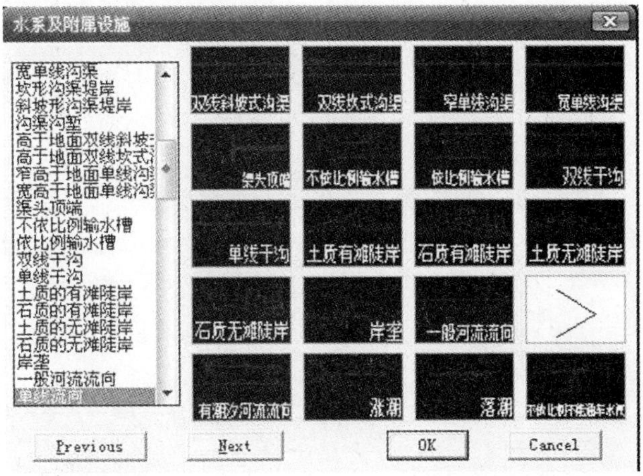

图 5

开发和利用 CASS5.0 软件符号库，可以灵活和便捷地运用符号库，有利于作图工作的开展。以上是笔者工作中的一点体会，所言有不尽之处，希望同行予以指正。

参考文献

[1] 国家技术监督局. GB/T 20257.3—2006 国家基本比例尺地图图式第 3 部分：1∶25 000 1∶50 000 1∶100 000地形图图式[S]. 北京：中国标准出版社，2006.

《海河流域防洪调度概化图集》的设计与编制

王　玲　庞清艳　崔洪岩

（中水北方勘测设计研究有限责任公司）

摘　要　简要介绍《海河流域防洪调度概化图集》编制的背景，详细阐述图集内容和结构设计、编图资料、编制方法，总结图集的特点与创新、意义与价值。

关键词　海河流域　防洪调度　图集设计　图集编制

1　图集编制的背景

海河流域东临渤海，西倚太行山脉，南界黄河，北接蒙古高原。流域地跨8省（自治区、直辖市），包括北京、天津两市的全部，河北省大部，山西省东部，山东、河南省北部以及内蒙古自治区和辽宁省的一小部分。流域面积31.8 km^2、人口1.26亿人、耕地1.6亿亩，分别占全国的3.3%、10%、11%。海河流域包括海河、滦河和徒骇马颊河水系。其中海河水系是主要水系，由北系的蓟运河、潮白河、北运河、永定河和南系的大清河、子牙河、漳卫河组成；滦河水系包括滦河及冀东沿海诸河；徒骇马颊河水系位于流域最南部，主要包括徒骇河、马颊河，为单独入海的平原河道。流域西部、北部为山区，东部、东南部为平原，山区和平原面积分别占流域总面积的60%和40%。地形自西、北和西南三面向渤海倾斜，丘陵过渡区短，山区与平原区几近相交。

海河流域自1963年大水以来，按照"上蓄，中疏，下排，适当的滞"的治理方略，初步建立了由水库、河道及堤防、水闸枢纽、蓄滞洪区组成的防洪工程体系，形成了各河系"分区防守，分流入海"的防洪格局。防洪保护重点为确保流域人民生命安全，确保北京、天津、石家庄等重要城市防洪安全，保护京广、津浦、京山、京九等重要铁路干线和华北、大港两大石油基地安全。为了加强防洪抗旱基础工作，做好海河流域的防洪与洪水调度，同时为海河水利委员会防洪抗旱抢险提供决策依据，用于指导洪泛区的安全建设、开发利用和管理，我们利用数字制图技术，完成了《海河流域防洪调度概化图集》的编制工作。

2　图集的设计

图集按专题图集设计。海河流域地形地貌图，海河流域防洪工程位置示意图，报汛站、遥测站及水利专网分布图，堤防保护区图及各河系防洪工程示意图以专题地图形式表示；其他各图以单、双直线概化图形式表示。为了保证图集的装订美观和用户携带使用方便，图集不宜太厚。各个河系内容设计力求风格、内容统一，色彩及符号设计一致；采用统一的设计原则设计各河系内容。对同类要素采用共同的表示方法及统一的指标规定。对专题要素采用定位图表法、范围法、定点符号法表示。运用专题地图表示海河流域地形地貌图，海河流域防洪工程位置示意图，海河流域报汛站、遥测站及水利专网分布图，各河系防洪工程示意图，堤防保护区图，能够形象地表示其地理位置及相互之间真实的关系。河系防汛基本情况概化图以专题地图为基础图，将河流线状要素用抽象的单、双直线表示，它概括抽象地表示了各要素之间的相互关系，再配以点状符号及各专题内容编制而成。防汛基本情况概化图尽量采用统一底图。

2.1　图集结构和内容表示

图集采用 8 开本，开本尺寸为 420 mm × 297 mm，共 162 页。由专题地图与附件两大部分组成。图面尺寸设计为两种，专题地图开幅设计为：外图廓尺寸为 390 mm × 250 mm，单、双直线图开幅设计为：外图廓尺寸为 250 mm × 180 mm，均为桌面用图。

2.1.1　专题地图

专题地图包括海河流域地形地貌图，防洪工程位置示意图，报汛站、遥测站、水利专网分布图以及河系防汛基本情况概化图。

（1）海河流域地形地貌图，防洪工程位置示意图，报汛站、遥测站及水利专网分布图主要表示海河流域的总体概况，地理基础要素主要表示居民地、道路、河流、境界、河系界。专题要素选取重要的防洪设施及水工建筑，如蓄滞洪区、大型水闸、水文站、水电站等。在图上，面状要素宜用暖色调表示，点状或线状要素宜用浓艳的色彩和醒目的符号表示。在地形地貌图中，地貌作为次要要素，采用地貌分层设色表示地貌的总体形式和高程带的分布状况，根据颜色的特征，选用浅绿色至棕色系逐渐过渡。防洪工程位置示意图则主要表示各个河系的范围以及重要的水工建筑物、流域防洪防线，各个河系的范围用范围法普染色表示。报汛站、遥测站及水利专网分布图以防洪工程位置示意图为基础地图，用定点符号法表示报汛站、遥测站等专题内容。

（2）河系防汛基本情况概化图是系列图。它包含两部分，以单、双直线表示的图和以专题地图形式表示的河系防洪工程示意图及堤防保护区图。单、双直线图中，河道长度及洪水传播时间运用单直线表示，其余用双直线表示；为了保持图集的统一性，尽量采用统一的底图。再根据各个专题内容，确定不同的表示方法及符号、色彩，编制成不同的专题图，如用定位图表法表示堤防数据、小埝数据等，使专题要素表达清晰，读者阅图方便。

2.1.2　附　表

附表数据包括主要站距离及洪水传播时间、报汛站分布、遥测站分布、主要河道现状行洪能力、大中型水库、蓄滞洪区、主要水闸枢纽、防洪保护区、洪水调度方案等数据。

2.2　数学基础

（1）地图投影。一律用海河流域惯用的以东经 117°为中央子午线的高斯 – 克吕格宽带投影。

（2）高程系统。图集中的地图采用 1956 年黄海高程系；数据资料除采用 1956 年黄海高程系统，个别数据还采用了大沽高程系统和 1985 国家高程基准以及 1989 年北京地方高程系统。

2.3　符号、色彩和整饰系统设计

图集设计了一套统一的符号、色彩和整饰系统，制作了试验样图，使图集的符号、色彩和版式实现了规范化，保证图集清晰易读，使图集在表现形式上统一协调，达到精品图集的要求。

3 编图资料

3.1 地理基础资料

以 1∶100 万的《海河流域防洪工程位置图》为基本资料，1∶50 万《海河流域防洪工程示意图》，1∶5万《海河流域河道图册》（1 ~5 册），新版《全国公路图集》，《海河流域实用水文预报方案》作为补充资料。

3.2 专题要素资料

（1）各河段过洪能力，洪水传播时间，河道长度，报汛站分布、遥测站分布、纵断面图等数据。

（2）行洪区圩垸蓄滞洪区的淹没面积，市、区、县、乡镇个数，人口（万人），工农业产值（亿元）等数据。

（3）重要防洪工程（地方、控制闸、分洪闸门等）的主要指标。

（4）河道流量、分洪区、分洪流量、分洪淹没区域的社会经济指标。

4 图集的编制

图集的编制工艺为资料收集、地图编制、输出等工艺流程。编制工作流程如图 1 所示。

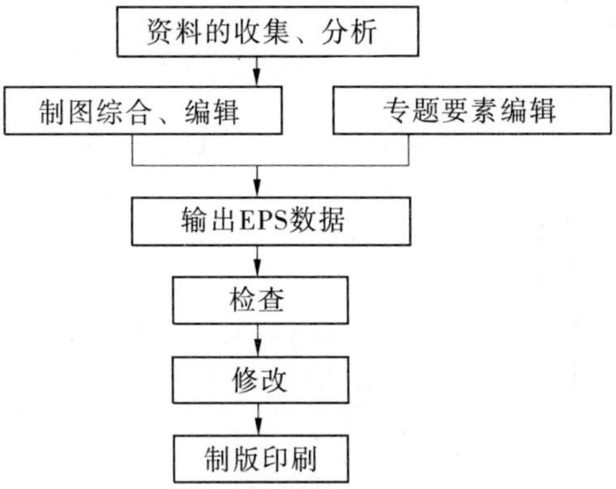

图 1

5 图集的特点与创新

该图集运用制图软件 MapCAD 和 Coreldraw 制作而成。作者在原图电子版的基础上编制该图集，虽然数字化工作量减小，但由于原图比例尺太小，因而综合取舍工作量加大，图面的编辑工作量加大。作者运用专题地图制作的方法，将众多的资料数据运用定位图表、定点符号、范围法等方法放置于图中，布局合理、美观，同时又增加了地图的载负量。

该图集中的单、双直线图的应用，突破单一信息应用的局限性，将原先比较抽象的文本、数据概念化、简单化，提高了防洪调度基础数据的使用效率。该形式的图式使用通用的数据形式，图文并茂。数据量小，信息全，简洁实用，可以很方便地在小型机（如掌上电脑、手持 PDA、智能手机等）上显示，供防洪调度决策者及时调阅、查实相关数据，准确和直观地为管理者提供防洪管理信息，很好地满足防洪调度和运行管理的需要。

总之，该图集装订精美，大方庄重，主题突出，实用方便；图面色彩设计地貌立体感强，专题要素内容突出，符号设计合理，表示方法通俗易懂；图集包含内容丰富，图面色彩设计协调，美观。为海河水利委员会防汛调度、抢险提供决策依据，方便外出携带和使用。

参考文献

[1] 张克权，等. 专题地图编制[M]. 北京：测绘出版社，1982.

基于 CASS7.0 的小比例地形图数字化制作

王　冰

（中水北方勘测设计研究有限责任公司）

摘　要　通过利用 CASS7.0 中小比例软件进行 1:50 000 地形图数字化，浅谈中小比例尺符号改变成为小比例尺符号的过程，对生产具有实际指导意义。

关键词　CASS7.0　比例尺　矢量化　符号的改变

在计算机辅助设计软件中，CASS7.0 凭借其轻松的作图与设计环境，显著改进的数据访问功能和实用功能，超强的出图能力和广泛的互联能力，强大灵活的多样化用户开发和用户化手段，被工程技术人员所青睐，并得以广泛应用。CASS7.0 作为测绘主要成图软件之一，适用于中小比例尺地形图，包括 1:5 000 和 1:10 000 地形图，但对于 1:50 000 和 1:100 000地形图数字化使用该软件，存在诸多需要改进的地方，本文总结了多年来利用该软件进行小比例尺地形图数字化的改进经验，供测绘同仁在实际工作中参考。

1　项目概况

由于工程设计的需要，需对山西某河系 1:50 000 地形图进行矢量化。该项目 1:50 000纸质地形图年代比较久远，使用的是1971 年版图式，与2006 年版图式差别很多，但数字化需依据《国家基本比例尺地图图式第 3 部分：1:25 000　1:50 000　1:100 000 地形图图式》（GB/T 20257.3—2006）规定的图形符号定位点（线）进行数据采集。矢量化过程应遵守这样的原则：能判读出的地物按 2006 年版规范规定的符号数字化，不能判读的按原图符号表示。

在没有小比例尺软件的情况下，笔者经过多年的实践和学习，在 CASS7.0 的小比例尺软件中对符号、线划、线型进行改变，其过程如下。

先输入正确的比例尺，并在 CASS 7.0 软件系统下将纠正好的栅格数据图进行数据采集、编辑，并严格按照技术设计书和规范的要求提取地形图的地貌、地物与高程信息。

1.1　地貌绘制

等高线使用手动采集法采集数据，线条圆滑、连续、不拟合，并赋予高程值。使用手动采集法对地形图进行数字化，这种手工作业方法虽然工作量较大，但精度比较高。等高线过公路、陡坎、河流时要断开。地貌采集精度见表 1。

表 1　（单位：mm）

点位误差	线划误差
0.10	0.16

1.2　地物绘制

（1）线状要素保持了其连续性。

（2）有方向性要求的线状符号（如堤、自然保护区界等）方向表示正确。

（3）凡方向固定或无方向性的点状符号只采集其定位点坐标。有方向性的点状符号，如泉、地下建筑物出入口等采集了旋转角度。

（4）具有多重属性的公共边完全重合。

（5）不同级别的境界线重合时，只采集了最高一级的境界线。

（6）具有高程信息的要素，都输入了正确的高程信息。

（7）图内的注记采集正确无误，其字体、字号、定位点、方向及间隔均符合《国家基本比例尺地图图式第 3 部分：1∶25 000　1∶50 000　1∶100 000 地形图图式》（GB/T 20257.3—2006）的规定。

地物采集精度见表 2。

表 2　　（单位：mm）

点位误差	线划误差
0.12	0.18

1.3　数据接边

数据采集完成后应对地形图进行严格接边。

接边时保证了两边的要素代码一致。两边接边要素的位置相差较小时可移动一方接边；位置相差较大，则两方各移动一半进行接边；位置相差很大应分析原因再作处理。

1.4　符号的改变

（1）以上工作完成后，将符号改小（将中小比例尺符号改变成小比例尺的符号），但修改的比例不同。

①只留独立地物、交通设施、管线设施、水系设施、地貌土质、高程点层、植被园林层，其余的层全关上，在屏幕上选所有的目标→选上块并改变其比例，见图 1。

(a)未改变比例的符号　　(b)改变比例的符号

图 1

②再对控制点层、居民地层分别进行符号改正，做法同上。见图 2。

(a)未改变比例的符号　　(b)改变比例的符号

图2

（2）对线划进行进一步的编辑，在图层管理中先建一个临时层。

①改变等高线的宽度：在地物编辑→图形属性转换→编码－图层→选计曲线→临时层→改正宽度中（或在快速选择中）进行。在等高线层把首曲线和间曲线的宽度改正（按图式要求改正），之后将临时层的计曲线再放回等高线层。

②改变线型的宽度：主要改正道路、管线、水系和境界。

改正道路的宽度：在地物编辑→图形属性转换→编码－图层→选机耕路（同宽的都放在一起）→临时层→改正宽度中（或在快速选择中）进行。在道路设施层中把相同宽度的进行改正（按图式要求改正），改完后再合并道路设施层。

管线、水系和境界的改正方法同道路改正，并对部分线划进行线性的改正，如陡坎等（或在快速选择中进行），见图3。

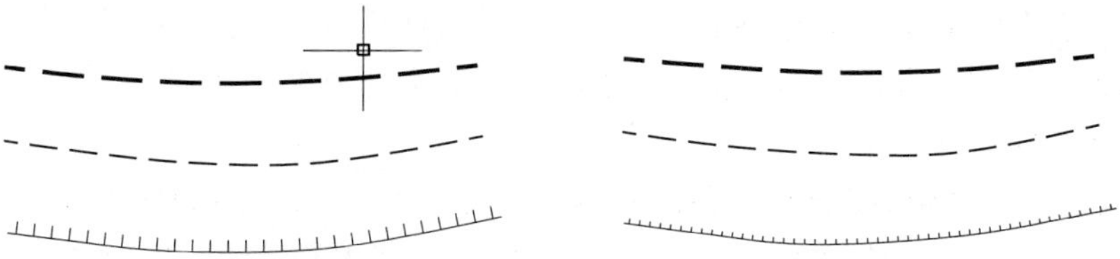

(a)未改变比例的线划　　(b)改变比例的线划

图3

2 结　语

随着工程设计的需求不断扩大，数字化的小比例尺地形图在勘测设计规划各专业中的应用更加广泛。在本单位可利用的软件资源的基础上，研究探索利用中小比例尺成图软件进行小比例尺地形图数字化是一种行之有效的方法之一，一方面可减少单位在软件方面的资金投入；另一方面可减少由于使用新软件所需要的培训及熟悉的时间，有利于项目的顺利完成。测绘单位的商用测绘软件很多，充分利用本单位的技术优势，在现有软件的基础上，更深入地研究开发利用，就会解决很多项目的具体问题，使所有的测绘软件发挥更大的经济效益。

参 考 文 献

[1] 国家技术监督局. GB/T 20257.3—2006　国家基本比例尺地图图式第3部分：1:25 000　1:50 000　1:100 000地形图图式[S]. 北京：中国标准出版社，2006.

[2] 王睿，等. 如何使用 AutoCAD 2000 中文版[M]. 北京：机械工业出版社，2000.

基于 CASS 软件的地形图扫描矢量化应用

许　健　杜桂英　李小冬　贾京霞

（中水北方勘测设计研究有限责任公司）

摘　要　为了在水电工程建设中能够及时快速的提供基础数据，笔者利用 CASS 软件对地形图进行扫描矢量化，是将纸质数据变成电子数据的一种常用方法，CASS 软件为数据的快速获取和综合利用提供操作平台，使电子数据利用在工程建设中发挥更大作用。

关键词　CASS　扫描　矢量化　纠正

随着城乡建设速度的加快，各类工程项目建设（包括水利工程建设以及城市规划）对地形图的需求越来越大。由于计算机技术和制图技术的发展，使得原有的纸质地形图难以满足发展的需要，而电子数据因其具有数据丰富、计算方便、存储便捷、更新迅速等优点，越来越被设计用户青睐。用矢量化方法将纸质数据变成电子数据，是为用户提供基础数据的常用方法。

CASS7.0 软件是南方测绘公司在 Autodesk 公司推出的 AutoCAD 2006 基础上开发的，它可以运行在 AutoCAD 2004 和 AutoCAD 2006 上，利用 CASS 7.0 软件可以实现纸质图到电子图的转变。CASS 软件自推出以来，已经成为用户量最大、升级最快、服务最好的主流数据处理与成图系统之一。

笔者利用南方公司 CASS7.0 地形地籍测绘软件进行了一些地形图的扫描矢量化工作，并对其进行深入细致的分析和研究，从中总结了一些经验和技巧。

1　地形图扫描

地形图扫描矢量化，先是利用扫描仪，将地形图扫描。地形图经扫描后，形成栅格数据。栅格数据的标准文件格式有 PCX、BMP、TIF 等，因而对于大部分地形图的应用需要矢量数据。用矢量化方法将栅格数据转换为矢量数据，通常采用人机交互与自动跟踪相结合的方法来完成。

1.1　地形原图的准备

为使图像效果更好，应尽量直接用着墨底图扫描；当用蓝图或复印的白纸图扫描时，扫描前应检查图廓线是否清晰，否则应重描内图廓线，以便扫描后得到清晰的图廓线，从而在图像纠正处理时准确地找到图廓控制点。

1.2　地形图的扫描

采用 A1 或 A0 幅面，分辨率大于 300 dpi 的色滚筒式扫描仪进行扫描。无论是着墨图还是蓝图，都要预扫描，将各扫描参数调到最佳状态，使图像达到最佳效果。纸图扫描后以（＊.TIF）格式存储。

2 地形图纠正

由于图纸本身的老化,以及扫描产生的旋转、走纸误差,使得扫描的图形不仅有旋转变形,而且存在着比例误差,最主要的是坐标系统不是测量坐标系。对扫描后的光栅图像纠正处理,使用的是 CASS7.0 地形地籍成图软件。

2.1 地形图纠正步骤

(1)插入扫描好的光栅图像。

测量图都是按标准图幅进行绘制的,进行图像纠正时,要根据原图的图幅大小绘制标准的坐标格网。

在标准坐标格网的基础上插入扫描好的光栅图像,输入插入点的坐标和比例因子(最好输入近似坐标和近似比例因子),指定左下角的坐标。

(2)由于插入的图像与坐标格网的坐标系统和比例因子并不保证绝对一致,因此在合理的范围内进行捕捉平移缩放,以光栅图像的左下角到右上角点的距离为参考长度,将光栅图像的右角点与图框的右上角点重合。

(3)点击工具菜单下子菜单中的[光栅图像]→[图像纠正]对图像进行纠正,选取坐标格网的十字交叉点,选取原则要求分布均匀,密度合理。先拾取光栅图像上的格网坐标,再拾取坐标格网相应位置的特征点,点击"添加"。

(4)重复步骤(3),直到把所有标识点坐标输入完为止。

(5)点击纠正。

(6)完成全部纠正工作,保存图形。

经过上述方法处理的图形就有了坐标属性,以某县为例,图 1 为纠正好的部分图像。

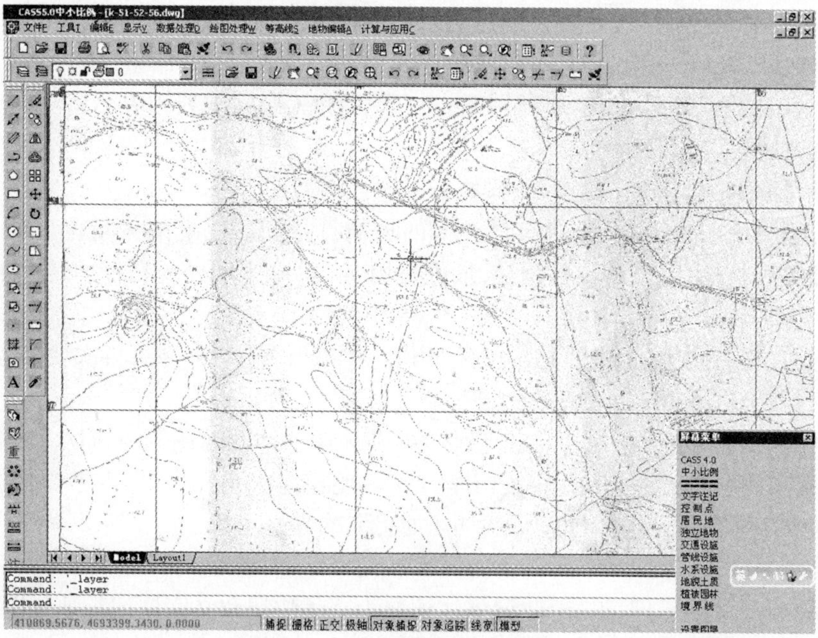

图1 某县图像纠正成果

2.2 精度分析

由于选择的控制点的位置、数量不同,选择的纠正方法不同,所以图像纠正的精度不同。精度分析是图像纠正后的必要工作。为了提高图像纠正的精度,利用 CASS 软件对图像纠正时,通常采取两种纠正方法,比如线性纠正法完成以后,再利用放射变换法进行四点纠正。经过两次纠正后,栅格图像能够达到数字化所需的精度要求。

3 地形地貌描绘

3.1 点状地物的矢量化

地籍图中的点状地物包括高程点、控制点、独立地物、单一植被符号等。对光栅图上的点状地物矢量化时,依据软件中的操作提示逐一进行矢量化编辑。

3.2 线状地物的矢量化

线状地物主要指北方宽度大于 2 m、南方宽度大于 1 m 且达不到构面要求的河流、铁路、公路、农村道路、沟渠、水工建筑物、田埂等。不同的线状地物根据图例选择不同的线型逐一编辑。对于不依比例的线状地物,要沿着图像线条灰度最大的地方进行矢量化,此方法也称为骨架法,采用骨架法能确保矢量化精度。线要走线状地物的中心,线形偏离值为图上 ± 0.2 mm ,最后还要进行平滑处理,消除由于手动偏离引起的不必要棱角,使图像合理美观。

线状地物绘制时需要注意以下两点:

(1)CASS 软件是通过骨架线入库,骨架线默认状态下是隐藏的,操作时不要刻意去删除骨架线,图形删除了,只要骨架线在,就可以通过重构来重新生成图形。例如,在工程或是入库需要时,陡坎一定不要删除骨架线,否则只能转出 T_Assist 层,没有 T_Featruel 层。所有的要素都要用 CASS 提供的符号来绘制。

(2)如果是用 Pline 绘制的,一定要进行匹配。理论上整个图幅的每一个要素都应该是有属性的,在数据利用(如土地利用调查)过程中,无属性的要素在入库过程中会被过滤掉,不能入库。

3.3 面状地物的矢量化

面状地物的矢量化主要是对有地类界的植被符号和居民地的矢量化。对于面状实体,一定要完整构面,也就是说要闭合,最好是用"C"命令来闭合。在任何情况下,完整构面始终排在第一位。

以居民地矢量化为例,主要是房屋矢量化。要按照先主要房屋,再次要房屋,最后围墙的顺序进行。

对光栅图质量一般的多点房屋矢量化,可以选择手动跟踪绘制。依次点击光栅图上房屋的转折点,闭合房屋转折点后按回车键。一座房屋矢量化图即完成。在应用[地物编辑]下的[直角纠正]中将屋角改为直角(如房屋均为直角)。

3.4 注 记

描绘完地形地貌后即可进行注记。注记分为高程注记和文字注记。地形图注记是地形图上的标注和各种文字说明。它是地形图的基本内容之一,同地形图上其他符号一样,注记也是一种地形图符号。

3.5 图形维护、整饰及加图框

一幅图编辑完之后,就要进行图幅的整饰工作。外图廓线上方应注记该图幅的图名、图号、行政区划注记及接图表,并对其余的三边按规定加注比例尺、测图时间、坐标系统、高程系统及测图方法、图式版式、测图单位及人员等。

图幅整饰完之后还要再认真仔细地检查。确保最终成果与实际情况相符,各要素齐全、准确、美观,这些注记要严格按照国家对地形图不同比例尺字体、符号大小要求进行设置修改。

对注记好的整幅图面进行自动检查,将检查到的错误自动进行修复,同时使用清理功能将图内未使用的标注、打印、多线、文字样式、图层、块、形、线型等命名项目清理掉,减少图形文件的数据量,以便于快速读取文件。将维护、注记好的整幅图加上图框,然后自动存盘。

3.6 接 边

每一个地区的地形图不一定在一幅图内完全覆盖,绝大多数情况下会涉及多幅图,在同一坐标系统下,为确保该地区地形连续,还要对相邻图进行接边处理。一般情况下地形图在达到纠正精度要求后,相邻图幅接边处是吻合的,尽管每个作业者都严格按照规范要求进行矢量化,但是处在图像边缘的地物信息往往因为不完整而难以判断,并且作业者的视觉习惯、作业方法有偏差,因此还要对相邻图幅进行接边整理,一来可以使地形图连续吻合,二来可以作为检查判断地物信息正确与否的依据。如图 2 所示为某县矢量化好的部分图像。

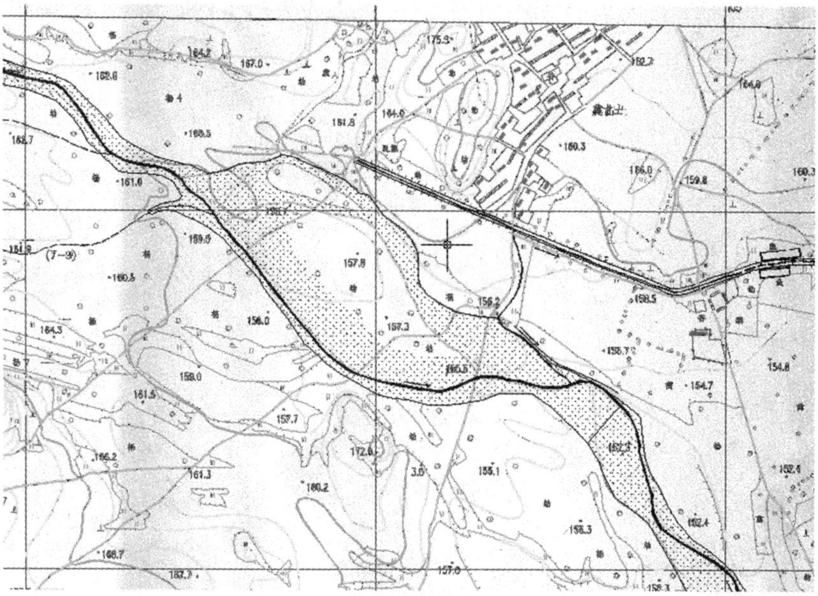

图2 某县矢量化成果

4 结 语

(1)矢量化地形图主要应把握好两个原则:

①描绘时采点应尽量准。除靠细心外,还要熟练准确地运用各种绘图和编辑功能,如复制、镜像、旋转、移动等,这样既保证了所绘地形地貌的精确性,还能起到事半功倍的效果。

②不要漏地形地貌。应先订好作业计划,最常用的是按地形地貌类别排顺序,即先描完图像上的某一种地形地貌,再描第2种地形地貌,如此一种一种地将所有的地形地貌描完。此方法的主要缺点是图像移动范围较大。另一种方法是按自然区域划分作业,例如根据不同的街区,或河流的两边、坎类的两边,先描完一个区域内的所有地形地貌,再转移到另一个区域。此方法的主要缺点是绘图功能需要不断切换。这两种方案在实际作业时可以交替使用,具体视图纸的实际情况而定。当然以上所述的只是一些粗略的方法,各位用户自己可以在工作中不断地摸索总结经验,找出一种自己习惯又理想的方法来。

(2)利用 CASS7.0 软件进行图纸矢量化,工作简便易行,其精度完全可以满足相应的精度要求。

(3)CASS7.0 具有丰富的地貌、地物符号。在矢量化地形、地籍图时会用到各种地貌和地物符号,而 CASS7.0 中恰有此类符号库,可方便地使用符号库对各种地貌和地物进行矢量化。

(4)CASS7.0 具有强大的二次开发功能。由于 CASS 软件是在 AutoCAD 基础上开发的,AutoCAD 是一种十分开放的软件,可利用 AutoCAD 的二次开发功能,自行开发一些需要而 CASS7.0 软件没有的符号和功能。

笔者认为,运用数据处理与成图系统,CASS 7.0 软件实现地形图的矢量化,减少了外业工作量,通过大量实践经验及不断的探索,改进工作方法,加快了工作进度,提高了原有资源的利用效率。在今后的工作中还应继续改进以提高作业水平,为在水电工程建设中提供基础数据发挥更大作用。

参考文献

[1] 李玉宝,等. 大比例尺矢量化测图技术[M]. 成都:西南交通大学出版社,2006.
[2] 蒋连江,王梅. 如何利用 AutoCAD R14 进行工程图纸的扫描矢量化[J]. 测绘通报,2000(5):27,28.
[3] 马春艳. 基于 CASS 软件的地籍图矢量化的应用与实现[J]. 安徽农业科学,2008,36(24):10565-10566,10651.
[4] 毛赞猷,等. 新编地形图学教程[M]. 北京:高等教育出版社. 2008:183-184.
[5] 刘明义,等. CASS 在城镇地籍数据库建设中的应用[J]. 地理空间信息,2007,4(5):117-119.
[6] 蒋金豹,等. CASS5.0 在矿图扫描矢量化中的应用[J]. 焦作工学院学报:自然科学版,2003.11,22(6):448-450.
[7] 司三平. 原图扫描屏幕矢量化技术在水电建设中的应用[J]. 西北水电,2009(4):73-77.
[8] 袁玉珠,邹为彬. 浅谈运用 CASS 软件对图像进行几何纠正的方法[J]. 黑龙江科技信息,科技论坛,2008(35):76.

浅谈出图入库一体化技术的优点

陆 平

（中水北方勘测设计研究有限责任公司）

摘 要 “一套数据，多种用途”的出图入库一体化技术路线可以把制图和入库在同一个平台内实现。这种方法与以往的先制图后入库的方法相比，既提高了地形图数字化的精度，也提高了效率，减小了操作的劳动量。

关键词 出图 建库 一体化

1 制图数据与建库数据

1.1 内 容

制图数据是指最终以地图产品进行输出的数据，地图信息靠图中的地图符号、注记、地图整饰传达，图形数据均以图式规定的各种线状、点状符号表现。

建库数据是指反映空间地理实体位置、属性、相互关系的数据，建库数据将空间对象抽象成点、线、面三种几何类型，以点、线的几何形式表示（面以封闭的线附加 Label 点反映），每一图形均赋有地物要素代码、地物特征、名称等属性，地图信息通过查询这些属性获取。

从以上可看出制图数据与建库数据的区别，前者注重从形式上对客观世界形象、直观的描述，侧重于地理实体的几何信息，其核心是实体的符号化表达，但缺乏对属性数据的支持；后者注重对地理实体空间性、特征性的反映，侧重于空间信息和属性信息。

1.2 系统平台

从系统平台上看，以 AutoCAD 为代表的 CAD 系统，在数据模型上强调空间数据的形态特征（属微观类），在应用上侧重于制图表现，是常用的制图数据格式；以 Arc/Info 为代表的 GIS 系统，其核心是建库数据，在数据模型上强调空间数据的方位特征（属宏观类），提倡空间信息与属性信息联合存储与管理，在应用上侧重于管理和分析。

2 常规生产技术路线

常规生产技术路线一般是先制图后入库，即首先进行地形图的编制工作，满足传统的模拟地形图的需求，然后选择相对熟悉的数据加工软件，进行入库编辑工作。其生产流程见图 1。

在实际生产活动中，这种生产技术路线很容易暴露出以下弊端。

（1）数据生产周期增长，降低了数据的时间精度。虽然制图数据的生产比较顺畅，但在整合建库数据过程中，由于数据转换后不能直接满足 GIS 的要求，图形碎化，仍需要大

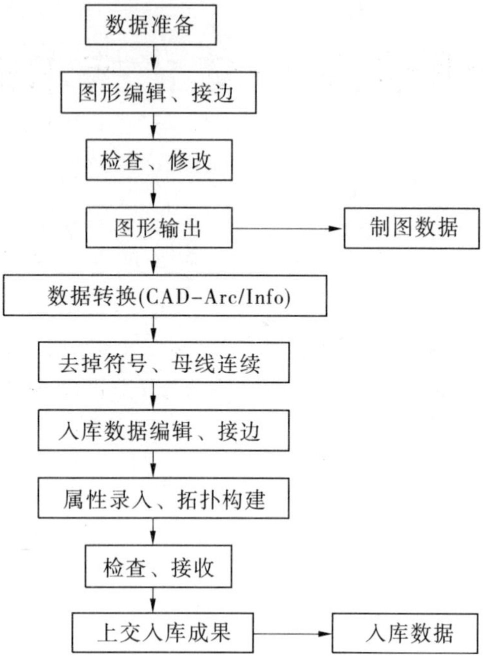

图1　先出图后入库的作业流程

量的后期编辑工作,延长了数据的生产周期。

(2)两套数据共享成果少,重复劳动比较多。两套数据对地理要素的表示不同,所以对要素需重复编辑,而且必须分别接边、检查修改。

(3)需花费大量的工作来保持两项成果的一致性。由于两种数据分步生产,建库数据的生产中进行了不同程度的编辑工作,因此必须重点检查两套数据的一致性,这也是作业员在作业过程中难以把握的薄弱环节。

(4)生产管理工作复杂。出图和入库属于前后工序,任务分配、作业管理、中间成果管理、两项成果上交等管理工作较复杂。

(5)需要对两套数据同时进行维护,增加了数据维护和更新的难度。

为了保证两套数据的一致性,两套数据必须是联动关系,在维护与更新的过程中需要在 GIS 与数字化成图系统之间进行频繁的数据转换。

但是这种生产技术路线总体代价大、效率低的做法往往有其存在的原因和相对的优点,那就是可以尽快地以最小代价生产出制图数据,满足迫切的出图需要,然后再在时间宽余的情况下,选择相对成熟的数据加工软件,考虑完成另一种产品,满足更深层次的需要。

3　实现“一套数据,多种用途”的技术路线

这种技术路线能以一套数据的形式集中在一个软件平台上,同时完成两种成果的生产,满足建库和出图的双重要求,即建库与入库一体化,理论上可以做到建库和出图的高度统一。这套数据满足建库的要求,当然,属性信息也在这一套数据之中,而出图效果可以通过一些可视化技术实现,如注记压盖线状要素问题,可利用透明光栅显示技术实现,

满足出图需要。一体化流程见图 2。

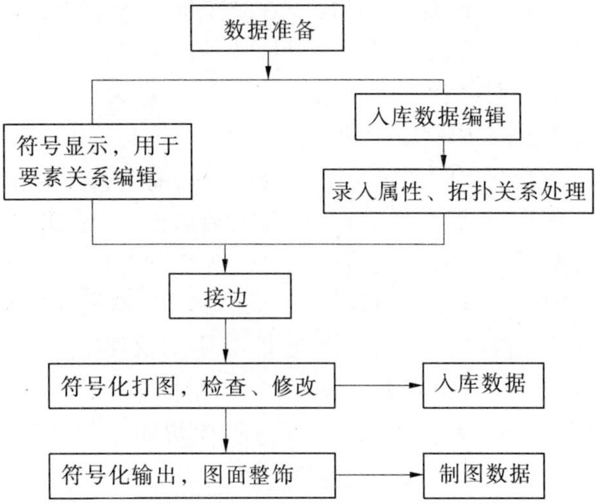

图 2　出图入库一体化流程

关于“一个软件,一套数据”的特点,具体介绍如下。

3.1　软件平台

Geoway 软件实现了出图与建库的一体化。Geoway 软件是北京吉威数源信息技术有限公司推出的用于地理空间数据处理的专业软件。通过该软件系统提供的地物类编码对照表、作业方案与符号库,可以直接导入全数字摄影测量系统 VirtuoZo 或 JX4 的数据,进行编辑工作,并可以与现有的各种 GIS 软件(Arc/Info、MapGIS)、CAD 软件(AutoCAD、MicroStation)实现双向数据交换。

3.2　实现“一套数据,两种用途”的数据组织

在 Geoway 软件中实行的是出图与建库一体化的数据组织,将数字地图的三个组成部分——图形数据、属性数据、符号数据有机地组成新的空间数据组织结构。其中图形数据和属性数据的集合用于 GIS 分析,图形数据和符号数据的集合用于满足制图所需。

其中,带属性的母线和基点数据满足建库要求,在不改变母线数据的前提下进行符号属性的编辑工作,然后通过符号发生器、透明光栅显示等可视化技术达到制图效果,从而实现了在一个数据生产系统中以一套数据满足建库和制图双重需要。

4　出图入库一体化技术路线的优势

一个生产流程效率的高低主要体现在两点:一是能在多大程度上共享成果,二是作业和管理是否简单、易操作。

Geoway 软件实现一体化技术路线的优势可表现在以下几个方面。

(1)采用一个软件平台，操作方便，减少了中间环节和数据转换,提高了生产效率。由于兼顾制图与入库要求,Geoway 软件中有许多专业功能操作,例如属性与注记的相互转换、高程转注记、公共边跟进跟出、带属性跨层拷贝等,使以前要多个软件,或多个步骤,或需进行二次开发才能完成的工作,只需一步即可实现。

(2)建库制图两套成果集中在一套数据中,保证了两种数据的一致性。Geoway 采用符号发生器的机制,对母线数据动态符号化,使符号即时显示,所见即所得,两项成果的编辑、接边、检查、修改等操作互相透明、互不影响,可以方便地在建库效果和制图效果之间即时转换,使原来分步生产时大量的重复操作合而为一,避免了重复劳动。

(3)工程化的思想提高了作业效率和数据质量。Geoway 的方案是工程化思想的集中体现,作业方案是一种规模化、规范化作业的数据模板,需要技术人员根据项目要求或设计书设计,定义了图层的划分、符号的表现、属性的结构等,指导、约束生产人员的每一步作业,提高了效率和数据质量。接边更是引入了接边工程的概念,突破了以前单幅图接边的限制,允许多幅图同时参与接边,并且做到了图形、属性、符号同步接边,相互约束。

(4)具有完备的质量控制体系。作为 GIS 前端输入软件,在数据入库前须构建拓扑关系,还须有完善的建库数据检测功能,Geoway 的质量控制可以对图形的几何现象、地物的属性信息、拓扑构建结果以及各种矛盾数据进行检测和控制,包括图形检测和属性检测,有效地解决了 GIS 数据质检难的瓶颈。

(5)方便管理。一套数据,一个软件,两种成果,有效地降低了数据生产环节的管理复杂程度,使得任务分配、作业管理、成果上交、数据传输等都化繁为简,易于管理,降低了管理上的失误率。由于两种成果是由同一作业员在同一时段完成的,避免了上下工序衔接的问题;作业、质检、成果上交也不用为两套成果的一致性花费大量的精力。

参考文献

[1] 王笑德. 省级 1:1万数字线划图生产流程的探讨[J]. 四川测绘,2004(12):180-183.

浅谈地图符号与色彩的设计

黄　琨　赵淑屏　岑　平

（中水北方勘测设计研究有限责任公司）

摘　要　本文简要介绍地图设计方法，阐述地图符号、色彩的设计。

关键词　地图符号　色彩　饱和度　注记　艺术性

1　地图简介

地图作为信息的载体，以符号、文字注释、色彩反映所描述的事物，将信息准确传达给读图者。无论纸质地图还是电子地图，新颖生动、符号美观、注记秀丽、色彩协调、主题突出的地图，不仅具有实用性而且让人得到美的感受。成功的地图是理性美、艺术美与科学美相结合的产品。

2　地图的设计

地图的制图过程包括两个转化：第一个是把非制图资料抽象概括成可供制图的形式，第二个是用图者从地图符号中推断出空间信息。这涉及地图比例尺、符号、色彩和印刷工艺等因素的最佳选择与组合。

地图设计要运用专业知识、美学知识，以直观、形象的地图语言，结合图表、照片、文字等形式实现这两个转化过程。

在地图的设计、制作中如何结合美学进行地图的设计呢？

地图的艺术性主要体现在地图内容的协调性、层次性和清晰性方面。协调性是指地图总体构图平衡对称，各要素之间配合协调、相互衬托，图面和谐；层次性是指地图图面结构合理、内容有层次感，主题要素要突出，置于第一视觉平面上，其他要素（如专题图的地理要素）置于第二、第三层视觉平面上；清晰性是指地图有适宜的载负量，粗细恰当的线划，大小适中的符号，注记正确合理，色彩运用恰当，图面清晰，具有明显的易读性。

2.1　地图符号的设计

地图上表达各种事物或现象的符号称为地图符号。它是直观表达各种事物或现象的一种重要工具，同时，也是使读者感受事物或现象的基本形式。

符号设计要求：

（1）符号应有概括性和表现力。

（2）符号应有独立性和一定的系统性。

（3）符号应有定位或量度中心。

（4）符号要简明、图案化。

(5)注记应清晰无误并能与其他符号配合。

(6)符号颜色要以少胜多。

符号要简练易读,根据需要可选用象形符号、透视符号等多种形式。符号设计中最好用不同的颜色来表示专题要素最主要、最本质的差别,用符号的形状来表示次要的差别。

2.2 地图注记的设计

地图上合理的文字设计能够增强地图的表现力和艺术性。常用的制图字体有等线体、宋体、仿宋体等,等线体给人以结构匀称、粗实有力、端庄稳重的感受;宋体字给人以结构严谨、粗细分明、秀丽清晰的感觉;仿宋体、细圆等字体都各有特点。图名多用美术体,美观醒目,富有强烈的艺术感染力。此外,各种变形字增加了注记的表达力,更形象有特性。

2.3 地图色彩的设计

色彩具有明显区分、表现事物实质特征的功能,并能给读者一种美的感受。

地图设色的目的在于提高地图的表现力、丰富地图内容;利于分类分级、区别事物(或现象)的质量特征和数量特征;增强地图的美感。

色彩的合理运用可以突出地图的主题,增强地图的层次和表现力。第一层面的色彩要明亮、饱和度大,第二层及以下层面的色彩宜清淡、饱和度小。制图主区用色要浓亮一些,邻区用色要淡一些,在图上点状或线状要素宜用浓重的色彩表示。

色彩在地图设计中的作用主要体现在以下三方面:第一是色彩具有使要素简化和清晰的功能,使用色彩有助于实现地图上图形与背景的形成;第二是色彩影响地图的总体感受,使用色彩对提高地图的易读性、视觉敏锐性和清晰性特别重要;第三是色彩可诱导对地图的主观反映。如在反映民族宗教的专题图中,根据各民族的吉祥色或喜爱的颜色将其用在相应图的底色、符号等处。

充分运用色彩对比、饱和度、亮度对比,使整个图面的色彩既丰富多样,又统一协调。

3 设计实例

《海河流域洪水调度概化图册》设计。

以永定河系为例,其中包括《永定河系示意图》、《永定河系防汛基本情况概化图》、《永定河系防洪工程示意图》三种图件。该图册按专题系列图设计。

3.1 河系示意图的设计

河系示意图将整个图面分为三个层次:第一层面为界线,次要居民地、河流和道路;第二层面为主要的道路、重要居民地、河流;最上层面为水工建筑等专题要素,并突出表示。

图上反映地理基础要素的一般居民地,等级较低的水系,一般公路等要素,用冷色调或饱和度较低的彩色或消色表示,并以较小的符号表示。铁路、公路、高速公路采用约定俗成的符号表示,便于读者读图。

专题要素在图上面状要素用暖色调表示,点状或线状要素用浓艳的色彩和醒目的符号表示。水工建筑物采用水利专业常用符号,使图面清晰、易读。

地形要素作为次要要素,采用地貌分层设色表示地貌的总体形势和高程带的分布状况。根据颜色的特征,选用浅绿系至棕色系逐渐过渡。

整个图面设计主次分明,重点突出,且图面协调又赋予艺术性。

3.2 防汛概化图的设计

防汛概化图采用统一的底图,再根据各个专题图内容,确定表示方法及符号和色彩,图面内容的色彩,采用冷暖对比,突出主题。符号的设计采用水利专业常用符号。在设计中,各专题内容符号能统一的则统一,不能统一的则设计简洁、易读的符号,便于读者读图。注记主要采用宋体并与等线体等字体配合,分别设以蓝色、黑色、红色表示不同类别的内容。

整个图面设计主次分明,明快简洁。

3.3 防洪工程示意图的设计

该图专题内容表格数据较多,因此地理基础内容的表示相对要减少。地理基础内容按照约定俗成的符号表示,专题内容主要为表格,根据不同的内容,将表格的填充色设计为不同的颜色,以便于分类。

整个图面设计主次分明,色调协调。

4 结 语

高质量的地图设计是制作优秀地图作品的前提和必备条件,但仅有好的设计还不足以制作成功的地图。一幅成功的地图作品凝聚了地图设计者和地图编印人员的才智,是集体协作的成果。

参 考 文 献

[1] 段体学,等. 地图整饰[M]. 北京:测绘出版社,1985.

浅谈扫描图像的误差分析

陆 平

（中水北方勘测设计研究有限责任公司）

摘 要 扫描图像的精度直接影响后序工作的质量精度。本文分析了扫描图像的误差来源，并对扫描数字化的误差进行了分析，找出影响扫描图像误差的因素。

关键词 扫描图像 误差来源 误差分析 误差分布检验

1 地图扫描数字化的作业特点

1.1 对原图质量的要求

扫描数字化是对扫描得到的栅格图进行矢量化，由于目前矢量化技术在抗干扰性等方面的局限，对栅格图像的质量有较高要求，扫描的原图应图面清洁，图像噪声较少。

1.2 对操作者的要求

扫描数字化的精度受人为因素影响较小，操作者的劳动强度较小，对操作者的要求也相对较低。

1.3 对设备的要求

扫描数字化需要的设备为扫描仪与较高档计算机，虽然成本相对较高，但一台扫描仪能服务于多台计算机。

1.4 作业效率

扫描数字化可以采用半自动或全自动方式矢量化，相比由操作者将所有图面信息输入计算机的手扶跟踪数字化，具有较高的作业效率。

1.5 数据的可靠性

扫描矢量化后可将原栅格图与矢量化图叠加起来检查，能够较容易地发现数字化错误并能及时改正。

2 扫描数字化的误差来源

地形图数字化的数据质量取决于定位精度、属性精度、逻辑一致性、完整性等，在此仅讨论定位精度。影响定位精度的主要因素是原图误差以及数字化过程中引入的误差。

2.1 地图固有误差

地图固有误差包括地图投影误差、控制点及碎部点野外测量误差、控制点展绘误差、绘图误差、编绘误差、地图复制误差、分色版套合误差等。影响地图扫描数字化成果精度的主要因素为图纸变形、地图要素本身的影响、原图清晰度的影响等。原图误差包含外业测图的误差、制图整饰综合误差、图纸变形误差等。

2.2 扫描仪器误差

由于当前的工程扫描仪误差较大,特别是不均匀的扫描误差加上图纸不均匀变形,地图扫描可产生较大的扫描误差,扫描误差是地图扫描数字化的主要误差来源。地图扫描误差除原图的质量因素外,还包括扫描仪分辨率、扫描灰度阈值、扫描速度、外界环境影响、人员因素、图像处理误差等。

2.3 操作误差

目前,受到影像自动识别技术的限制,扫描全自动矢量化还不成熟,大部分采用半自动矢量化方式,需要人机交互处理,在断线、噪声等处进行人工干预。

2.4 软件误差

在相当长的一段时间里,实现扫描矢量化的技术逐渐形成了一种以细化、曲线跟踪拟合为核心的技术,这种技术的弊病表现为抗干扰性差,产生的识别畸变直接影响到最终结果,因此算法的抗干扰性就成为一个基本要求,据此提出了各种矢量化方法,但都没有重大突破,最终将导致由软件产生的误差。

扫描数字化时,在扫描得到光栅图后应对光栅图进行纠正,通过纠正可消除部分系统性图纸误差及仪器误差。

扫描数字化最后的成图误差构成是:光栅图纠正后的剩余误差与偶然操作误差及软件误差,其中偶然操作误差较手扶跟踪数字化时的误差小,软件误差为系统误差。

3 扫描数字化误差分析

3.1 测试过程简介

试验中所使用的扫描仪分辨率为 800 dpi,256 级灰度,标准精度为 0.1%。将全野外解析数字化测图测得的地籍图用绘图仪绘于聚酯薄膜上用于扫描,图纸比例尺为 1:1 000,图幅规格为 40 cm × 50 cm。

由于薄膜图纸存在误差,在扫描仪扫描过程中会产生误差,扫描所得到的图形存在旋转和扭曲,该图形不能直接用于矢量化,必须经过纠正处理。本试验采用正射变换选择 4 个图廓点进行纠正,将纠正后的图形用于矢量化。

在矢量化之前须对矢量化的参数进行设置,包括光栅线宽的最大值,跟踪时可跳过的影像断裂缝隙,跟踪采样的步距,直角化处理参数等。根据不同的地形、地物可设置不同的矢量化参数,但因地图中相同地形、地物的线条变化情况相近,如房子大多为矩形,河流多为曲线,为了较真实地分析矢量化误差,在参数设置时经过多次试验,选择一组最能贴近实际情况的参数,且房子都不作直角化处理。在本次试验中,选择 7 幅图的房角点坐标进行分析,每一幅图的房角点坐标作为一个子样。

3.2 均值与中误差

设子样的样本数为 n,房角点在原数字化图中的坐标为 (X_i, Y_i) $(i=1,2,\cdots,n)$,经扫描矢量化后的坐标为 (x_i, y_i) $(i=1,2,\cdots,n)$,将原数字化坐标与扫描矢量化坐标之差 $(\Delta x_i, \Delta y_i)$ 作为真误差进行分析。按式(1) 计算子样均值 $\bar{x}, \bar{y}$,中误差 σ_x, σ_y 以及协方差 σ_{xy},其值列于表 1。

$$\begin{cases} \bar{x} = \dfrac{\sum_{i=1}^{n} \Delta x_i}{n}, \sigma_x = \sqrt{\dfrac{\sum_{i=1}^{n} \Delta x_i^2}{n}}, \sigma_y = \sqrt{\dfrac{\sum_{i=1}^{n} \Delta y_i^2}{n}} \\ \bar{y} = \dfrac{\sum_{i=1}^{n} \Delta y_i}{n}, \sigma_{xy} = \dfrac{\sum_{i=1}^{n} \Delta x_i \Delta y_i}{n} \end{cases} \tag{1}$$

表 1　扫描数字化坐标的均值、中误差和协方差　　(单位:m)

样本号	样本数	$\bar{x}$	$\bar{y}$	σ_x	σ_y	σ_{xy}
1	385	0. 019 15	−0. 006 31	0. 062 028	0. 060 420	0. 000 917
2	820	−0. 020 76	0. 044 77	0. 048 840	0. 054 879	0. 000 875
3	493	−0. 053 45	0. 029 53	0. 058 216	0. 055 845	0. 000 125
4	480	−0. 008 15	−0. 042 06	0. 054 225	0. 050 895	0. 000 536
5	658	−0. 037 76	0. 063 36	0. 050 736	0. 057 583	0. 000 460
6	248	−0. 009 81	0. 038 35	0. 037 230	0. 047 465	0. 000 215
7	131	−0. 072 23	−0. 014 38	0. 041 454	0. 051 016	0. 000 894

从表 1 中中误差的数据可以看出扫描数字化的误差在 7 cm 以内。

3.3　均值检验

为了检验数字化过程中系统误差的影响,对上述 x ,y 坐标误差的均值进行假设检验。采用非正态总体均值检验,设总体 Z 的分布函数为 $E(Z)$,总体均值为 $\bar{Z}$,标准差为 S,构造检验统计量

$$u_{\bar{Z}} = \frac{\bar{Z} - E(Z)}{\bar{Z}/\sqrt{n}} \tag{2}$$

当 n 充分大时,任意总体 Z 的样本均值近似服从 $N(0,1)$。检验原假设 H_0: $E(Z) = 0$;备选假设 H_1: $E(Z) \neq 0$。在给定显著水平 α 下,当 H_0 为真,且 n 充分大时,有

$$\left\{p \frac{|\bar{Z} - E(Z)|}{\bar{Z}/\sqrt{n}} \geqslant U_{1-\frac{\alpha}{2}}\right\} = \alpha \tag{3}$$

或

$$u_{\bar{Z}} = \frac{|\bar{Z}|}{\bar{Z}/\sqrt{n}} \geqslant U_{1-\frac{\alpha}{2}} \tag{4}$$

则在显著水平 α 下拒绝 H_0,反之接受。

用子样均值 $\bar{x}$, $\bar{y}$ 代替 $\bar{Z}$,用子样中误差 σ_x,σ_y 代替 S,分别计算 x,y 坐标误差的统计量 $u_{\bar{x}}$,$u_{\bar{y}}$,取显著水平 α 为0. 01,对应的分位值 $U_{1-\frac{\alpha}{2}} = U_{0.995} = 2.576$,计算结果列入表 2。

表 2　均值检验计算结果

样本号	样本数	$u_{\bar{x}}$	$u_{\bar{y}}$
1	385	6.021 5	20.236
2	820	12.183	23.254
3	493	21.018	11.634
4	480	3.336	18.126
5	658	19.146	28.365
6	248	4.036	12.638
7	131	19.465	3.095

从表中结果看,计算的所有统计量均大于分位值,说明其均值不为 0,即扫描数字化过程存在系统误差,系统误差由光栅图纠正后的剩余误差、矢量化软件误差等构成。

4　误差分布检验

为了检验扫描数字化误差是否服从正态分布,对上述数据应用皮尔逊χ^2 检验法、柯尔莫哥洛夫检验法以及 A^2 和 W^2 检验法进行检验。

设检验的原假设为 $H_0:F(x)=F_0(x)$,总体服从正态分布($F_0(x)$为正态分布),备选假设为 $H_1:F(x)\neq F_0(x)$, 总体不服从正态分布。

4.1　皮尔逊检验法

根据数字化误差的分布情况,将误差分为 k 个区间,统计误差落在各区间内的频数 n_i $(i=1,2,\cdots,k)$,并求得子样均值和中误差。在 H_0 成立下,根据每个区间的区间中值,利用正态分布函数表计算 p_i 和理论频数 k_{pi},并求统计量 X^2。X^2 按下式计算

$$X^2 = \sum_{k=1}^{k} \frac{(n_i - kp_i)^2}{kp_i} \tag{5}$$

给定 $\alpha=0.01$,根据 x , y 坐标误差计算的统计量分别为 X_x^2,X_y^2,将它们以及在χ^2 分布表中查得的$\chi^2_{k-2-1}(\alpha)$列入表 3。

表 3　正态分布检验计算结果

样本号	X_x^2	$\chi^2_{x-2-1}(\alpha)(x)$	X_y^2	$\chi^2_{k-2-1}(\alpha)(y)$
1	39.56	23.36	44.69	23.37
2	106.58	23.36	56.63	21.59
3	58.65	20.24	22.76	20.16
4	33.16	20.03	46.63	21.56
5	77.24	20.16	57.65	20.29
6	17.46	15.29	18.23	16.96
7	27.43	11.27	12.46	18.35

从表 3 的结果可以看到各样本皆拒绝原假设，表明扫描数字化误差不服从正态分布。

4.2 柯尔莫哥洛夫检验法

设总体 X 的样本观测值为 $X_1, X_2, \cdots, X_n$，其顺序统计量为 $X_{(1)} \leqslant X_{(2)} \leqslant \cdots \leqslant X_{(n)}$，则在区间$(-\infty, +\infty)$上可以构成经验分布函数

$$F_n(x) = \begin{cases} 0, x < X_{(1)} \\ k/n, X_{(k)} \leqslant x \leqslant X_{(k+1)}, (k = 1, \cdots, n-1) \\ 1, x \geqslant X_{(n)} \end{cases} \tag{6}$$

当 n 充分大时分布函数 $F_{(n)}(x)$ 与总体分布函数 $F(x)$ 相当接近。构造检验统计量

$$D_n = \sup\{|F_0(x_k) - F_n(x_k)|\} = \max\{d_1, d_2, \cdots, d_n\} \tag{7}$$

其中 $d_i = \max\{|F_0(x_k) - F_n(x_k)|, |F_n[x_n(x_{k+1})] - F_0(x_k)|\}$，$x_k$ 是 $X_{(k)}$ 对应的观测值。

对前述 7 组样本的 x, y 坐标的误差分别进行检验，将误差排列为顺序统计量，按式(5)计算经验分布函数，按正态分布查得分布值，计算 x, y 坐标误差的检验统计量 $D_n(x), D_n(y)$，取 $\alpha_1 = 0.01$ 和 $\alpha_2 = 0.05$，可得 $D_n(0.1) = 1.22/\sqrt{n}$，$D_n(0.55) = 1.36/\sqrt{n}$，将计算结果列于表 4。

表 4 正态分布的柯尔莫哥洛夫检验计算结果

样本号	样本数	$D_n(x)$	$D_n(y)$	$D_n(0.01)$	$D_n(0.05)$
1	385	0.233 5	0.234 1	0.062 8	0.068 4
2	820	0.246 3	0.188 6	0.043 5	0.048 1
3	493	0.246 3	0.188 6	0.055 3	0.063 1
4	480	0.205 9	0.259 5	0.056 1	0.062 1
5	658	0.223 2	0.264 5	0.046 8	0.053 5
6	248	0.325 3	0.266 1	0.076 5	0.087 8
7	131	0.308 5	0.226 3	0.109 3	0.122 5

从表 4 中可以得出 7 组样本的检验皆拒绝原假设，表明扫描数字化误差不服从正态分布。

4.3 A^2 和 W^2 检验

对 7 组样本分别进行检验，将样本按由小到大次序进行排列 $X_{(1)} \leqslant X_{(2)} \leqslant \cdots \leqslant X_{(n)}$，此时根据样本均值 $\overline{X}$ 和样本中误差 σ 来计算 $W_i = (X - \overline{X})/\sigma$，根据正态分布计算分布函数值 $Z_{(i)} = \varphi(W_i)$，其中 φ 为 $N(0,1)$ 的分布函数，$i = 1, 2, \cdots, n$，按式(8)、式(9)、式(10)分别求得 A^2 和 W^2 以及修正统计量 W'^2

$$A^2 = -n - \frac{1}{n}\sum_{i=1}^{n}(2i-1)[\ln Z_{(i)} + (2n+1-2i)\ln(1 - Z_{(i)})] \tag{8}$$

$$W^2 = \sum_{i=1}^{n}\left[Z_{(i)} - \frac{2i-1}{2n}\right]^2 + \frac{1}{12n} \tag{9}$$

$$W'^2 = \left(W^2 - \frac{0.4}{n} + \frac{0.6}{n^2}\right)\left(1 + \frac{1}{n}\right) \tag{10}$$

将计算结果列于表5，表中 $W'^2(x)$, $A^2(x)$ 为 x 坐标误差的检验统计量，$W'^2(y)$，$A^2(y)$ 为 y 坐标误差的检验统计量。

表5　正态分布的检验计算结果

样本号	$W'^2(x)$	$A^2(x)$	$W'^2(y)$	$A^2(y)$
1	0.043 5	2.237 4	0.267 4	1.253 6
2	0.180 2	1.068 3	0.176 9	0.909 1
3	0.284 6	1.468 5	0.240 6	1.345 9
4	0.263 1	1.489 6	0.123 6	0.798 6
5	0.072 4	0.179 3	0.104 3	0.676 1
6	0.208 3	1.117 6	0.055 4	0.254 6
7	0.047 1	0.248 5	0.075 0	0.492 3

取 $\alpha=0.25$ 以及 $\alpha=0.01$，查表可得临界值 $W^2(0.25)=0.074$，$W^2(0.01)=0.104$，$A^2(0.25)=0.470$，$A^2(0.01)=0.631$。将表5中结果与临界值比较可以得出，在各组样本的 x 误差中，除样本5、7外皆拒绝原假设。在各组样本的 y 误差中，除样本6、7外皆拒绝原假设。

在以上三种正态性检验结果中，大部分样本拒绝了原假设，但也有一些样本接受了原假设，这表明扫描数字化误差不一定服从正态分布。而均值检验表明：扫描数字化数据误差的均值不为零，也就是说，扫描数字化数据受系统误差的影响较大。此外，我们还对这些误差进行了 p^- 范（$1<p<2$）检验，有些样本的检验结果是接受 p^- 范分布的原假设，而另一些样本的检验结果拒绝原假设，也无规律性。因此，需更进一步对扫描数字化数据误差的系统性进行试验和探讨，在减弱系统误差影响的基础上进一步探讨扫描数字化数据的误差分布和精度。

5　结　语

为了保证扫描的精度，应当根据具体情况选择合适的扫描分辨率。通过试验和参考有关的文献，总结出扫描的分辨率不能太低，太低就会严重影响扫描的质量。但如果扫描的结果只用做矢量数字化，构建 DLG，则要求可以放宽，但也不宜低于 250 dpi。一般地图最细线划为 0.1 mm。为保证扫描后地图上 0.1 mm 宽的线划不产生断裂，最细线划处至少有一条扫描线，则地形图扫描分辨率不能低于 254 dpi。综合考虑地形图线划宽度、扫描误差、图像处理误差及图像数据量大小，地形图扫描数字化扫描分辨率不能低于 300 dpi，即扫描仪精度至少为 0.085 mm。但对等高线非常密集的高山地区，为防止密集等高线扫描后发生粘连，扫描分辨率应不低于 500 dpi，这样视不同情况灵活选择分辨率，既可保证 DLG 的质量，又加快了生产的速度，另外，应该采用能被扫描仪的光学分辨率整除的输入分辨率按 1:1进行扫描。

从上面的均值检验得出扫描数字化数据误差的均值不为零，表明扫描数字化数据受系统误差的影响较大。从三种正态检验得出，扫描误差不一定服从正态分布，无规律性。

参 考 文 献

[1] 曾衍伟. 地形图扫描数字化精度分析[J]. 四川测绘，2003(6)：82-85.
[2] 余晓红. 地图扫描数字化的误差分析[J]. 测绘科学，2001(9)：49-52.

第二次全国土地调查的体会

黄　琨　岑　平　赵淑屏

（中水北方勘测设计研究有限责任公司）

摘　要　简要介绍第二次全国土地调查的背景、目的，阐述了参加此次土地调查中农村土地调查的经验和体会。

关键词　土地调查　土地调查数据库　数据采集　质量控制

1　第二次全国土地调查的背景

第二次全国土地调查是国务院部署的重大国情国力调查，是加强土地管理和调控的一次重要基础工作。根据国务院部署，从 2007 年 7 月 1 日全面启动，2009 年上半年完成全国土地调查工作，2009 年下半年，各地对调查成果进行整理。以 2009 年 10 月 31 日为标准时间，统一进行变更调查并更新数据，形成全国第二次土地调查基础数据。

2　第二次全国土地调查的目的

第二次土地调查的目的是全面查清全国土地利用状况，掌握真实的土地基础数据，并对调查成果实行信息化、网络化管理，建立和完善土地调查、统计制度和登记制度，实现土地资源信息的社会化服务，满足经济社会发展、土地宏观调控及国土资源管理的需要，实现土地信息的社会化服务。

3　农村土地调查工作任务

农村土地调查主要包括六项工作任务：地类调查、权属调查、基本农田调查、耕地后备资源调查、专项用地统计调查、建立农村土地调查数据库及管理系统。

4　参加第二次全国土地调查的体会

（1）要做充分的准备工作。

①组织准备——成立专项组，负责土调各工序技术攻关和质量控制措施的制定，负责调查工作。

②技术准备——根据相关技术要求和实际情况制定合理的土地调查实施方案，技术设计要全面、清晰、明确，可操作性强，具有指导作用。

③人员培训——在开展调查前，项目组统一调查方法，规范调查程序，对参加土地调查人员进行技术培训，熟悉相关的土地调查依据，掌握调查技术要领并熟悉调查区域土地利用的整体情况。

(2)要确定质量流程、质量职责、质量责任。

(3)要经过试点,待标准统一后再分组作业。

(4)选择合理的实施方案组织作业。在作业中坚持以科技为先导,积极采用新技术、新工艺、新材料、新设备,提高作业的科技含量,依靠科技来确保项目质量和进度。

(5)农村土地调查数据建库基础数据的质量控制。要建立高质量的土地调查数据库,虽然使用的软件不尽相同,数据处理的关键都是必须保证矢量数据属性的正确与完整性以及空间矢量数据拓扑关系的正确性。

①数据采集内容。县级农村土地调查数据内业采集与编辑加工作业平台采用适宜内外业一体化、质量控制统一化的专用软件。具体任务包括:以图幅为单位进行空间矢量数据采集、编辑、拓扑关系构建、属性数据采集、图幅接边、质量检查;以村、镇、到县范围逐级进行拓扑关系再构、图幅拼接、专题图编制、质量检查;经质量检查合格的分幅或行政区范围"农村土地调查成果库"以文件方式进行存储,以行政隶属关系建立文件目录结构。

土地利用信息分类与编码、文件命名方式、空间要素分层、要素属性表结构、元数据等内容的采集和设定按国土资源部颁发的《土地利用数据库标准》和《第二次全国土地调查数据库建设技术规范》要求执行。

②制定数据采集与处理工作流程,见图1。

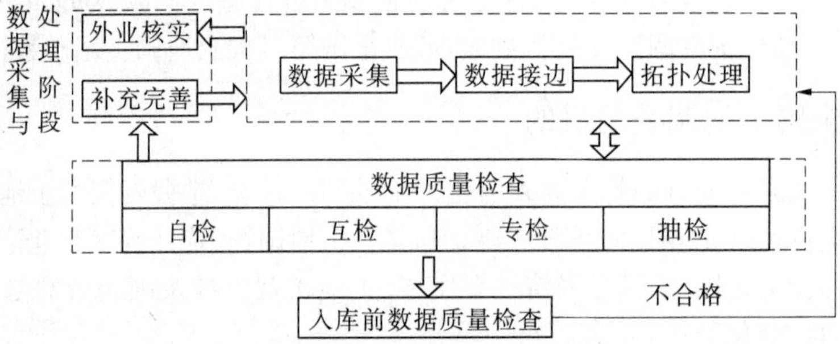

图1 数据采集与处理工作流程

③数据采集与处理。土地调查采集的基础数据源主要是在外业调查中标绘的调查底图、农村土地调查记录手簿、清绘数据以及其他外业调查确认的资料,如经调查验证的基本农田保护和耕地后备资源的界线范围图斑等。

A. 图形编辑。

以清绘数据为基础,使用软件的专用模块分别对线状要素、点状要素和注记进行分层编辑,同时录入属性数据。

B. 要素特征检查和面要素构建。

对已采集的各类线划进行分层、分类的拓扑检查,保证其满足各类要素面状图层(如行政区、宗地、图斑)的构建要求。拓扑关系检查包括同类要素之间与不同类要素之间的关系检查。

拓扑关系检查后进行各类面状要素构建。新构建的面状要素同样需进行重叠性、遗漏等相关检查,并与图上相关属性注记信息作一一对应检查,确保属性采用自动代码捕获方式赋值时的正确与完整。

C. 各类要素属性录入、编辑与检查。

采用自动代码捕获方式和手工编辑方式进行属性赋值操作。

按照《土地利用数据库标准》和《第二次全国土地调查数据库建设技术规范》要求对需要填写属性值的字段，按其值域进行属性赋值。按照规范和标准进行各类字段填写的非空性、值域符合性、一致性、正确性、系统性检查。进行各层要素之间的拓扑关系和属性逻辑关系的检查，确保属性录入无误。其后进行数据入库。

D. 采集的各要素必须建立正确的空间拓扑关系。

a. 各类界线编辑时，在边线交界处的交接、相交既不能出头又不可留有间隙。

b. 权属界与行政界重合时要求二者都编辑（同位置拷贝），并分别放在权属界线和行政界线层中。

c. 行政界线、权属界线的整体编辑规则是各权属界线重合时不重复编辑，且同一界线应当连续。

d. 各类符号用《二次调查规程》附录 J 第二次全国土地调查图式表示。

e. 国有或乡镇集体所有的河流、道路穿过一个或若干个行政村，则该河流、道路按村界分隔，界线符号采用相对应的国有土地使用权界或乡（镇）集体土地所有权属界的界线符号，权属单位宗地与村内其他宗地统一编号。

f. 村集体所有的道路、河流也作为宗地处理，其界线符号采用权属界线符号，权属单位宗地与村内其他宗地统一编号。

g. 行政界线和线状地物按正确位置采集，重合时复制其中一个要素到另一要素层。

E. 图形接边要求。

相同比例尺图幅接边：相邻图幅行政界线、权属界线、地类界线及各种线状地物接边误差应小于图上 0.6 mm 的，并两幅图各改一半；接边后的图形不得产生变形。凡接边误差大于图上 0.6 mm 的，应结合实地调查现状进行调整。接边线条要求严格相接。

F. 属性接边要求。

相邻图幅的权属单位名称、权属性质、界线符号、地类代码、线状地物宽度等属性应严格一致。

5 结 语

土地调查各环节工序性强，调查必须将质量控制贯穿于整个调查过程，即在外业调查、内业清绘、入库数据图形编辑、数据入库等各作业环节都要保证质量，才能高质量地完成土地调查工作。

GPS 测量

GPS－RTK 在公路测量中的应用

张继民

（中水北方勘测设计研究有限责任公司）

摘　要　GPS 技术应用于公路测量是公路外业勘测的一项重大技术革命，其应用及开发的定位技术在公路测量中蕴含着巨大的技术潜力，本文主要介绍了 GPS 中的 RTK 技术在公路测量中的应用及其对公路勘测的巨大推进作用。

关键词　GPS　RTK　工程测量

1　GPS 技术发展现状

全球定位系统 GPS（Global Position System）是美国陆海空三军联合研制的卫星导航系统，具有全球性、全天候、连续性、实时性导航定位和定时功能，能为各类用户提供精密的三维坐标、速度和时间。单点导航定位与相对定位是 GPS 应用的两个方面，对常规测量而言，相对定位是主要的应用方式。

相对定位是利用 L_1 和 L_2 载波相位观测值实现高精度测量，其原理采用了载波相位测量局域差分法，即在接收机之间求一次差，在接收机和卫星观测历元之间求二次差，通过两次差分计算解算出待定基线的长度。求解整周模糊度是其关键技术，根据算法规模，设计了静态、快速静态以及 RTK 等作业模式。静态作业模式主要用于地壳变形观测、国家大地测量、大坝变形观测等高精度测量；快速静态作业模式以其高效的作业效率与厘米级精度广泛应用于一般的工程测量；而 RTK 作业模式以其快速实时、厘米级精度等特点广泛应用于数据采集（如碎部测量）及工程放样中。RTK 技术代表着 GPS 相对定位应用的主流。

GPS 测地形接收设备是实现测量定位的基本条件。接收机有单频与双频之分，双频机能以 L_2 观测值修正电离层折射影响，最适宜于中、长基线（大于 20 km）测量，具有快速静态测量的功能，可以实现 RTK 测量功能；单频机适宜于小于 20 km 的短基线测量，对于一般工程测量具有良好的性能价格比。RTK 系统由 GPS 接收设备、无线电通信设备、电子手簿及配套设备组成，整套设备具有轻量化、操作简便性、实时可靠性、厘米级精度等方面的特点，完全可以满足数据采集和工程放样的要求。鉴于 GPS 系统在轨卫星数有限，在对空通视受遮挡的条件下，不能保证正常解算，影响定位的精度和可靠性。实践表明，单频 GPS 系统由于多路径环境及自身的制约，存在着很大的局限性。随着俄罗斯的全球导航卫星系统（GLONASS）的不断完善，利用 GLONASS 来改善 GPS 性能的双星座全球定位系统（GLONASS＋GPS）已由美国 Ashtech 公司研制成功，这种全天候、全地域、高精度的系统为用户提供了更为完善的接收设备，双星座全球定位系统的接收设备是 GPS 接收设备的新水平。

2　GPS 技术在公路测量中的应用前景

随着我国国民经济的快速增长及西部大开发战略的实施，各省的高等级公路建设迎来前所未有的发展机遇，这就对勘测设计提出了更高的要求。随着公路设计行业软件技术和硬件设备的发展，公路设计已实现 CAD 化，有些软件本身还要求提供地面数字化测绘产品的支持。建立勘测、设计、施工、后期管理一体化的数据链，减少数据转抄、输入等中间环节，是公路勘测设计"内外业一体化"的要求，也是影响高等级公路设计技术发展的瓶颈所在。目前，公路勘测中虽已采用电子全站仪等先进仪器设备，但常规测量方法受横向通视和作业条件的限制，作业强度大，且效率低，大大延长了设计周期。勘测技术的进步在于设备引进和技术改造，在目前的技术条件下引入 GPS 技术应当是首选。当前，用 GPS 静态或快速静态作业模式建立沿线首级控制，为勘测阶段测绘带状地形图、路线测量提供依据；在施工阶段为桥梁、隧道建立施工控制网。这仅仅是 GPS 在公路测量中应用的初级阶段，其实公路测量的技术潜力蕴于 RTK（实时动态）技术的应用之中，RTK 技术在公路工程中的应用，有着非常广阔的前景。下面就 RTK 技术在公路勘测中的应用作简单的介绍。

3　RTK 技术在公路测量中的应用

3.1　实时动态（RTK）定位技术简介

实时动态（RTK）定位技术是以载波相位观测值为根据的实时差分（RTD）GPS 技术，它是 GPS 测量技术发展的一个新突破，在公路工程中有广阔的应用前景。众所周知，无论静态定位，还是准动态定位等定位模式，由于数据处理滞后，所以无法实时解算出定位结果，而且也无法对观测数据进行检核，这就难以保证观测数据的质量，在实际工作中经常需要返工来重测由粗差造成的不合格观测成果。解决这一问题的主要方法就是延长观测时间来保证测量数据的可靠性，这样一来就降低了 GPS 测量的工作效率。

实时动态（RTK）定位系统由基准站和流动站组成。建立无线数据通信是实时动态测量的保证，其原理是取点位精度较高的首级控制点作为基准点，安置一台接收机作为参考站，对卫星进行连续观测，流动站上的接收机在接受卫星信号的同时，通过无线电传输设备接收基准站上的观测数据，随机计算机或手簿根据相对定位的原理实时计算显示出流动站的三维坐标和测量精度。这样，用户就可以实时监测待测点的数据观测质量和基线解算结果的收敛情况，根据待测点的精度指标，确定观测时间，从而减少冗余观测，提高工作效率。

3.2　应　用

实时动态（RTK）定位有快速静态定位和动态定位两种测量模式，两种定位模式相结合，在公路工程中的应用可以覆盖公路勘测、施工放样、监理和 GIS（地理信息系统）前端数据采集。

3.2.1　快速静态定位模式

快速静态定位模式要求 GPS 接收机在每一流动站上，静止的进行观测。在观测过程中,同时接收基准站和卫星的同步观测数据,实时解算整周未知数和用户站的三维坐标,如果解算结果的变化趋于稳定,且其精度已满足设计要求,便可以结束实时观测。快速静态定位模式一般应用在控制观测中,如控制网加密。若采用常规测量方法(如全站仪测量),受客观因素影响较大,在自然条件比较恶劣的地区实施比较困难,而采用 RTK 快速静态定位观测,可起到事半功倍的效果。单点定位只需要 5 ~ 10 min(随着技术的不断发展,定位时间还会缩短),不及快速静态定位测量所需时间的 1/5,在公路测量中可以代替全站仪完成导线测量等控制点加密工作。

3.2.2 动态定位模式

测量前需要在一控制点上静止观测数分钟(有的仪器只需 2 ~ 10 s)进行初始化工作,之后流动站就可以按预定的采样间隔自动进行观测,并连同基准站的同步观测数据,实时确定采样点的空间位置。目前,其定位精度可以达到厘米级。

动态定位模式在公路勘测阶段有着广阔的应用前景,可以完成地形图测绘、中桩测量、横断面测量、纵断面地面线测量工作。测量 2 ~4 s,精度就可以达到 1 ~3 cm,且整个测量过程不需要通视,有着常规测量仪器(如全站仪)无法比拟的优点。

3.3 RTK 技术的优点

(1)实时动态能显示经可靠性检验的厘米级精度的测量成果(包括高程)。

(2)彻底摆脱了由于粗差造成的返工,提高了 GPS 作业效率。

(3)作业效率高,每个放样点只需要停留 1 ~2 s,流动站小组作业,每小组(3 ~4 人)可完成中线测量 5 ~10 km。若用其进行地形测量,每小组每天可以完成 0.8 ~1.5 km^3 的地形图测绘,其精度和效率是常规测量所无法比拟的。

(4)在中线放样的同时,完成中桩抄平工作。

(5)应用范围广,可以涵盖公路测量(包括平、纵、横)、施工放样、监理、竣工测量、养护测量、GIS 前端数据采集等诸多方面。

(6)如辅助相应的软件,RTK 可与全站仪联合作业,充分发挥 RTK 与全站仪各自的优势。

3.4 推广建议

(1)GPS 静态定位技术和动态定位技术相结合的方法可以高效、高精度地完成公路平面控制测量。

(2)生产过程中采用常规方法和 GPS 技术相结合的方法可以极大地提高生产效率。

(3)随着 GPS 技术特别是 RTK 技术的发展,各个厂家相继推出了具有自主专利技术的仪器,其初始化时间越来越短,跟踪能力也越来越强,精度越来越高,可靠性越来越强,有着良好的性价比,在勘察设计单位具有代替全站仪的趋势,单位设备更新时应考虑这一因素。

(4)GPS 技术在公路测量中的应用是公路测量的一项革命性的技术革新,它将对传统的作业理念予以更新。

4 结 语

GPS 在公路勘测中的应用对高等级公路的勘测手段和作业方法产生了革命性的影

响,极大地提高了勘测精度和勘测效率,特别是实时动态(RTK)定位技术将在公路勘测、施工和后期养护、管理方面有着广阔的应用前景。

参考文献

[1] 周中谟,易杰军,周琪.GPS测量原理与应用[M].2版.北京:测绘出版社,1999.

GPS - RTK 技术在重庆市观景口水库输水线路控制网测量中的应用

李德安

（中水北方勘测设计研究有限责任公司）

摘　要　本文简要介绍了 GPS - RTK 的原理和特点，并结合 GPS - RTK 技术在重庆市观景口水库输水线路控制网测量中的应用，对工作中所遇到的问题及解决办法进行了几方面的论述。

关键词　GPS - RTK　施工控制网　坐标转换　精度

1　工程概况

观景口水库是重庆市重点水源工程之一，位于巴南区五布河干流上，控制流域面积 520 km^2，坝址多年平均径流量 2.63 亿 m^3。该工程的主要任务是以城市供水为主，兼顾小城镇及农村人畜饮水、农业灌溉。

输水线路全长约 21 km。根据水库输水线路工程项目建议书的要求，需要沿 20 多 km 长的输水线路测设一条三等施工控制网。平面控制网采用双频 GPS 接收机进行观测，高程控制采用 Ni007 水准仪进行测量。本文将重点介绍平面控制网的布设、测量及数据处理。

2　GPS - RTK 技术的原理

GPS - RTK 实时动态技术是一项以载波相位观测为基础的实时差分 GPS 测量技术，它是利用 2 台或 2 台以上的 GPS 接收机同时接收卫星信号，其中 1 台安置在已知坐标点上作为基准站，其他作为流动站。在 RTK 作业模式下基准站与移动站同时保持跟踪至少 5 颗以上的卫星。基准站不断地对可见卫星进行观测，并把带有已知点位置的数据，借助电台将其观测值坐标信息发送给移动站接收机，移动站接收机将采集的 GPS 观测值数据和来自基准站的数据组成差分观测值进行实时处理，求得三维坐标。由于 RTK 受外界条件的影响和限制较小，只要满足其基本的工作条件，它就能快速的、高精度的定位作业，使测量工作变得更轻松。同时，由于无须人工干预，避免了人为误差，保证了作业精度。GPS 技术走过了静态测量、快速静态测量等发展历程。目前，厘米级实时 RTK 技术已经被广泛接受，并应用于各种测绘生产中。

3　GPS 控制网的设计和测量

3.1　平面坐标系统

平面坐标系统采用 1954 北京坐标系，高斯正形投影，3 度分带，中央子午线 108°，带号 36。

3.2　GPS 控制网的设计

控制网的布设以测区和测区周边的重庆市 C 级 GPS 网为起始，在库区、坝址区、电站厂房区、渠道和输水管线沿线布设四等 GPS 网点作为本项目的首级平面控制网。根据工程需要，在测区布设两条 GPS 控制网、五步河 GPS 控制网和输水线路 GPS 控制网。

3.3　GPS 控制网的布设

为满足 1∶5 000、1∶2 000、1∶1 000 地形图测量的需要，平面控制网的布设方法采用测区内河道和输水线路方向，布设四等 GPS 网作为首级平面控制网。考虑未来工程规划设计和工程开发建设时的需要，采用常规方法进行测量工作，首级控制网分组（每组两个）埋设，同组间标石相互通视，间距在 300 m 以上，有利于全站仪等仪器的观测。

四等 GPS 点的布设：库区河道以相距 10 km 左右布设一对点；坝址区，施工场区及输水线路水工建筑物区以相距 1 ~2 km 布设一对点，且保证每个区域都有点；渠道和输水管线路以相距 10 km 左右布设一对点。

根据技术大纲和规范要求，高程控制为沿河道一侧布设一条四等水准路线，联测所有四等 GPS 点。

3.4　控制点标石的选埋

控制点标石为混凝土四边形柱体，标石的规格为上底 20 cm × 20 cm、下底 30 cm × 30 cm、柱高 55 cm，选埋在地势较高、施工时不容易被破坏且使用方便的地方，相互通视良好，安全可靠。标石表面有统一刻十字的铁标芯，并压印点名点号。

3.5　使用的仪器设备

使用的仪器设备主要有 Trimble 5800 GPS 接收机 3 台套、蔡司 Ni007 自动安平水准仪 1 台套。

Trimble 高精度的 5800 GPS 接收机是一种坚固的集成测绘单元，包含性能优良的 GPS 接收机、GPS 天线、无线电、蓝牙通信和内部微型电池。静态及快速静态的精度为 5 mm +（0.5×10^{-6} × 基线长度），完全能够满足本次测量要求。

线路控制点四等水准测量采用 Ni007 自动安平水准仪，该仪器的标称精度为 ± 0.3 mm/km，完全满足规范和本工程精度的要求。

3.6　GPS 控制网测量

平面控制采用 3 台 Trimble 5800 GPS 接收机进行观测，联测了重庆市 C 级 GPS 控制网中的 5 个已知控制点，共观测 29 座 GPS 点。

GPS 观测技术要求按《全球定位系统（GPS）测量规范》（GB/T 18314—2001）执行。观测采用的主要参数见表 1。

表 1 观测采用的主要参数

等级	有效观测卫星总数	卫星高度角	时段内任一卫星有效观测时间(min)	时段长度(min)	观测时段数	采样间隔(s)
C 级	≥6	≥15	≥15	≥60	≥2	15

在观测前,根据作业的接收机台数、GPS 网形设计、观测作业方案及卫星预报表编制了作业调度表。

每天出发前应检查电池容量是否充足,仪器及其附件是否齐全。作业前应检查接收机内存是否充足。

每时段开机前,作业员应按《全球定位系统(GPS)测量规范》(GB/T 18314—2001)附录 D3 的要求量取天线高,并及时记录相关信息。关机后再量取一次天线高,开机前、关机后两次量天线高互差不得大于 3 mm。开机前、关机后每次测量天线高分 3 个方向量取,互差在 2 mm 以内取平均值作为该点天线高。若两次测量互差超限,应查明原因,提出处理意见记入测量手簿备注栏中。

观测员在作业期间不得擅自离开测站,并应防止仪器受震动和被移动,防止人和其他物体靠近天线,遮挡卫星信号。接收机在观测过程中不应在接收机附近 10 m 内使用对讲机和 50 m 内使用移动电话;当遇雷、闪电或大风雨时,应立即停止观测。

经认真检查,所有规定作业项均已全面完成,并符合要求,记录与资料完整无误后,方可迁站。

4 平差计算

基线向量的解算和网平差采用商用随机软件 Trimble Geomatic Offce,数据处理使用广播星历,采用码和相位,频率选用 L_1+L_2,按系统缺省设置进行对流层和电离层影响的改正。平差后精度统计表见表 2 ~ 表 5。

表 2 四等 GPS(五步河)最弱相邻点点位精度统计

最弱相邻点点名	X 坐标中误差(m)	Y 坐标中误差(m)	最弱相邻点点位中误差(m)	规范允许点位中误差(cm)
四样坪	0.91	0.71	0.154 2	±5.0

表 3 四等 GPS(五步河)最弱相邻点边长相对中误差精度统计

边名	边长(m)	最弱相邻点边长中误差(cm)	最弱相邻点边长相对中误差	规范允许边长相对中误差
GJK02—GJK01	744.239 9	0.68	1/133 086.7	1/40 000

表 4　四等 GPS(输水线路)最弱相邻点点位精度统计

最弱相邻点点名	X 坐标中误差(m)	Y 坐标中误差(m)	最弱相邻点点位中误差(m)	规范允许点位中误差(cm)
GJK03	0.16	0.16	0.226 3	±5.0

表 5　四等 GPS(输水线路)最弱相邻点边长相对中误差精度统计

边名	边长(m)	最弱相邻点边长中误差(cm)	最弱相邻点边长相对中误差	规范允许边长相对中误差
GJK04—GJK03	369.690 9	0.12	1/302 444.5	1/40 000

从以上平差结果中可以看到,各点的点位中误差和最弱边相对中误差均小于规范规定的要求。

5　结　语

重庆市观景口水库 GPS 施工控制网是整个输水线路配套工程施工放样的基础控制,本控制网布设时充分考虑了建筑物布置及施工,埋设稳固可靠,方便施工测量及放样。天宝 TGO 软件基线解算及平差简单实用、计算方便,是一款比较优秀的 GPS 处理软件,各项技术指标达到了规范规定的要求,网的建立统一了输水总干渠与配套工程基准,为配套工程各阶段建设工程奠定了基础。

GPS 在施工测量控制网布测中的应用

李敬业[1] 祁玉涛[2] 褚 健[1]

（1. 中水北方勘测设计研究有限责任公司；
2. 中铁十四局集团有限公司北京工程指挥部）

摘 要 本文结合南水北调中线直管工程磁县段一标施工测量控制网布测这一实例，浅谈利用 GPS 静态观测进行施工控制网测量和利用 GPS 后处理软件进行数据处理的方法。介绍了取得的外业观测、观测数据预处理和网平差计算等方面的一些心得和体会。

关键词 GPS 控制网 静态相对定位 数据处理

1 概 述

1.1 测区概况

南水北调中线直管工程磁县段一标起自磁县漳河北岸，桩号 0 +000，止于磁县西槐树村，桩号 15 +190，总长 15.190 km，其中渠道长 15.040 km，建筑物长 0.150 km。本段总干渠位于太行山东麓与华北平原的接壤地带，渠段通过的地貌单元为平原和岗地，其中主要以岗地为主。渠道设计横断面为梯形断面，受地形起伏变化影响，渠道分为全挖、全填、半挖半填三种型式。

桩号 0 +000 ~1 +835 段位于漳河北岸河漫滩上，地形平坦开阔，地面高程为 83.1 ~ 85.24 m；桩号 1 +835 ~5 +350 段位于漳河北岸一级阶地，地形平坦，地面高程为 87.0 ~ 91.7 m；桩号 5 +350 ~9 +250 段地处太行山前冲洪积扇地带，地形较平坦，地面高程为 87.6 ~92.5 m；桩号 9 +250 ~10 +222 段为冰碛垄岗地貌，地形起伏较大，地面高程为 92.74 ~97.2 m，有砖厂取土形成的大坑；桩号 10 +222 ~11 +247 段为冰碛垄岗地貌，地面高程为 91.95 ~105.0 m；桩号 11 +247 ~12 +022 段为垄岗间洼地，地势微向东倾斜，地面高程为 86.0 ~93.8 m；桩号 12 +022 ~13 +412 段为冰碛垄岗地貌，地形起伏较大，地面高程为 88.5 ~105.0 m；桩号 13 +412 ~15 +190 段为冰碛垄岗地貌，地形起伏较大，地面高程为 88.5 ~93.0 m。

由上述可见，测区地形复杂，地面高程起伏较大，特别是标段最后 4 km 区域通视条件差，用传统方法进行控制测量困难较大，中水北方勘测设计研究有限责任公司监理部同意中铁十四局集团有限公司施工项目部采用 GPS 来建立施工测量控制网。

1.2 作业依据

（1）《工程测量规范》（GB 50026—2007）；

（2）《公路全球定位系统（GPS）测量规范》（JTJ/T 066—98）；

（3）相关设计图纸及文件。

1.3 工作内容

南水北调中线直管工程磁县段项目施工控制网的平面控制由24座网点组成，平面控制系统为1954北京坐标系。施工控制网的高程控制采用直接水准测量的方法布网，观测采用闭合水准路线，高程网由两个闭合环线组成，水准点总计24座，均为混凝土普通标石，高程控制系统为1985国家高程基准。磁县段一标首级控制网控制点8个，为满足施工测量要求，经现场查勘，根据需要布设了34个加密控制点。施工控制网测量采用GPS静态相对定位方法，网型采用四边形。本次共投入4台GPS接收机进行观测，边连接方式推进，组成20个闭合环，共需观测20个测段，每测段观测时间不小于45 min。

1.4 仪器设备

使用的具体设备见表1。

表1 仪器使用一览表

仪器名称	规格型号	制造厂商	出厂编号	数量(台)
双频GPS接收机	易测E660	北京合众思壮	0016	1
双频GPS接收机	易测E660	北京合众思壮	0019	1
双频GPS接收机	易测E660	北京合众思壮	0021	1
双频GPS接收机	易测E660	北京合众思壮	0025	1

2 控制网外业测量

2.1 布 网

施工控制网是服务于整个施工期施工测量的，所建控制点必须长期保存。为保证控制网的完整性和施工测量使用方便，选点遵循了以下原则：

(1)控制点应设在土质坚固、不受损坏且宜长期保存的地点。

(2)GPS观测要求尽量减弱干扰，保证卫星信号的正常接收，确保观测质量，控制点要布设在四周开阔，没有仰角高于15°的成片障碍物的区域，同时要减少多路径效应，GPS网点周围不得有强反射面，尽量避开高压线。

(3)需保证GPS点至少有两点直接通视，同时考虑到放样点与直接通视点的GPS点构成的图形强度要好。

(4)选点前应仔细地研究设计图及施工组织，使控制点能尽量避开施工区及堆放材料的地方，减少施工时对网点的破坏。

(5)做好完整详细的点之记。

2.2 外业测量

选点埋标完毕后，等观测墩沉降一段时间稳定后才能进行观测。观测工作主要包括天线安置、观测作业、观测记录和观测数据质量判定。

2.2.1 观测前的准备工作

首先，将所用观测仪器交计量检测部门进行检定，必须有检定合格的检定证书；然后，根据观测要求(重复设站数)、卫星可见性预报表、各点的周围环境、交通状况等制定详细的测量大纲，包括工作计划、工作日程、人员调度表、观测要求等。

2.2.2 GPS 观测

本次观测采用 4 台易测 E660 双频精密 GPS 接收机同时进行观测，仪器标称精度为 $5\ \mathrm{mm}+1\times10^{-6}D$，作业方式采用静态相对定位模式。GPS 外业观测相对于传统测量方法要简单得多，主要工作由接收机自动完成，观测人员应注意的问题主要有以下几点：

（1）当确认仪器各部连接无误，对天线严格整平对中后方可启动接收机。开机后接收机有关指示显示正常后，方能进行自测试和输入测站信息及时段控制信息。

（2）参数设置：卫星截止高度角≥15°，有效观测卫星个数≥5，采样间隔为 5″，观测时间≥45 min，GDOP≤4。注意各接收机参数设置要完全一致。

（3）接收机在开始记录数据后，应注意查看观测卫星数量、卫星号、相位测量残差、实时定位结果及其变化、存储介质记录等情况。

（4）在测量过程中，当每个测站仪器工作正常后，应及时逐项填写测量手簿中各项内容，天线高在测量前后各量一次。

（5）观测组严格按照调度表规定的时间作业，保证同步观测同一卫星组。

2.2.3 记录整理

各测站做好原始记录，仪器高量至接收机相位中心，读数至毫米。本次测量构成了 20 个独立闭合环，异步环重复观测基线边。每天观测完成后，做好数据传输和基线预处理工作，对处理不合格的基线及时进行重测。

2.3 坐标系统

坐标系采用 1954 北京坐标系，中央子午线为 114°。椭球长半轴 $a=6\ 378\ 245$ m，椭球扁率 $f=1/298.3$。

3 观测数据的处理与检核

3.1 观测数据预处理

预处理的主要目的是对原始观测数据进行传输、编辑、加工与整理，分流出各种专用的信息文件，为进一步的平差计算做准备。预处理工作的完善与否，对随后的平差计算及平差结果的精度将产生重要影响，因此对采用的数学模型和评价数据质量的标准都必须仔细分析，慎重确定。预处理过程主要由后处理软件完成，人工做的工作主要是观测数据的平滑、滤波，剔除粗差并进一步删除无效的观测值。

3.2 基线解算

3.2.1 基线解算

基线向量的解算主要由 GPS 接收机厂家随机提供的 Land－Top 后处理软件完成，利用广播星历先期进行预处理，基线结果采用双差固定解。首先进行基线向量处理设置，这对基线处理结果质量有很大影响，应高度重视此步骤。具体设置见图 1。

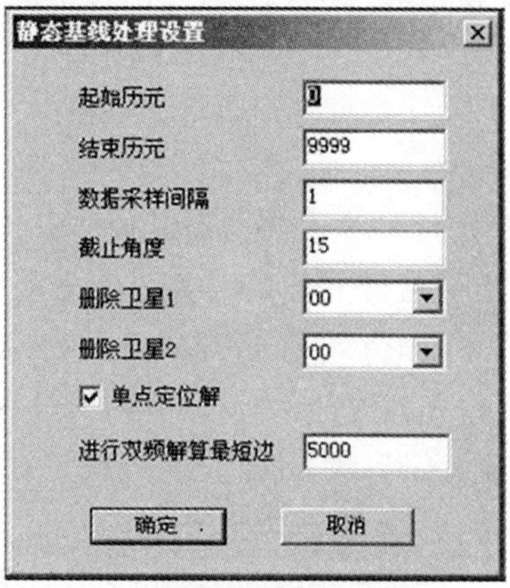

图 1　静态基线处理设置

基线处理完成后,软件会自动生成处理结果列表。通过残差图可以详细了解每条基线解算的质量。

3.2.2 基线解算的质量检核

为提高 GPS 测量的精度与可靠度,基线解算结束后,及时计算同步环闭合差、异步环闭合差及重复基线的检查计算。各环闭合差应符合规范要求,如果部分基线的观测数据不是很好,经过剔除不良数据,可以满足上述要求,但观测值剔除率不得超过 8%,否则重测。通过检核,舍去不合格的基线,但舍去基线后,必须保证异步环的边数不得大于 5,否则需要进行补测或重测。

3.2.2.1 基线向量同步环闭合差检验

按《全球定位系统(GPS)测量规范》(GB/T 18314—2009)要求基线向量同步环闭合差满足以下要求

$$W_x \leqslant \frac{\sqrt{n}}{5}\sigma;W_y \leqslant \frac{\sqrt{n}}{5}\sigma;W_z \leqslant \frac{\sqrt{n}}{5}\sigma;W \leqslant \frac{\sqrt{3n}}{5}\sigma$$

式中:n 为同步环边个数;σ 为 GPS 基线向量弦长中误差,mm,$\sigma = \sqrt{10^2 + (5d)^2}$;$d$ 为闭合环平均边长,km。

经基线解算,同步环中全长最大闭合差为“003 - 4—003 - 6—003 - 5—003 - 4”环,闭合差为 4.15 mm,环长为 1 585 m,闭合差限差为 $W = \frac{\sqrt{3n}}{5}\sigma = 18.744(\text{mm})$, 满足规范要求。

3.2.2.2 基线向量异步环闭合差检验

按《全球定位系统(GPS)测量规范》(GB/T 18314—2009)要求基线向量异步环闭合差满足以下要求

$$W_x \leqslant 2\sqrt{n}\sigma;W_y \leqslant 2\sqrt{n}\sigma;W_z \leqslant 2\sqrt{n}\sigma;W \leqslant 2\sqrt{3n}\sigma$$

式中:n 为闭合环边数,$n = 4$;其他符号意义同前。

通过计算,基线向量异步环闭合差最大为“ 001 - 7—001 - 5—001 - 4—001 - 7”环,闭合差为 8.308 mm,环长为 2 183 m,闭合差限差为 24.012 mm, 满足规范要求。

3.2.2.3 重复基线较差检验

按《全球定位系统(GPS)测量规范》(GB/T 18314—2009)要求同一边不同观测时段基线较差应满足 $d_s \leqslant \pm 2\sqrt{2}\sigma$ mm。通过计算,重复观测基线较差最大为:5 - 3—5 - 5,较差为 11 mm,边长为 798.557 m,限差为 ±24.54 mm,满足《全球定位系统(GPS)测量规范》(GB/T 18314—2009)限差要求。

以上叙述表明,本项目 GPS 基线向量网自身的内部符合精度高,基线向量没有系统误差和粗差,基线向量网的质量可靠,在此基础上可以进行控制网平差计算。

3.3 GPS 网平差

3.3.1 三维无约束平差

WGS - 84 坐标系下的三维无约束平差在基线解算质量检核的基础上,进一步评定 GPS 网的内部符合精度与外业观测的质量。无约束平差中,利用基线向量改正数进行粗差的检验($V_{\Delta x}, V_{\Delta y}, V_{\Delta z} \leq 3\sigma$),当超限时,应采用软件提供的方法或人工方法剔除粗差基线,直至符合要求。无约束平差得到的坐标见表2。

表2 平差大地坐标(部分)

点名	B	L	MB	ML
001	36:15:22.304 916 N	114:19:03.134 784 E	0:00:00.000 000 N	0:00:00.000 000 E
001-3	36:15:48.852 545 N	114:19:13.913 800 E	0:00:00.396 000 N	0:00:00.288 000 E
001-2	36:15:31.458 439 N	114:19:23.272 910 E	0:00:00.396 000 N	0:00:00.288 000 E
001-1	36:15:17.575 218 N	114:19:16.961 494 E	0:00:00.396 000 N	0:00:00.288 000 E
001-4	36:16:06.715 028 N	114:19:30.209 699 E	0:00:00.468 000 N	0:00:00.360 000 E
001-7	36:16:40.823 787 N	114:19:30.265 236 E	0:00:00.504 000 N	0:00:00.432 000 E
001-8	36:16:50.633 355 N	114:19:37.830 421 E	0:00:00.612 000 N	0:00:00.504 000 E
003-1	36:17:22.740 044 N	114:19:35.828 595 E	0:00:00.684 000 N	0:00:00.648 000 E
001-6	36:16:27.075 294 N	114:19:30.959 302 E	0:00:00.504 000 N	0:00:00.396 000 E
002-1	36:17:09.222 283 N	114:19:38.642 782 E	0:00:00.684 000 N	0:00:00.648 000 E
001-5	36:16:15.600 615 N	114:19:22.720 619 E	0:00:00.468 000 N	0:00:00.360 000 E
002	36:16:57.861 808 N	114:19:29.014 217 E	0:00:00.720 000 N	0:00:00.648 000 E
003-2	36:17:27.276 761 N	114:19:48.694 143 E	0:00:00.720 000 N	0:00:00.684 000 E
003-4	36:17:56.903 492 N	114:19:46.477 897 E	0:00:00.756 000 N	0:00:00.684 000 E
003-6	36:18:22.380 354 N	114:19:47.280 323 E	0:00:00.828 000 N	0:00:00.756 000 E
003-8	36:18:48.884 835 N	114:19:44.630 850 E	0:00:00.900 000 N	0:00:00.828 000 E
004	36:19:15.183 432 N	114:19:31.261 973 E	0:00:00.936 000 N	0:00:00.864 000 E
004-2	36:19:33.653 468 N	114:19:47.657 678 E	0:00:00.972 000 N	0:00:00.900 000 E
003-5	36:18:09.594 518 N	114:19:49.886 354 E	0:00:00.756 000 N	0:00:00.684 000 E
003-9	36:18:57.592 814 N	114:19:35.611 794 E	0:00:00.936 000 N	0:00:00.828 000 E
005	36:19:44.144 547 N	114:19:40.416 983 E	0:00:00.972 000 N	0:00:00.900 000 E
003-3	36:17:40.825 920 N	114:19:47.734 983 E	0:00:00.720 000 N	0:00:00.684 000 E
003-7	36:18:34.521 588 N	114:19:39.581 538 E	0:00:00.828 000 N	0:00:00.756 000 E
004-1	36:19:20.627 741 N	114:19:42.941 967 E	0:00:00.936 000 N	0:00:00.864 000 E

3.3.2 二维约束平差

上述网平差结果中点的坐标为 WGS-84 大地坐标,应转换为 1954 北京坐标系坐标,中央子午线为 114°,高斯投影平面直角坐标。以已知点的 1954 北京坐标系进行坐标转换,输出各点的 1954 北京坐标系坐标。具体步骤如下:

首先建立或选择参考椭球,输入其与 WGS-84 椭球的转换参数(7 参数或 3 参数),然后选择或建立投影方式和投影度带,再选择大地水准面模型或输入高程异常拟合方程的参数。

指定起算数据(约束条件):GPS 基线向量观测值和地面常规测量观测值(边长、方位、高差)检验约束条件质量,然后进行平差计算。平差参数见表 3,平差结果中坐标见表 4。

表 3　平差参数

北平移量	4 014 087.174 m
东平移量	528 494.332 m
北原点	7 080.232 m
东原点	65.049 m
比例因子	0.999 997 56
旋转	−0°11′17.486 053″

表 4　平差平面坐标(部分)

点名	X_g	Y_g	M_x	M_y	平差标志
001	4 014 087.421	528 516.681	0.008	0.005	是
001 − 3	4 014 906.609	528 783.070	0.006	0.005	是
001 − 2	4 014 371.230	529 018.483	0.007	0.005	是
001 − 1	4 013 942.771	528 862.344	0.008	0.006	是
001 − 4	4 015 458.556	529 188.008	0.005	0.004	是
001 − 7	4 016 509.930	529 185.868	0.004	0.003	是
001 − 8	4 016 812.936	529 373.657	0.003	0.003	是
003 − 1	4 017 802.428	529 320.360	0.000	0.000	否
001 − 6	4 016 086.204	529 204.613	0.004	0.003	是
002 − 1	4 017 385.992	529 391.994	0.002	0.002	是
001 − 5	4 015 731.821	529 000.162	0.005	0.004	是
002	4 017 035.004	529 152.886	0.000	0.000	否
003 − 2	4 017 943.356	529 640.931	0.002	0.002	是
003 − 4	4 018 856.386	529 582.521	0.003	0.002	是
003 − 6	4 019 641.757	529 599.868	0.004	0.003	是
003 − 8	4 020 458.511	529 530.990	0.002	0.002	是
004	4 021 268.018	529 194.760	0.000	0.000	否
004 − 2	4 021 838.728	529 601.796	0.003	0.002	是
003 − 5	4 019 247.866	529 666.230	0.003	0.002	是
003 − 9	4 020 726.166	529 305.091	0.002	0.002	是
005	4 022 161.494	529 420.100	0.003	0.002	是
003 − 3	4 018 360.916	529 615.574	0.002	0.002	是
003 − 7	4 020 015.348	529 406.526	0.003	0.002	是
004 − 1	4 021 436.819	529 485.538	0.002	0.002	是

4 网平差成果的评价

GPS 网质量的评定指标有基线向量的改正数、相邻点的中误差和相对中误差。

通过二维约束平差计算,最弱点为 007,点位中误差为 ±0.006 m;最弱边为 001-8—001-7,边长相对精度为 1/42 032,精度达到《工程测量规范》(GB 50026—2007)规定的四等 GPS 网"最弱边相对精度≤1/40 000"的精度要求,且点位精度比较均匀。从平差结果可以看出,最弱边均出现在短边上。常规边角网中边和角起到基准传算的作用,因此规定边长尽量一致,平差后用最弱边相对中误差作为评定精度的一项重要指标。而在 GPS 网中,边长无须传算,无最弱边而言,只是在短边上,接收机本身的固定误差起了较大影响,造成短边相对长边而言,相对精度较低。对于施工现场来讲,由于受地形条件的限制,往往造成边长比例相差悬殊。GPS 网中的基准点有很强的约束性和复杂性,因此应用最弱相邻点点位中误差和最弱边相对中误差综合考虑共同衡量工程测量 GPS 网的精度。

5 结 语

根据南水北调中线直管工程磁县段一标施工测量控制网布测的作业实例,总结出 GPS 控制测量的完整作业程序及注意事项。与传统的测量方法比较 GPS 具有以下几点优势:

(1)GPS 作业精度高,布网灵活。它不受距离、气候、通视条件限制,非常适合地形条件困难地区的控制测量工作。

(2) GPS 测量可大大提高成果质量,受人为因素干扰小。整个作业过程全由微电子技术、计算机技术控制,自动数据采集、自动数据预处理、自动网平差计算。

(3)GPS 测量可以极大地降低劳动强度,提高作业效率。采用 4 台接收机作业,其作业效率为常规测量的 3 倍以上。

GPS 测量中坐标系统、坐标系的转换过程

张继民　胡小燕

（中水北方勘测设计研究有限责任公司）

摘　要　GPS 在测量领域得到了广泛的应用，本文介绍将 GPS 所采集到的 WGS－84 坐标转换成工程所需坐标的过程。

关键词　GPS　坐标系统　坐标系　转换

1　概述 GPS 及其应用

GPS 即全球定位系统（Global Position System）是美国从 20 世纪 70 年代开始研制，历时 20 年，耗资 200 亿美元，于 1994 年全面建成的卫星导航定位系统。作为新一代的卫星导航定位系统，经过 20 多年的发展，已成为一种在航空、航天、军事、交通运输、资源勘探、通信气象等所有的领域中被广泛采用的系统。我国测绘部门使用 GPS 也有十几年了，它最初主要用于高精度大地测量和控制测量，建立各种类型和等级的测量控制网。现在，它除了继续在这些领域发挥着重要作用外，还在测量领域的其他方面得到充分的应用，如用于各种类型的工程测量、变形观测、航空摄影测量、海洋测量和地理信息系统中地理数据的采集等。GPS 以测量精度高、操作简便、仪器体积小、便于携带、全天候操作、观测点之间无须通视、测量结果统一在 WGS－84 坐标下、信息自动接收存储、减少了烦琐的中间处理环节、高效益等显著特点，赢得了广大测绘工作者的信赖。

2　GPS 测量常用的坐标系统

2.1　WGS－84 坐标系

WGS－84 坐标系是目前 GPS 所采用的坐标系统，GPS 所发布的星历参数就是基于此坐标系统。WGS－84 坐标系统的全称是 World Geodetic System－84（世界大地坐标系－84），它是一个地心坐标系统。WGS－84 坐标系统由美国国防部制图局建立，于 1987 年取代了当时 GPS 所采用的 WGS－72 坐标系统。WGS－84 坐标系的坐标原点位于地球的质心，Z 轴指向 BIH1984.0 定义的协议地球极方向，X 轴指向 BIH1984.0 的启始子午面和赤道的交点，Y 轴与 X 轴和 Z 轴构成右手系。其采用的椭球参数为 $a = 6\ 378\ 137$ m，$f = 1/298.257\ 223\ 563$。

2.2　1954 北京坐标系

1954 北京坐标系是我国目前广泛采用的大地测量坐标系，是一种参心坐标系统。该坐标系源自于苏联采用过的 1942 普尔科夫坐标系，采用的参考椭球是克拉索夫斯基椭球，该椭球的参数为 $a = 6\ 378\ 245$ m，$f = 1/298.3$。我国地形图上的平面坐标位置都是以

这个数据为基准推算的。

2.3 1980 西安坐标系

1980 西安坐标系是我国目前使用比较广泛的大地测量坐标系，也是一种参心坐标系统。该坐标系采用的参考椭球的参数为 $a=6\ 378\ 140$ m，$f=1/298.257$。

2.4 地方坐标系（任意独立坐标系）

地方坐标系是指在我们测量过程中时常会遇到的如一些某城市坐标系、某城建坐标系、某港口坐标系等，或我们自己为了测量方便及保密而建立的独立坐标系。

3 坐标系统的转换

在工程应用中，使用 GPS 采集到的数据是 WGS－84 坐标系数据，而目前我们测量成果普遍使用的是以 1954 北京坐标系、1980 西安坐标系或地方（任意独立）坐标系为基础的坐标数据。因此，必须将 WGS－84 坐标转换到 1954 北京坐标系、1980 西安坐标系或地方（任意独立）坐标系。

以将 WGS－84 坐标系转换到 1954 北京坐标系为例，目前一般采用布尔莎公式（七参数法）完成 WGS－84 坐标系到 1954 北京坐标系的转换，得到 1954 北京坐标数据。

$$X_{BJ-54}=X_{WGS-84}+KX_{WGS-84}+\Delta X+Y_{WGS-84}\xi Z''/P''-Z_{WGS-84}\xi Y''/P''$$
$$Y_{BJ-54}=Y_{WGS-84}+KY_{WGS-84}+\Delta Y-Y_{WGS-84}\xi Z''/P''+Z_{WGS-84}\xi X''/P''$$
$$Z_{BJ-54}=Z_{WGS-84}+KZ_{WGS-84}+\Delta Z+Y_{WGS-84}\xi Y''/P''-Z_{WGS-84}\xi X''/P''$$

4 坐标系的变换

同一坐标系统下坐标有多种不同的表现形式，一种形式实际上就是一种坐标系。如空间直角坐标系（X,Y,Z）、大地坐标系（B,L）、平面直角坐标系（x,y）等。通过坐标系统的转换我们得到了 1954 北京坐标系统下的空间直角坐标，我们还须在 1954 北京坐标系统下再进行各种坐标系的转换，直至得到工程所需的坐标。

（1）将空间直角坐标系转换成大地坐标系，得到大地坐标（B,L）。

$$L=\arctan(Y/X);$$
$$B=\arctan\{(Z+Ne^2\sin B)/[(X_2+Y_2)\times 0.5]\}$$
$$H=(X_2+Y_2)\times 0.5\sin B-N$$

用上式采用迭代法求出大地坐标（B,L）。

（2）将大地坐标系转换成平面直角坐标系，得到高斯坐标（x,y）。

按高斯投影的方法求得高斯坐标。

$$x=F_1(B,L);y=F_2(B,L)$$

（3）将高斯坐标系转换成任意独立坐标系，得到独立坐标（x',y'）。

在小范围内测量，我们可以将地面当做平面，用简单的旋转、平移便可将高斯坐标换成工程中采用坐标系的坐标（x',y'）。

$$x'=x\cos\alpha+y\sin\alpha;y'=y\cos\alpha-x\sin\alpha$$

5 结　语

由于 GPS 测量的种种优点，GPS 定位技术现在已基本上取代了常规测量手段，成为了主要的技术手段,市面上出现了许多转换软件和不同型号的 GPS 数据处理配套软件(包含了怎样将 GPS 测量中所得到的 WGS-84 转换成工程中所需坐标的功能),万变不离其宗,只要明白了 WGS-84 转换成独立坐标系的转换过程,便可很容易地使用这些软件了,甚至可以自己编写程序,将 WGS-84 坐标转换成独立坐标系坐标。

参考文献

[1] 徐绍铨,等. GPS 测量原理及应用(3S 丛书)[M]. 武汉:武汉测绘科技大学出版社, 1998.
[2] 朱华统,等. GPS 坐标系统的变换[M]. 北京:北京测绘出版社,1994.
[3] 武汉测绘学院,等. 控制测量学:下册[M]. 北京:测绘出版社,1988.
[4] 杨德麟,等. 大比例尺数字测图的原理方法与应用[M]. 北京:清华大学出版社,1998.

GPS 测量的误差源分析

王春生

(中水北方勘测设计研究有限责任公司)

摘　要　简述了全球定位系统(GPS)的基本结构和测量原理,总结了 GPS 应用的特点,分析了影响 GPS 测量精度的误差来源,并对减小误差的方法进行了初步的探讨。

关键词　GPS 测量原理　误差源分析　精度控制

1　概　述

全球定位系统(简称 GPS)是以卫星为基础的无线电卫星导航定位系统,它具有全能性、全球性、全天候、连续性和实时性的精密三维导航与定位功能,而且具有良好的抗干扰性和保密性。GPS 主要由空间卫星星座、地面监控站及用户设备三部分组成。GPS 地面监控站主要由分布在全球的 1 个主控站、3 个注入站和 5 个监测站组成。主控站根据各监测站对 GPS 卫星的观测数据,计算各卫星的轨道参数和钟差参数,并将这些数据编制成导航电文,传递到注入站,再由注入站将主控站发来的导航电文注入到相应卫星的存储器中。GPS 用户设备由 GPS 接收机、数据处理软件及其终端设备(如计算机)等组成。GPS 接收机可捕获到按一定卫星高度截止角所选择的待测卫星的信号,跟踪卫星的运行,并对信号进行交换、放大和处理,再通过计算机和相应软件,经基线解算、网平差,求出 GPS 接收机中心(测站点)的三维坐标。随着 GPS 技术的飞速发展和系统的建立,为测绘工作提供了一个崭新的定位测量手段。但 GPS 测量信号也会受自身和外界条件的限制而影响其测量精度,下面就 GPS 测量误差源以及减小这些误差的措施进行分析和讨论。

2　GPS 测量的误差源

GPS 定位测量误差按其来源可分为三部分:与卫星有关的误差,主要包括卫星轨道误差(星历误差)、卫星钟误差及相对论效应的影响等;与信号传播有关的误差,主要包括电离层折射效应、对流层折射效应及多路径效应等;与接收机有关的误差,主要包括接收机钟差、天线相位中心偏移误差和载波相位观测的整周不稳定性影响。

3　与卫星有关的误差

3.1　轨道误差(星历误差)

在 GPS 测量中,由于卫星轨道受地球和日月引力场,太阳光压,潮汐等摄动力及大气阻力的影响,对卫星轨道产生误差,卫星轨道误差使定位的精度降低。卫星轨道误差是当前 GPS 测量的主要误差来源之一。测量的基线长度越长,此项误差的影响就越大。减小卫星轨道误差的影响,可采取以下措施:在进行精度较低的实时单点定位时,由于多余观测较少,一般忽略轨道误差;确定 GPS 卫星轨道是减小轨道误差的基本方法,建立我国自己的卫星跟踪网以便精密定轨;在进行相对定位或静态定位时,多余观测较多,可采用轨道改进法或同步观测值求差等方法减小轨道误差。

3.2 卫星钟误差及相对论效应的影响

GPS 的定位精度在很大程度上取决于测时精度,无论是 GPS 伪距定位还是载波相位测量,均要求卫星钟与接收机钟严格同步,实际上它与理想的 GPS 时间依然存在偏差,为了改正这种偏差,可通过连续监测精确测定其运行状态参数、用多项式拟合法予以改正,经改正后的卫星钟差大约还会有 30 ns,其等效距离误差为 10 m。这个精度对于导航已能满足,对于大地测量来讲尚需通过相对定位数学模型进一步消除或者减小误差。

4 与信号传播有关的误差

4.1 电离层折射效应

电离层引起信号传播延迟,它与卫星和用户接收机视线方向上的电子密度有关,当 GPS 处于天顶方向时,距离差最大可达 50 m,而接近地面方向则可达 150 m。电子层中的电子密度分布极不均匀,它随着高度、时间、季节和测站地理位置的不同而变化,电离层的电子密度分布受到多种因素的制约,难以用数学模型精确描述电子密度变化的规律,这就给建立严格的电离层改正模型带来了困难。为了削弱电离层延迟引起的定位精度损失,通常采取以下三种措施:

(1)对于单频接收机的用户,采用近似的电离层模型加以改正,可以改正电离层影响的 50% ~60%,理想情况下可以达到 75%。

(2)对于双频接收机码相位测量或载波相位测量,由于电离层对 L_1 和 L_2 两个频率有色散作用,故可利用两个频率的相位观测值求出免受电离层折射影响的相位观测值。

(3)当相邻测站的距离较近时,由于卫星信号到达不同测站的路径相近,所经过的介质状况相似,所以不同测站对相同卫星的同步观测值求差,便可显著地减弱电离层折射影响,其残差将不会超过 1×10^{-6}。对于单频接收机用户来说,这一方法的重要意义尤为明显。

经验表明,大约在 20 km 范围内,利用同步观测值求差的方法都可以有效地削弱电离层折射影响;而当基线长度大于 20 km 时,采用上述双频技术则可较好地消除由电离层折射带来的测距和测相精度损失。

4.2 对流层折射效应

对流层的信号传播延迟,靠近地面 50 km 范围内的对流层折射影响比电离层折射影响更为严重。对流层延迟是电磁波信号通过对流层时的传播速度不同于真空光速所引起的。由于空气中的水汽和干气难以预测,测出的往往是干湿分量混合体,难以得到准确值,因此对流层的信号传播延迟仍为主要误差,目前较有效的办法是应用水汽辐射计来实测卫星信号传播路径上水汽对信号的直接影响,并用公式计算湿分量数值,不过该仪器十分昂贵、笨重,外业不便应用。消除或减小对流层传播误差的方法通常采用如下三种:

①应用对流层模型加以改正,可以消除对流层传播误差的 92% ~93%。②对流层影响的附加待估参数求解。③同步观测值求差。对流层延迟与电离层延迟一样,主要影响天顶方向,由于它们的相关性,在短基线测量中会很好的消除。这一方法在精密相对定位中应用非常成功,不过,随着同步观测站之间距离的增大,测区大气状况的相关性很快减弱,这一方法的有效性也随之降低。

4.3 多路径效应

多路径效应是指接收机天线除直接接收到卫星的信号外,尚可能接收到天线周围物体反射的卫星信号,两种信号叠加将会引起天线相位中心位置的变化。多路径误差的大小取决于反射波的强弱和用户天线抗反射波的能力。减弱多路径效应影响的主要办法有:仔细选择天线安置的位置,避开较强的反射面;选择造型良好的(微带、扼流圈)天线并扩大天线盘,使之带有抑径板;针对多路径误差的周期性,采用较长观测时间的数据取平均值;改善 GPS 接收机的电路设计,减弱多路径效应的影响。

5 与接收机有关的误差

5.1 接收机钟差

GPS 信号接收机一般设有高精度石英钟。在单点定位时,钟差可作为未知数求出。通常是将接收机钟差改正数作为未知参数,在数据处理时与测站坐标一起解算。在静态相对定位中,可通过观测量求差的方法消除接收机钟差。在定位精度要求很高的测量中,还可采用高精度的外界频标(如铷原子钟和铯原子),提高接收机的测时精度。

5.2 天线相位中心偏移误差

在实际工作中,如果使用同一类型的天线,在相距不远的两个或多个观测站上同步观测了同一组卫星,那么,就可通过观测值求差的方法削弱天线相位中心偏移误差。不过,这时各观测站的天线均应按天线附有的方位标进行定向,使之根据罗盘指向磁北极,在高精度定位测量中,使用扼流圈天线,可以有效地消除天线相位中心偏移误差。此外,应用交换接收机进行所谓"对向观测"的相对定位方法也可削弱,在外业工作中,务必量准天线高度,注意天线的置平和对中。

5.3 载波相位观测的整周不稳定性

载波相位观测是当前普遍采用的最精密的观测方法,由于接收机只能测定载波相位非整周的小数部分,而无法直接测定整周数,因而存在整周不定性问题。从卫星信号失锁到信号重新锁定,对载波相位非整周的小数部分并无影响,仍与失锁前保持一致,但整周数却发生中断不再连续,所以周跳对观测的影响与整周未知数的影响相似,在精密定位的数据处理中,整周未知数和周跳都是关键性的问题。

6 结　语

通过以上分析,我们可以利用各观测量的不同组合进行相对定位,有效地消除或减小上述各项误差对定位结果的影响,从而提高测定基线向量的精度。

参 考 文 献

[1] 胡友健,罗昀,曾云. 全球定位系统(GPS)原理与应用[M]. 北京:中国地质大学出版社,2002.
[2] 孔祥元,梅是义. 控制测量学[M]. 武汉:武汉大学出版社,2002.
[3] 常庆生,唐四元. GPS 测量的误差及精度控制[J]. 测绘通报,2000(4):13-15.
[4] 兰贵亭. GPS 测量多路径误差的分析[J]. 太原大学学报,2002,3(3):54-56.

GPS 网中已知点粗差探测时限差的研究

王 杨

(中水北方勘测设计研究有限责任公司)

摘 要 在利用附合导线法对 GPS 网中已知点的可靠性进行检核时,本文对如何合理地、客观地确定限差,以达到有效检核目的进行了探讨,并提出了检核限差标准,结合实例计算分析,成功剔除了含有粗差的已知点。

关键词 GPS 控制网 已知点 粗差 可靠性 限差

1 概 述

外业建立 GPS 控制网得到的观测数据,首先要进行三维无约束平差计算,并获得 GPS 控制网中各点基于 WGS-84 坐标系统的大地坐标和空间直角坐标,这些平差成果通常具有较高精度。然而,以城市建设、各项工程建设和土地资源利用规划服务为目的建立的 GPS 控制网,往往需要转换网中各点 WGS-84 坐标到国家坐标系统(1954 北京坐标或 1980 西安坐标)中或地方独立坐标系统中。这种转换一般是在外业布设 GPS 控制网时,联测若干个已知点,然后通过对 GPS 控制网再进行约束平差计算或按布尔莎坐标转换公式获得,但是当所联测的已知点中某个或多个点含有粗差,或某个已知点与其他已知点测量系统不兼容时,此时必会对 GPS 控制网精度产生影响,并使 GPS 控制网产生变形。所以,在对 GPS 控制网进行约束平差计算之前,应首先对所联测的已知点的可靠性进行必要的检核,剔除含有粗差的已知点及与其他已知点不兼容的已知点,以保证 GPS 控制网的整体精度。

对 GPS 控制网中已知点的可靠性进行检核的方法很多,许多学者先后都提出了一些有效的检核方法,并在 GPS 测量实践中得到非常广泛的应用。其中,文献[1]和文献[5]等资料中都提出了利用附合导线法可以对 GPS 控制网中已知点的可靠性进行检核。本文就利用附合导线法对 GPS 控制网中已知点的可靠性进行检核时,如何合理地、客观地确定检核限差,以方便快捷地达到检核目的进行了初步探讨。

2 附合导线法中检核限差的确定

设在布设的 GPS 控制网内共联测了 n 个已知点,各已知点在国家坐标系统或地方独立坐标系统中的高斯平面坐标分别为(x_i,y_i),其中 $i=1,2,\cdots,n$。现将这 n 个已知点两两进行组合,假设其中任一组合为 p 点和 k 点,其高斯平面坐标分别为(x_p,y_p)和(x_k,y_k)。利用 GPS 控制网观测略图,在这两个已知点 p 和 k 之间选取一条连接它们的最短的线路(即包含 GPS 基线向量最少的线路)。现利用 p 点的高斯平面坐标(x_p,y_p)通过高斯投影

反算公式计算得到 p 点的大地坐标 (B_p, L_p)；然后由 p 点的正常高 h_p 及高程异常 ζ_p 通过公式 $H_p = h_p + \zeta_p$ 计算得到 p 点的大地高 H_p；再利用 p 点的大地坐标 (B_p, L_p, H_p) 通过大地测量学中的有关公式计算得到 p 点的空间直角坐标 (X_p, Y_p, Z_p)，由 p 点的空间直角坐标 (X_p, Y_p, Z_p) 和连接 p 和 k 两点的基线向量 $(\Delta X_{ij}, \Delta Y_{ij}, \Delta Z_{ij})$ 计算得到 k 点的空间直角坐标 (X'_k, Y'_k, Z'_k) 和 k 点的大地坐标 (B'_k, L'_k, H'_k)；最后利用 k 点的大地坐标 (B'_k, L'_k) 通过高斯投影正算公式计算得到 k 点的高斯平面坐标 (x'_k, y'_k)。由于 k 点为 GPS 控制网联测的已知点，所以其高斯平面坐标是已知的，即 (x_k, y_k)，则可知 p 和 k 两点间附合导线的坐标闭合差为

$$\begin{cases} w_x = x_k - x'_k \\ w_y = y_k - y'_k \end{cases} \Longrightarrow w = \sqrt{w_x^2 + w_y^2}$$

坐标闭合差 w_x, w_y 和 w 不为零是正常的，但是 w 数值应该小于一个限差 $w_{限}$ 值。如果能够客观地、合理地确定限差 $w_{限}$ 值的大小，当 $w < w_{限}$ 时，就说明 p 和 k 两点都不包含粗差，但当 $w \geqslant w_{限}$ 时，就可以认为 p 点或者 k 点中存在粗差。

为了确定限差 $w_{限}$ 的数值，设 p 和 k 两点高斯平面坐标的点位中误差分别为 m_p 和 m_k，p 和 k 两点间所经过的基线向量中误差分别为 $m_{ij}(i \neq j)$，根据误差传播定律按式(1)、式(2)计算限差 $w_{限}$ 的数值，即

$$w_{限} = 2\sqrt{m_p^2 + m_k^2 + \sum (m_{ij}^2)} \tag{1}$$

或

$$w_{限} = 3\sqrt{m_p^2 + m_k^2 + \sum (m_{ij}^2)} \tag{2}$$

在这里应该说明的是，当 GPS 控制网最终使用的是国家坐标系统的坐标时，建议使用式(1)计算限差 $w_{限}$ 的数值；当 GPS 控制网最终使用的是地方独立坐标系统的坐标时，建议使用式(2)计算限差 $w_{限}$ 的数值。另外，基线向量的中误差 m_{ij} 的确定有两种计算方法：一种是直接使用对 GPS 控制网进行三维无约束平差计算后所获得的该基线的实际中误差，另一种是按照该基线的长度利用 GPS 接收机的标称精度公式进行计算，通常使用第一种方法。

3　算例分析

图 1 所示为某城市进行建设规划而施测的 GPS 控制网，为了将该网最终成果转换到 1954 北京坐标系统，共联测了三个较高等级地面已知点。在对该 GPS 控制网进行三维无约束平差计算后，单位权中误差、各闭合环（同步环和异步环）的闭合差及重复基线的较差均满足《全球定位系统城市测量技术规程》的精度要求，而且各基线向量的改正数都普遍较小，绝大多数都在毫米级，可以断定该 GPS 控制网的观测成果精度较高，基本无粗差存在。然而，在利用这三个地面已知点进行约束平差计算后，发现单位权中误差、平均点位中

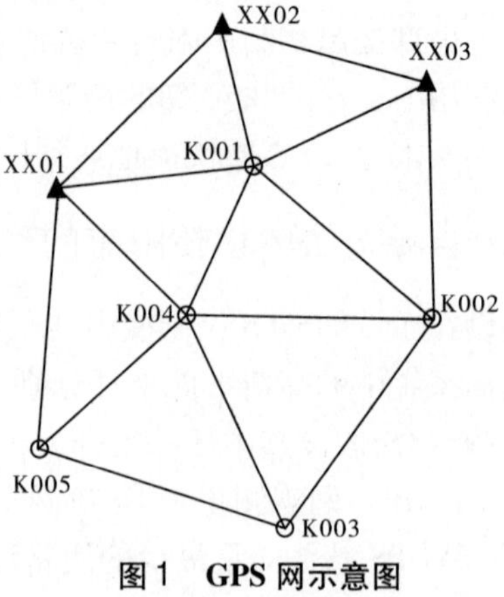

图 1　GPS 网示意图

误差比较大,而且有一些点的点位中误差很大,这说明进行约束平差计算时所使用的三个地面已知点中至少某个点含有粗差。现利用附合导线法并按上面确定限差的方法对这三个地面已知点的可靠性进行检核。为此,将这三个已知点两两进行组合并按图 1 找出每组所间隔的基线向量,结果见表 1。

表 1 闭合差计算结果

起点号—末点号	间隔的基线向量	$\|w_x\|,\|w_y\|$(cm)	$\|w\|$(cm)
XX01 ~ XX02	XX01 ~ XX02	5.94	9.40
		7.28	
XX02 ~ XX03	XX02 ~ XX03	6.08	10.62
		8.71	
XX01 ~ XX03	XX01 ~ K001	2.75	4.12
	K001 ~ XX03	3.07	

从以前的测量成果资料可知,联测的三个地面已知点 XX01、XX02、XX03 的点位中误差分别为:$m_{01}=2.45$ cm,$m_{02}=2.39$ cm,$m_{03}=2.40$ cm。从对 GPS 控制网进行三维无约束平差计算后的基线向量表中可知,有关基线向量的中误差分别为:XX01 ~ XX02 基线中误差为 0.91 cm, XX02 ~ XX03 基线中误差 0.80 cm, XX01 ~ K001 基线中误差为 0.83 cm,K001 ~ XX03 基线中误差为 0.94 cm。再利用式(1)计算各限差值为:$w_{限1}=\pm7.08$ cm,$w_{限2}=\pm6.96$ cm,$w_{限3}=\pm7.30$ cm。

对表 1 计算出的数值进行比较可知:包含 XX02 点的两条附合导线闭合差都超限,说明 XX02 点含有粗差。将 XX02 点作为未知点,再利用 XX01 点和 XX03 点作为已知点进行约束平差计算,平差计算结果很好,说明剔除 XX02 点是正确的。

4 结 语

从以上的分析、推导和实例计算,可以获得以下的结论:

(1)利用附合导线法对 GPS 控制网中已知点的可靠性进行检核时,本文建立的确定限差的公式是合理的。

(2)GPS 控制网进行多点联测时,通常其中一些已知点是时间久远,且利用常规测量方法得到的,考虑到这些点间测量系统的偏差,甚至有些已知点可能已被移动或损坏,因此在进行约束平差计算之前,对联测的已知点进行可靠性检核就很有必要。只有剔除含有粗差的已知点或与其他已知点不兼容的已知点,GPS 控制网的高精度才能有保证。

参 考 文 献

[1] 刘大杰,施一民,过静珺,等.全球定位系统(GPS)的原理与数据处理[M].上海:同济大学出版社,1996.

[2] 徐绍铨,张华海,杨志强,等.GPS测量原理及应用[M].武汉:武汉大学出版社,2003.

[3] 刘基余.GPS卫星导航定位原理与方法[M].北京:科学出版社,2005.

[4] 黄声享. GPS测量控制网公共点兼容性分析[J].武测科技,1996(2).

[5] 付晓明,沈云中.GPS网起算点坐标的兼容性分析[J].测绘通报,2002(9).

国产 GPS - RTK 技术在铁路线路定测中的应用

余宣兴　柴志勇　孙亚贤

（中水北方勘测设计研究有限责任公司）

摘　要　本文介绍 GPS - RTK 技术在铁路定测中的应用。

关键词　GPS - RTK　铁路线路定测　实施过程　注意事项

1　国产 GPS - RTK 系统在铁路定测测量中的适用性

1.1　GPS - RTK 系统的工作思想

GPS - RTK 是 GPS 实时动态测量系统的简称，是 GPS 测量技术与数据传输技术相结合而构成的组合系统。RTK 系统的工作思想是，在基准站上的 GPS 接收机对所有可见卫星进行连续观测，并将其观测数据通过无线电传输设备，实时地发送给移动站。移动站上的接收机在接收 GPS 卫星信号的同时，通过无线电接收设备，接收基准站传输的观测数据，然后根据相对定位的原理，实时地计算并显示移动站的三维坐标及精度。

1.2　铁路线路定测的特点

铁路线路定测多在野外，野外的主要测量障碍是庄稼地，而我国北方又以玉米地居多，常规测量仪器需要视线通视，遇到类似玉米地这样的障碍，就会因为无法通视而降低功效。然而，RTK 系统工作时对目标通视没有要求，且玉米地等庄稼地对卫星信号的遮挡也很小。

1.3　国产 GPS - RTK 的精度

目前，我国自产的 RTK 产品已经达到厘米级的精度，如南方灵锐系列，其中南方灵锐 S80 的 RTK 产品的标称精度为：平面，$2\ \text{cm} + 1 \times 10^6$，高程，$5\ \text{cm} + 1 \times 10^6$。而 S82 的 RTK 产品的标称精度已经达到：平面，$1\ \text{cm} + 1 \times 10^6$，高程，$2\ \text{cm} + 1 \times 10^6$。中海达 HD5800G 的 RTK 产品也达到了与南方灵锐 S82 的 RTK 产品相同的精度。

1.4　铁路线路定测的内容与精度要求

铁路定测包括中桩放样、线路纵断面测绘、线路横断面测绘及 1∶2 000 线路条图测绘。在《新建铁路测量规范》（TB 10101—99）中对定测精度基本要求如下：

（1）中桩桩位限差为：纵向 $\leq S/2\,000 + 0.1$（S 为转点至桩位的距离，以 m 计），横向 ≤10 cm，极坐标法曲线控制桩点位误差 ≤5 cm。

中桩高程测量应起闭于水准点，其限差为 $50\sqrt{L}$。中桩高程宜观测两次，其不符值不应大于 10 cm，取位至厘米。

（2）横断面测量限差为：高程 $0.1(L/100 + h/10) + 0.2$（m），距离 $L/100 + 0.1$（m）（h 为检查点到线路中桩的高差，m；L 为检查点至线路中桩的水平距离，m）。

2005 年 7 月，在太中铁路清徐段定测中，我院测量小组使用南方灵锐 S80 RTK 系统与全站仪放样点进行了比较，比较结果见表 1。

表 1　南方灵锐 S80 RTK 系统与全站仪放样点比较

里程	全站仪实测坐标			RTK 系统实测坐标			坐标差		
	X	Y	Z	X	Y	Z	ΔX	ΔY	ΔZ
DK64 +480	4 155 030. 676	486 973. 64	751. 36	4 155 030. 669	486 973. 628	751. 38	0. 007	0. 012	-0. 02
DK64 +500	4 155 021. 619	486 955. 808	750. 90	4 155 021. 601	486 955. 829	750. 91	0. 018	-0. 021	-0. 01
DK64 +520	4 155 012. 484	486 938. 017	750. 96	4 155 012. 465	486 938. 002	750. 99	0. 019	0. 015	-0. 03
DK64 +540	4 155 003. 269	486 920. 266	750. 96	4 155 003. 248	486 920. 25	750. 98	0. 021	0. 016	-0. 02
DK64 +560	4 154 993. 975	486 902. 556	751. 10	4 154 993. 954	486 902. 53	751. 13	0. 021	0. 026	-0. 03
DK64 +580	4 154 984. 603	486 884. 888	750. 93	4 154 984. 591	486 884. 867	750. 96	0. 012	0. 021	-0. 03
DK64 +600	4 154 975. 153	486 867. 262	750. 92	4 154 975. 127	486 867. 24	750. 94	0. 026	0. 022	-0. 02
DK64 +620	4 154 965. 624	486 849. 678	750. 86	4 154 965. 616	486 849. 689	750. 85	0. 008	-0. 011	0. 01
DK64 +640	4 154 956. 017	486 832. 136	750. 39	4 154 956. 011	486 832. 126	750. 43	0. 006	0. 01	-0. 04
DK64 +660	4 154 946. 332	486 814. 638	750. 94	4 154 946. 349	486 814. 657	750. 97	-0. 017	-0. 019	-0. 03

平面坐标最大误差为 0. 026 m，高程最大误差为 -0. 04 m。根据精度分析和测量实践认为南方 S80 RTK 系统完全满足铁路线路定测的技术要求，并可大幅度提高铁路定测的工作效率。

2　南方 S80 RTK 铁路线路定测中的实施过程

2. 1　确定工作时段

因为 RTK 系统观测精度和速度与卫星分布的数量与结构密切相关，因此在工作之前，可根据从南方网站上下载的卫星星历预报和天气预报，确定工作时段，提高工效。

2. 2　求坐标系统转换参数

在工作之前应获取测区内 4 个点的 WGS -84 坐标和施工坐标，并据此通过手簿在 S80 RTK 配套软件“工程之星”的控制点坐标库计算出四参数。铁路线路两侧一般每 5 km 左右会设置一对 GPS 点，求接四参数一般选择距离 10 km 或 5 km 左右的 4 个 GPS 点。点位误差为 0. 024 6 m。

2. 3　移动站设置

移动站正式工作之前，在工程之星上必须进行卫星高度角、移动天线高及测区中央子午线经度设置。

2. 4　点校正与检查

将基准站稳固安置在一个已知点或未知点，在 RTK 基准站正常发射，移动站接收到卫星信号后，先要到一个已知点进行单点校正，求出校正参数，并在已知点进行校核，通常平面坐标误差≤2 cm，高程误差≤3 cm 便可进行工作。若在室内没有进行四参数的计算，也可以在现场进行两点校正，直接求得校正参数。实践证明，在 5 km 范围内测量精度是可以保证的。

2.5 线路测量并存储数据

(1)测图及纵横断面测量:直接通过手簿进行数据采集。可以在采集之前建立以测图区域周边点为起终点的线文件或断面两端点为起终点的线文件,将测量区域在手簿屏幕上圈定,从而有效避免多测或少测的现象。

(2)中桩放样:根据放样要求,用户可以灵活使用手簿软件"工程之形"中的点放样、直线放样、圆曲线放样及线路放样功能,快速完成放样任务。尤其是直线放样和线路放样功能从手簿屏幕上不仅可以看到当前点距线路中心的距离,而且可以看到当前点在线路上的映射里程。在中桩位置找到且钉桩后要重新测量桩位坐标并存储,以便进行室内校核。

2.6 数据格式转换及传输处理

测量完毕后,在"工程之星"中可以将所测的数据文件转换成南方 CASS 格式,并通过数据电缆将数据传输到计算机中,用南方 CASS 软件进行数据的后期处理。

3 注意事项

(1)启动南方灵锐 S80 基准站时,要先开电台电源,后开基准站电源,否则基准站不会发射信号。

(2)连接蓄电池电源时,务必将红色插头接到正极,绿色插头接到负极,以防损坏电台。

(3)出工前注意对对中杆进行气泡居中的校核,防止因气泡不居中造成的测量粗差。

(4)点校正后务必找其他点进行检查,在精度允许的情况下才能工作。

(5)当测量现场的温度较低时,应将 GPS 接收机箱盖打开 10 min,待适应现场温度后再进行工作,以免因温差过大造成无法正常工作。

(6)采用 GPS - RTK 测点时,要观测两次。两次中间将移动站失锁,若两次平面坐标误差小于 2 cm,高程误差小于 3 cm,则取两次测量的平均值作为最后结果。

4 结 语

本文所提出的 RTK 系统作业方法及注意事项经过 3 年多的实践应用,取得了良好的效果。实践证明,国产 GPS - RTK 接收机完全能够满足铁路测量的需要。随着铁路建设的快速发展,国产 RTK 技术的不断完善。物美价廉的国产 GPS - RTK 接收机必将为铁路建设作出更大的贡献。

参 考 文 献

[1] 铁道部第二勘测设计院. TB 10101—99 新建铁路工程测量规范[S]. 北京:中国铁道出版社,2005.
[2] 周忠谟,等. GPS 卫星测量原理与应用[M]. 北京:测绘出版社,2002.

TGO 静态数据处理过程的探讨

曹家印[1]　杨贵崇[1]　柴志勇[1]　高俊海[2]

（1. 中水北方勘测设计研究有限责任公司；
2. 天津电力设计院）

摘　要　在采用 GPS 进行控制网测量时，对测量数据的处理，平差软件种类较多，本文结合实际测量中的情况采用 TGO 软件进行解算，从坐标系统、项目的建立、观测数据的导入、基线解算、平差等着手，让 TGO 的处理更适合于实际需要，便于测量作业人员在实际工作中参考。

关键词　TGO　坐标系统　基线解算　无约束平差　约束平差　点校正

1　概　述

TGO 是美国 Trimble 公司的一款 GPS 解算软件。可以进行 GPS 数据后处理以及 RTK 测量数据处理。它可以处理所有 Trimble GPS 的原始测量数据、其他品牌的 GPS 数据（RINEX）和传统光学测量仪器采集的数据以及激光测距仪的数据。整个软件包由多个模块构成，包括数据通信模块、星历预报模块、静态后处理、动态计算模块、坐标转换模块、网平差模块、RTK 测量数据处理模块、DTMLink 模块、RoadLink 模块。随着 GPS 测量技术的不断发展，越来越多的高精度 GPS 测量仪器投入到了实际生产当中，国内的大部分软件在对高精度的 GPS 网解算过程中，对基线的处理上还存在一定的差距，本文结合实际工作中出现的情况对 TGO 软件的使用情况作进一步的阐述。

2　创建项目

每个工程都要新建一个项目文件，输入项目名称，选择 Metric 模板选项，确认后，设定项目属性，选择项目属性，选择新的坐标系统，调出工程需要的坐标系统，如果没有所需要的坐标系统，那么就建立一个坐标系统，然后调入所建的坐标系统，最后选择大地水准面模型，项目创建完成。本文选择 EGM96（Global）大地水准面模型。下面详细说明一下坐标系统建立的过程。建好后的项目也可以通过项目属性来改变坐标系统，调用所建立的坐标系统。

3　建立坐标系统

建立坐标系统要利用坐标系统管理器，坐标系统可以建立 1954 北京坐标系和 1980 西安坐标系，这两种坐标系统在国内最常用，两种坐标系统主要区别就是椭球参数不一样。其实，TGO1.6 版本已经建立了不同的 6°带的 1954 北京坐标系，用的时候只要调用就可以,如果没有所需要的3°带的坐标系统,那么可以自己去建立,现举例建立一个1954北京坐标系,点击"TGO/功能/Coordinate System Manager",进入坐标管理器,用来定义当地直角坐标系统及独立坐标系。

(1)编辑/增加椭球(E)…键入用户需要的椭球参数(椭球名称、长半轴和扁率)。

(2)编辑/增加基准转换/Molodensky(即三参数转换),选择创建新的基准转换组。基准转换中的椭球,即用户定义的椭球。

(3)编辑/增加系统坐标组,键入用户定义的坐标系统名称。

(4)选择投影方式:增加坐标系统(O)…/横轴墨卡托投影(T)…。然后将坐标系统加到用户定义的坐标系统组。在投影参数名称中,可采用投影带中央子午线数值命名。再选择大地水准面模型,可以选无,也可选EGM96(Global)。

接着投影,选择正坐标方向、中心经纬度(本地测区中央子午线经度)、纵横轴加常数完成。

(5)文件/保存。

(6)文件/退出。

至此,坐标系统建立完成。

4 数据导入

Trimble原始数据都以 *. Dat为后缀,直接导入即可,其他不同仪器测的可以以RINEX格式进行导入。在这里主要进行输入点名、仪器高,另外特别注意的是天线类型及量测的仪器高的方法。对于Trimble 5700 GPS基准站接收机,则要选择Zephyr天线或Zephyr Geodetic天线,测量方法要选ToP of notch或Bottom of notch。Trimble 5800 GPS基准站接收机则要选择护圈的中心。检查无误后按确定导入数据。

5 基线的解算

首先选择基线处理的方式,也就是处理基线的控制参数,一般设置卫星高度截止角为13°,查看使用时间线,检查适合于GPS测量信息,进行试错法检查,使用时间线操作改进数据质量,其他的系统默认。另外,还有个高级的选项,最主要的有三项,即比率、参考因子、均方根RMS的设定值。这些值控制着基线的观测质量,比率大于3为好,越大越好;参考变量越小越好(一般小于5);均方根越小越好(一般小于0.02)。在这里可以设为默认。

基线解算不合格出现小红旗的解决办法:可以查看基线解算报告,主要查看未固定基线的公用卫星、卫星残差等。对于卫星残差大的卫星,可从Timeline里将该卫星数去掉信号断续的部分及时间短的部分;另外可以对超限的基线采取提高卫星高度截止角解算;再一个就是基线中某点有小红旗,小红旗并不是说明观测有质量问题,也可以去掉小红旗。

6 GPS基线闭合环的闭合差

为进一步检查GPS观测质量或错误,可以计算环的闭合差,在报告栏中选择闭合差设置,在设置中键入相应的参数,计算出可能的闭合环的闭合差,对所识别的不良基线再处理或舍去，直到全部合格。

7 无约束平差

在 WGS－84 基准下进行无约束平差，如果无约束平差通过，则进行再次平差，直至平差报告中的坐标变化量全部为零。倘若平差没通过，则进行加权平差，选择加权策略，交替选项执行平差。平差通过则查看报告，看点位精度和边长相对中误差，达到控制网等级则输出报告。无约束平差完毕后进行约束平差。

8 约束平差

在所建的坐标系统下进行约束平差。对于平面坐标，固定至少两个点，输入已知坐标。而对于高程，则要求更多的已知水准点高程。如果已知平面点三个以上则可进行点的兼容性检查。进行平差，看结果是否通过，通过报告看未知点坐标及坐标误差分量、边长相对中误差等。若通过 $\alpha=95\%$ 的 χ 检验，则再次进行平差计算，直到坐标变化量为零，最后输出合乎要求的等级成果。

9 点校正

如果项目使用的坐标系统不是标准 1954 北京坐标系或 1980 西安坐标系而是当地独立坐标系统，不知道椭球参数及投影中央子午线，一般情况下，采用这种方法作业时，应该联测三个以上已知点且已知点基本覆盖控制网区域。在无约束平差后可以利用点校正的方法进行约束平差计算。在进行 GPS 点校正时选择更新缺省投影起点、水平平差、垂直平差，另外点校正可以用来求当地椭球的三参数或七参数。点校正的详细方法不再赘述。

10 结 语

本文通过对 TGO 软件的使用，针对 GPS 网进行平差计算的操作过程，对坐标系统的建立及在解算过程中出现的超限等情况进行的处理，以及在独立坐标系统 GPS 网的解算，希望与测量同仁进行经验交流，以达到相互交流提高的目的。

基于 CORS 系统的 GPS 技术在水位监测方面的应用

任立生[1] 唐 文[2] 赵桂华[3]

(1. 天津市水文水资源勘测管理中心;2. 天津市尔王庄水库管理处;
3. 天津市永定河管理处)

摘 要 随着全球卫星定位系统(GPS)技术的发展,特别是基于连续运行参考站 CORS (Continuously Operating Reference Station)系统的发展,将 GPS 技术的应用领域迅速扩大。本文讨论的是基于 CORS 系统的 GPS 在水位监测领域的应用,对提高水位测量效率发挥了重要作用,大大提高了应急反应能力,为领导决策提供科学依据。

关键词 水文 GPS 监测 应用

1 概 论

GPS 具有全球性、连续性和全天候的特点,是一种快速、高精度的测量技术。GPS 静态定位可达毫米级精度,实时动态定位(RTK)测量一般可达厘米级精度,配合先进的测深系统和导航测量软件,可以实时监测,现场成图。在河道、湖泊、水库的水下地形测量中大大缩短了成图周期,提高了水下地形图的质量和时效性。对堤防险工险段、水库大坝、滑坡泥石流的监测显示了其高新技术的优越性,可实时监测险情,为防汛指挥部门提供决策依据。

RTK 技术在应用中遇到的最大问题就是参考站校正数据的有效作用距离。为了克服传统 RTK 技术的缺陷,在 20 世纪 90 年代中期,测绘专家提出了虚拟参考站技术。在虚拟参考站技术中,线性衰减的单点 GPS 误差模型被区域型的 GPS 网络误差模型所取代,即用多个参考站组成的 GPS 网络来估计一个地区的 GPS 误差模型,并为网络覆盖地区的用户提供校正数据。而用户收到的也不是某个实际参考站的观测数据,而是一个虚拟参考站的数据和距离自己位置较近的某个参考网格的校正数据,因此网络 RTK 技术又被称为连续运行参考站 CORS(Continuously Operating Reference Station)系统。

2 目前网络 RTK 系统具备主要功能和服务范围

(1)采用 CORS 系统作为实时定位技术,提供实时差分定位数据服务。

(2)采用 GPRS 或 GSM 数据通信方式提供实时数据访问,通过 Internet 实现事后精密定位的数据服务。

(3)永久性的基准站网络系统,可升级为国家级 GPS 跟踪站、国家地壳形变监测站。

(4)服务范围:陆上导航和海上导航,地理信息采集、更新、定位,测绘,地籍,规划,工程建设,变形监测,地壳形变监测等。

3 GPS 技术在水文水资源监测方面的应用

3.1 GPS 水位数据自动采集及实时传输系统

水位反映了实际水面的涨落,以及与防洪水位警戒线的关系,对于防洪抗涝具有非常重要的意义。

3.1.1 系统的研制

3.1.1.1 局部精密高程转换模型的建立

GPS 实测的是大地高,而水位测量中通常采用的是 85 国家高程,这就需要通过建立高程转换模型,实现大地高向 85 国家高程的转换。

3.1.1.2 实时水位的提取

在手掌机(PDA)上编制软件,实时提取 RTK 高程数据,并利用已经建立的高程转换模型,获取以 85 国家高程表达的水位。

3.1.1.3 渐进式水位数据的滤波算法研究

为确保水位数据的精度,研制一定的滤波模型,对短时间内水位数据进行渐进式滤波处理,以消除观测误差的影响。

研制模型,编制软件并嵌入 PDA 中,确保水位数据的正确无误。

3.1.1.4 野外观测单元子系统的合成

PDA 收集到水位数据以后,需要将数据发送到监控中心。数据发送可以采用手机中的 GPRS 通信模式实现(也可采用网络或别的传输系统)。要实现整个系统,首先需要将 PDA 系统与手机系统实现合成,在此基础上,将水位数据进行编码并向手机中输送。

3.1.1.5 监控单元

数据发送出去后,在监控单元需要实现数据的接收。数据的接收由接收单元(手机/手机模块/固定电话)以及数据管理单元(中央计算机)组成。编制程序对加密的编码进行解密处理,并对水位数据进行管理。

3.1.1.6 智能监控系统的建立

水位数据的自动采集以及实时传送实现智能化。通过编写软件,实现监控中心对野外观测单元的工作状态监测和管理(GPS 开关机操纵、采样间隔设置及数据传输内容、频率和模式选择)、数据质量管理(设置选择不同的滤波参数或模型)。真正实现对野外测量单元的智能监控。

3.1.2 系统的特色

(1)方便灵活。可方便地移动到任何位置,在任何状态下进行水位测量。

(2)全自动化。无须进行任何参数设置,实现水位数据的自动提取、发送、接收、数据的管理和初步分析。

(3)智能化。参数设置、指令发布、执行等整个操作在监控中心通过计算机实现,无须到野外执行。

(4)高质量的水位数据。网络 RTK 技术、GPS 接收机及滤波技术确保了对水位数据的质量控制。

3.1.3 流域精密高程转换模型的建立方法研究

基于 CORS 系统,GPS 实测的是大地高,而水位测量中通常采用的是 85 国家高程或天津大沽高程,这就需要研究局域似大地水准面的建立方法,构建天津市局域似大地水准面模型,实现大地高向正常高的转换,从而实现流域高程基准的统一。

为了实现 WGS-84 大地高向正常高的转换,沿永定新河实测了 33 个 GPS 水准点,在这些点上同时获取了各点的 WGS-84 大地高和正常高,在每个点上形成高程对,因此也就获得了每个点上的高程异常。

基于各个 GPS 水准点点位及对应的高程异常,分别研究了基于曲线、曲面的高程转换模型,最终认为曲面高程转换模型优于曲线模型,将曲面模型用于最终高程转换。

在研究曲面模型时,认为二次六项式即可实现对永定新河流域高程异常变化的反应,因此最终确定模型的阶数为二次六项式。

借助 33 个 GPS 水准点中均匀分布于整个永定新河中的 26 个点参与建模,通过最小二乘法解算,在 $[VTPV]=\min$ 原则下,实现了最优模型参数的确定,通过模型系数显著性分析,认为这些系数显著性较强,这也验证了上述结论,即二次六项式模型最优。

借助解算获得的模型系数,最终形成了永定新河高程转换模型,应用于实测的 WGS-84大地高向正常高的转换。

利用参与建模的 26 个点对数据对模型进行内部附合精度评定,模型达到了 ±3.51 cm;借助未参与建模的 7 个 GPS 水准点对数据对模型进行外部附合精度评定,统计参数表明,高程转换模型的外部附合精度达到了 ±3.1 cm。

3.1.4 高程转换模型精度

在永定新河,选择其他未参与高程转换模型构建的水准点,在这些点上进行 CORS 定位,并借助前面构建的流域高程转换模型进行高程转换,将转换的结果与该点的实际正常高进行比较,统计其差值。统计结果表明,高程转换精度优于 ±3.0 cm,与前面给出的高程模型精度(±3.51 cm)相符,表明模型的精度较高,流域内满足了实际高程转换精度要求。

3.1.5 洪水调度

借助该系统可以实现实时监测水位的变化,并将各个位置的水位数据传输到领导决策层的办公室,计算机中的信息系统将根据实施监控的水位绘制水位曲线,并动态地显示实际的洪水推进、蓄洪区淹没,给出可能涉及的迁移人口、需要转移的可能位置和可能造成的经济损失等信息。

领导决策层根据这些信息,在办公室中就会对水情有一个全面的掌握,并能够准确地下达防洪决策指令。

3.2 GPS 技术在水文水资源监测方面的应用

3.2.1 流量测验中的应用

独流减河河口水文巡测断面,高洪期水面宽,同时要考虑潮位的影响,过去采用常规测验定位方法——基线辐射杆六分仪夹角定位法,靠测船抢测。由于视距长,障碍物多,标志背景复杂,原来设置的断面标已无法通视,为了保证水文巡测工作不中断,于是利用

GPS 施测独流减河断面，收集高洪期水文资料。从测验的情况看，GPS 系统运行正常，解决了水文巡测中断面测验定位难的问题。

3.2.2 水质监测方面的应用

在对桥水库的水质监测过程中，利用 GPS 在监测船上确定采样点准确的位置信息，经过水质化验分析后的结果，分类对水库各类水质监测结果绘制等值线图，直观地反映了各类物质对水库水质污染的规律，为科学地治理提供了重要的依据。

4 GPS 应用展望

以蓄滞洪区为例，蓄滞洪区是为了防洪减灾、雨洪资源化而建立的蓄水区域。准确地掌握蓄滞洪区的各种信息要素，对防洪减灾、雨洪资源化利用意义非常重大。利用传统的测量方式，准确地掌握蓄滞洪区的各种信息，难度非常大，而且时效性比较差。利用网络 RTK 测量技术，克服了常规 RTK 技术测量范围的限制，可以在网络 RTK 基站控制的范围内作业，高效地完成包括地貌、土壤、人口、经济、水利工程、管线等各类信息的采集，利用专业的处理软件，形成完善的蓄滞洪区信息系统的建立，为相关部门的决策提供科学的依据。在地下水应用方面，可以实时采集地下水监测井的井口和附近地面的高程，结合观测的地下水埋深，计算出地下水的水位信息，为分析地下水的迁移规律提供科学的保障。

5 结　语

随着信息技术的快速发展，特别是中欧“伽利略”合作的顺利开展，今后信息数据的采集将具有很强的实效性、准确的数据精度保障。有理由相信，几年内信息技术的快速发展将直接影响到我们生活的方方面面。

微型工程控制网 GPS 快速静态定位最短时间界定

柴志勇　任建文　庞友国　余宣兴

(中水北方勘测设计研究有限责任公司)

摘　要　如今,静态 GPS 定位技术已广泛应用于工程测量行业中,特别是在做加密控制点方面。GPS 快速静态定位这种作业方式为后处理方式,难免出现事后检查不合格造成的返工现象。本文将着重分析 GPS 快速静态定位中时间和精度之间的关系,找出一个最有效的观测时间,这对实际工程测量是很有指导意义的。

关键词　GPS　时间　精度　试验研究　规范

1　FARA 方法快速整周未知数解算原理

1990 年,E. Grei 和 G. Beuler 提出了基于 FARA(Fast Ambiguity Resolution Approach)的快速静态定位法,其与常规确定整周未知数方法相比,所需的观测时间大大缩短,当两站相距 10 km 以下时,仅需几分钟的观测数据,就可求得整周未知数,且精度与常规静态相对定位精度大致相当。

FARA 的基本思想是:以数理统计理论的假设检验为基础,利用初次平差提供的所有信息(包括解向量),相应的协因数阵和单位权中误差,确定在某一置信区间整周未知数一切可能整数解的组合,并依次将该整周未知数的组合作为已知值代入方程通过平差进行搜索,寻求平差后方差和最小的一组整周未知数作为最优解。

若两个测站上同步观测时间较短,则由平差所求的整周未知数的实数解与其整数解的偏差较大,而且其对应的中误差也较大,此时可在一定的置信水平条件下,取整周未知数的置信区间为

$$N_i - m_{Ni}t(a/2) \leqslant N_{Ai} \leqslant N_i + m_{Ni}t(a/2) \quad (i = 1,2,\cdots,r) \tag{1}$$

式中:N_i 为第 i 个整周未知数解;N_{Ai}为第 i 个整周未知数解的备选值;$t(a/2)$为显著水平 a 和自由度的函数,可在 t 分布表中查得。

由于整周未知数实数解的中误差较大,此时落于式(1)所决定的置信区间内的整周未知数可能不只一个,且其真实的整周未知数的整数解往往包含在其中,因此应对 r 个整周未知数的一切可能的整数解组成的组合进行搜索,寻找一组最优解。

FARA 有别于一般利用假设检验求解整周未知数的重要一点在于,该方法不仅利用了中误差,而且还充分利用了整周未知数协方差阵提供的信息来帮助进行整周未知数的确定,即由

$$N_{ik} - t(a/2)m_{Nik} \leqslant N_{Aik} \leqslant N_{ik} + t(a/2)m_{Nik} \tag{2}$$

$$gN_{ik} = qN_{ii} - 2qN_{ik} + qN_{kk} \tag{3}$$

协助进行整周未知数解的筛选。

式中：$N_{ik} = N_k - N_i$ 为整周未知数的实数解之差；$N_{Aik} = N_{Ak} - N_{Ai}$ 为整周未知数的整数解后选值之差；$m_{Nik} = m_0\sqrt{gN_{ik}}$ 为整周未知数实数解之差的验后方差。

式(2)对所有可能组合的整数解向量中任两个数之差，利用整周未知数实数解及其协方差的信息进行统计检验，剔除两整数之差不能通过检验的包含这两个整数的整数解组合，只有所有整数差值 N_{Aik} 均能通过式(2)检验的组合才留下来。从而可大大减少须进行最优搜索的整数解候选值的个数，减小计算的工作量。

另外，整周未知数最优解，除按上述方法检验外，还须通过假设检验，考察能否满足以下三个条件：

(1)相应的基线向量解与初始平差结果相一致。

(2)其相应的单位权方差与初始解结果的单位权方差相一致。

(3)备选整周未知数进行基线解算时，最小单位权方差与次最小单位权方差应有明显差异。

只有能通过所有检验的该组整数组合，方可认为是整周未知数的最优解，如果检验只有一个通过或部分通过，则认为利用所有提供的观测数据不能可靠地确定整数未知数。

2　GPS 快速静态定位作业方式

同步图形扩展式的作业方式具有作业效率高、图形强度好的特点，它是目前在 GPS 测量中普遍采用的一种布网形式。

采用同步图形扩展式布设 GPS 基线向量网时的观测作业方式主要以下几种。

2.1　点连式

点连式观测作业方式的优点是作业效率高，图形扩展迅速；缺点是图形强度低，如果连接点发生问题，将影响到后面的同步图形。

2.2　边连式

边连式观测作业方式具有较好的图形强度和较高的作业效率。

2.3　网连式

采用网连式观测作业方式所测设的 GPS 网具有很强的图形强度，但网连式观测作业方式的作业效率很低。

2.4　混连式

混连式观测作业方式是实际作业中最常用的作业方式，它实际上是点连式、边连式和网连式的结合体。

3　外业观测试验

3.1　测区简介

此次试验在中国地质大学校内进行，地处北纬 30°31′10.317″～30°31′24.470″，东经 114°23′36.84″～114°23′52.87″。中国地质大学是武汉市著名学府之一，风景优美，有多个可用的控制点，此次用到的15号点和物探楼楼顶钢标点，均为四等控制点，12号点、13号点、14号点选在空旷地区，三点距离相对较近。

3.2 仪器简介

使用 Trimble 4700 GPS 双频接收机的性能如下：跟踪信号 L_1C/A 码 L_1/L_2 全波位；静态测量精度，水平精度 5 mm + 0.5 × 10^{-6}，垂直精度 5 mm + 1 × 10^{-6}；角度，1 弧秒 + 5/L。

3.3 外业控制网网形

在试验过程中，采用双基准站法：在一段观测时间内，将两台接收机固定在15号点(四等控制点)和物探楼楼顶(四等控制点)作为基准站，并一直保持对卫星的连续跟踪。同时，用另外一台接收机分别在13号点、14号点、12号点各观测1 h。控制网网形见图1，观测记录见表1。

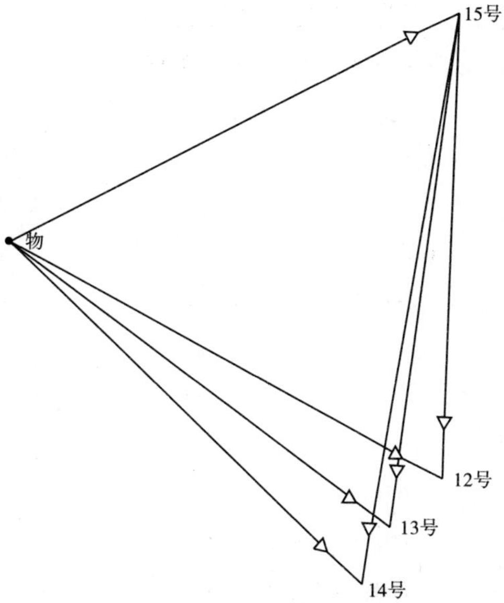

图1 控制网网形示意图

表1 观测记录

点号	仪器号	天线高(m)	开机时间(时:分)	关机时间(时:分)
15	0262	1.205	9:10	12:00
物探楼楼顶	8401	1.338	9:00	13:00
12	1776	1.384	11:20	12:00
13	1776	1.380	9:10	10:00
14	1776	1.382	10:10	11:04

3.4 数据下载及处理

Trimble Geomatics Office 软件提供多种数据下载方式。本次数据采用后处理方式，即由接收机数据端输入计算机,生成数据文件存储起来,使用时打开文件即可。

数据处理过程由 Trimble Geomatics Office 软件自动完成。取 13 号点、14 号点、12 号点、15 号点和物探楼的同步环,从水平精度、边长精度和高程精度三个方面进行分析,每增加 5 min 取一次值。计算水平精度、高程精度和时间的变化关系,参考《全球定位系统(GPS)测量规范》(GB/T 18314—2001),定出最短时间。

3.5 点位误差与时间关系统计

从表 2 中可以看出,①前 10 min 点位中误差都比较大,最小为 0.062 m,超出 C 级网规定精度。②20 min 后,点位中误差精度迅速提高,最大为 0.004 m,远小于 C 级网规定限差。③前 10 min 高程误差较大,最小为 0.109 m,超过 C 级网规定精度(30 mm);20 min 后,高程误差显著降低。

表 2 点位误差与时间关系统计

点号	时间(min)	纵轴误差(m)	横轴误差(m)	点位中误差(m)	高程误差(m)
15	5	0.060	0.050	0.078	0.188
	10	0.057	0.048	0.074	0.162
	15	0.001	0.001	0.001	0.004
	20	0.003	0.003	0.004	0.007
	30	0.002	0.002	0.003	0.008
	35	0.002	0.001	0.002	0.005
	40	0.001	0.001	0.001	0.002
物探楼楼顶	5	0.063	0.053	0.082	0.200
	10	0.061	0.052	0.080	0.177
	15	0.002	0.001	0.002	0.005
	20	0.004	0.003	0.005	0.009
	30	0.003	0.003	0.004	0.010
	35	0.002	0.002	0.003	0.006
	40	0.001	0.001	0.001	0.002
13	5	0.055	0.046	0.072	0.126
	10	0.048	0.040	0.063	0.109
	15	0.001	0.001	0.001	0.003
	20	0.003	0.003	0.004	0.005
	30	0.002	0.002	0.003	0.006
	35	0.001	0.001	0.001	0.003
	40	0.001	0.001	0.001	0.002

续表 2

点号	时间(min)	纵轴误差(m)	横轴误差(m)	点位中误差(m)	高程误差(m)
12	5	0.062	0.048	0.074	0.134
	10	0.053	0.040	0.066	0.115
	15	0.003	0.003	0.004	0.009
	20	0.003	0.002	0.004	0.006
	30	0.001	0.002	0.002	0.004
	35	0.001	0.001	0.001	0.003
	40	0.001	0.001	0.001	0.002
14	5	0.050	0.052	0.071	0.125
	10	0.045	0.043	0.062	0.112
	15	0.003	0.003	0.004	0.103
	20	0.003	0.002	0.004	0.009
	30	0.002	0.002	0.003	0.005
	35	0.001	0.001	0.001	0.004
	40	0.001	0.001	0.001	0.002

3.6 边长相对精度与时间关系统计

从表 3 中可以看出:①此次试验为微型控制网,所选基线都比较短,最短基线为 437.156 m,最长基线为 541.906 m。②前 20 min 内,边长精度都比较差,最弱边精度为 1/4 127。③20 min 以后,边长精度有显著提高,最弱边精度为 1/50 591,精度提高了一个数量级,最优边精度达到 1/523 415。

表 3 边长相对精度与时间关系统计

点号		基线长度(m)	边长精度(min)					
起	至		5	10	15	20	30	40
15	13	486.337	1/5 273	1/5 987	1/58 953	1/100 183	1/131 911	1/412 159
15	物探楼楼顶	477.832	1/6 241	1/6 283	1/69 046	1/108 785	1/127 348	1/401 624
13	物探楼楼顶	451.447	1/4 127	1/4 480	1/44 480	1/70 302	1/86 110	1/326 648
15	14	541.906	1/8 745	1/54 325	1/54 986	1/55 315	1/107 392	1/203 750
15	物探楼楼顶	477.832	1/6 358	1/51 237	1/52 005	1/52 256	1/96 754	1/146 842
14	物探楼楼顶	463.005	1/7 034	1/49 020	1/50 083	1/50 591	1/92 264	1/130 898
15	12	437.156	1/6 282	1/83 654	1/92 365	1/195 480	1/214 182	1/354 512
15	物探楼楼顶	477.832	1/7 908	1/133 656	1/143 326	1/250 997	1/294 280	1/509 732
12	物探楼楼顶	468.589	1/8 210	1/103 377	1/133 257	1/254 075	1/272 158	1/523 415

4 结 语

在微型工程控制网测量中,利用 GPS 快速静态定位技术进行精确控制所需最短时间为 20 min 左右,在 20 min 前,水平精度、高程精度和边长精度都有较大的提高,20 min 后,再增加观测时间,精度无明显提高。因此,在实际工程控制网测量中,观测 20 min 基本可满足用户所要求的精度。

参 考 文 献

[1] 周中谟,易杰军,周琪. GPS 测量原理与应用[M]. 北京:测绘出版社,1999.
[2] 张勤,李家劝. 全球定位系统(GPS)测量原理及数据处理基础[M]. 西安:西安地图出版社,2001.
[3] 陶本藻. 自由网平差与变形分析[M]. 武汉:武汉测绘科技大学出版社,2001.
[4] 国家质量技术监督局. GB/T 18314—2001 全球定位系统(GPS)测量规范[S]. 北京:中国标准出版社,2001.

浅析影响 GPS 基线解算的因素及提高基线解的方法

高金平

（中水北方勘测设计研究有限责任公司）

摘　要　欲获得高精度的 GPS 测量成果，须充分理解 GPS 测量技术和设计，掌握观测和数据处理的基本规则。本文论述了基线解算策略和影响 GPS 测量精度的因素及应采取的措施，对提高 GPS 成果精度起着不可忽视的作用。

关键词　GPS 基线解　卫星高度角　周跳　多路径效应　对流层　电离层折射影响

0　引　言

GPS 已广泛应用于各种控制网测量中，它具有精度高、速度快、通用性强、便于操作、不受控制点之间通视条件限制、抗干扰能力强、可全天候作业等优点。而高精度的 GPS 成果的获取有赖于作业人员的正确操作及作业经验的积累。若操作不当，将不能获得理想可靠的高精度成果。本文结合对 Trimble GPS 的使用，对提高 GPS 基线解算进行了探讨。

1　影响 GPS 基线解算结果因素的判别

为提高 GPS 基线精度，除改变卫星截止高度角、选择适当的星历类型，以及合适的基线解算类型外，还应调整观测次数，停用信号质量差的卫星，选择编辑伪 GPS 数据，从基线中删除影响 GPS 基线解算结果的因素，如卫星观测时间太短、周跳太多、多路径效应严重、对流层或电离层折射影响过大等。对于另外一些不好判别的因素，如起点坐标的不准确等因素也要加以分析。

1.1　基线起点坐标不准确的判别

对于由起点坐标不准确所对基线解算质量造成的影响，目前还没有较容易的方法来加以判别，因此在实际工作中，只有尽量提高起点坐标的准确度，以避免这种情况的发生。

1.2　卫星观测时间短的判别

关于卫星观测时间太短这类问题的判断比较简单，只要查看观测数据的记录文件中有关每个卫星的观测数据的数量就可以了。

1.3　周跳太多的判别

对于卫星观测值中周跳太多的情况，可以从基线解算后所获得的观测值残差上来分析。目前，大部分的基线处理软件一般采用的双差观测值，当在某测站对某颗卫星的观测值中含有未修复的周跳时，与此相关的所有双差观测值的残差都会出现显著的整数倍的增大。

1.4 多路径效应严重、对流层或电离层折射影响过大的判别

对于多路径效应、对流层或电离层折射影响的判别，也是通过观测值残差来进行的。不过，与整周跳变不同的是，当路径效应严重、对流层或电离层折射影响过大时，观测值残差不是像周跳未修复那样出现整数倍的增大，而只是出现非整数倍的增大，一般不超过一周，但却又明显地大于正常观测值的残差。

2 对于上述因素所产生的影响应采取的措施

2.1 基线起点坐标不准确的应对方法

要解决基线起点坐标不准确的问题，可以在进行基线解算时，使用坐标准确度较高的点作为基线解算的起点，较为准确的起点坐标可以通过进行较长时间的单点定位或通过与 WGS－84 坐标较准确的点联测得到；也可以采用在进行整网基线解算时，所有基线起点的坐标均由一个点坐标衍生而来，使得基线结果均具有某一系统偏差，然后在 GPS 网平差处理时，引入系统参数的方法加以解决。

2.2 卫星观测时间短的应对方法

若某颗卫星的观测时间太短，则可以删除该卫星的观测数据，不让它们参加基线解算，这样可以保证基线解算结果的质量。

2.3 周跳太多的应对方法

若多颗卫星在相同的时间段内经常发生周跳，则可采用删除周跳严重的时间段的方法来尝试改善基线解算结果的质量；若只是个别卫星经常发生周跳，则可采用删除经常发生周跳的卫星的观测值的方法来尝试改善基线解算结果的质量。

2.4 多路径效应严重的应对方法

由于多路径效应往往造成观测值残差较大，因此可以通过缩小编辑因子的方法来剔除残差较大的观测值。另外，也可以采用删除多路径效应严重的时间段或卫星的方法。

2.5 对流层或电离层折射影响过大的应对方法

对于对流层或电离层折射影响过大的问题，可以采用下列方法：

(1)提高截止高度角，剔除易受对流层或电离层影响的低高度角观测数据。但这种方法具有一定的盲目性，因为高度角低的信号不一定受对流层或电离层的影响就大，所以需要认真分析测试，分别采用不同模型对对流层和电离层延迟进行改正。

(2)如果观测值是双频观测值，则可以使用消除电离层折射影响的观测值来进行基线解算。

3 GPS 基线网的解算还应采取的纠偏措施

除采取上述措施来提高基线解算精度外，对于 GPS 基线网的解算还应采取纠偏措施，基线解算成果可能带有偏差，必须采取纠偏措施，将带有偏差的成果清除。具体措施有四项：一是进行残差计算，删除残差大的观测数据；二是进行不同时间段基线成果校核；三是进行同步环校核；四是进行异步环校核。

3.1 删除残差大的数据

计算残差,删除残差大的数据。进行基线解算时,不管能否一次解算出整周未知数,都应进行残差计算。通过对残差分析,决定数据的取舍。

3.2 不同时间段成果校核

基线的不同时间段成果校核是发现偏差的重要检校条件。基线成果解算后,应及时计算不同时段基线成果偏差。若发现异常,应再进行残差计算,删除残差大的数据,重新解算基线成果后再进行比较。若还有问题,应取有效观测时间最长、残差最小、GDOP 值最好的一组成果,计算同步环与异步环闭合差,若都闭合,应取用,否则应重新进行外业数据采集。

3.3 同步环与异步环校核

基线计算成果用同步环闭合差校核,若超限,则应检查同步环中某基线是否因观测时间短、GDOP 值不好等原因造成的。根据解算记录查找问题,按照上述介绍的方法进行解算处理都能使同步环闭合。若不能得到满意的成果,应作外业返工,直至同步环闭合差符合要求。

异步环因各基线所在的观测时间区段不同(白天与夜间的成果有差异)、有效观测时间长短不同或 GDOP 的差别等原因,可能导致异步环闭合差超限。这种情况,处理起来比较麻烦,应细心、耐心的进行。

4 结　语

GPS 基线解的好坏直接影响着 GPS 网的平差精度,要想获得高精度的测量成果,在不重复进行外业观测的情况下,采取适当的措施改善成果是在实际测量工作中总结出来的。

参考文献

[1] 魏二虎,黄劲松. GPS 测量操作和数据处理[M]. 武汉:武汉大学出版社,2004.

变形监测

以天津某高层建筑物为例探讨深基坑的监测技术应用

徐寅生　曹卫斌　吴　朝

（中水北方勘测设计研究有限责任公司）

摘　要　本文以天津市某高层建筑物的深基坑监测为例阐述了深基坑监测的整体方案设计和具体的监测项目和监测方法。

关键词　深基坑　监测　方案　方法

1　基坑监测的目的

随着社会的进步，城市建设用地的减少，深基坑越来越多地出现在了城市建设中，为建筑向高空发展提供了条件，同时深基坑对周边建筑的影响也很大，也有由于基坑支护等原因发生基坑坍塌，造成人员伤亡及较大的社会影响。因此，为了保证人民生命财产的安全，保证基坑稳定和安全生产的顺利进行，对基坑的监测就显得尤为重要，它可以防患于未然。

2　监测的原则

变形测量工作应从施工前开始，直至结构稳定。变形测量中应遵守下列规定：

测量前应对施工现场工程岩土变化和支护工程的状况进行查看并作简明记录。

分布施工时，每步应有完整连续的观测数据。

雨后、冻融、地震等对变形体产生显著影响时应增加观测频率。

根据变形体的变形趋势，变形体趋于稳定期间可延长观测频率，急剧变动期间应缩短观测频率。

对每个单元变形体进行测量时采用相同的观测线路和观测方法，使用同一仪器和设备，并应固定观测人员。

首次观测时应进行反复测量，取其平均值作为初始值。

在进行监测工作之前一定要对周围的环境作一个详细的调查，必要时可以拍照、录像或请公证处公证，避免一些不必要的麻烦。

3　监测网的布设

变形监测的目的是确切地反映建筑物、构筑物及基坑的实际变形程度或变形趋势，并以此作为确定作业方法和检验成果质量的基本要求。对于一个实际工程的变形监测，首先确定的是变形监测的精度等级，根据选定的具体监测等级，制定合乎实际的监测方案。变形监测的等级划分和精度要求是根据所监测的建筑物结构型式、结构性质所制定的变形限差或者设计容许值，以观测体容许变形值的1/20为原则制定的。

平面位移监测控制网应布设独立的控制网，控制点埋设在变形区外，如有条件监测网宜采用强制对中观测墩。监测网线路根据地形特点宜采用附合式线路。

垂直位移监测控制网宜采用工程高程控制网，在变形观测中应定期对高程控制网点进行检测。在监控范围内至少有三个基准点。

4 监测点的布设要求和监测方法

4.1 水平位移监测

4.1.1 监测点布设

在连续墙顶部的支护结构上布设监测点，保证每个支护结构与支撑节点均有一个监测点，点位用一金属标志头埋设于支护结构顶部。

4.1.2 水平位移监测方法

根据本标段基坑和区间的不同情况，可采用小角度法和极坐标法进行水平位移监测。多采用极坐标法，极坐标法外业监测采用 Leica TC1800 全站仪（标称精度 1″，$1\ mm + 2 \times 10^{-6}$）、拓普康 GTS－332N（标称精度 2″，$2\ mm + 2 \times 10^{-6}$）监测。监测系统对监测原始数据进行数据改正、平差计算、生成监测报表和变形过程线图、变形速率及变形预报图。

4.2 沉降监测

4.2.1 监测点的埋设

支撑立柱沉降监测点，在支撑立柱的顶部焊接加工件。周边建（构）筑物沉降监测点在建筑物的拐角处，离地面 20 cm，且避开雨水管、窗台线、电器开关等有碍设标与观测的障碍物，并应视立尺需要离开墙（柱）面一定距离。周边土体沉降监测点：沉降观测点应埋设原状土层中，加设保护装置。道路、轻轨监测点布设，必须在道路和轻轨上盖附着物上布设沉降观测点。根据纵向地下管线的变形形状与相应位置的地表沉降纵向分布曲线的形状相似的原理进行布点监测。将金属管打设到地下管线的顶部（注：在此项监测点的布设和监测前，应对管线状况进行充分调查，并与管线单位充分协商、认同后才能进行工作）。沉降观测点稳定后，方可进行初始观测。

4.2.2 沉降监测的方法

工作基点埋设后，首先根据周围的各建（构）筑物沉降点、支撑立柱沉降点规划一条水准路线，采用 DINI12 或 DINI03 数字水准仪观测。所有观测数据，都按规范规定要求的各项限差进行控制。监测系统对监测原始数据进行数据改正、平差计算、生成监测报表和变形过程曲线图、计算各点的高程及沉降量、累计沉降量。

4.3 倾斜监测

建筑物倾斜监测的方法是通过测量建筑物基础相对沉降的方法来确定建（构）筑物的倾斜。

4.4 测斜监测

在基坑工程中测斜仪装置主要用来量测挡土墙、围护桩和地连墙的水平位移以及土体中各点的水平位移。测斜装置包括三部分：测斜仪、测斜管和数字式测读仪，其中测斜管埋设于地连墙、围护桩、土体内，量测时将测斜仪深入测斜管内，并由引出线将测斜管的水平位移量值瞬时反映在测读仪上。测斜仪标称精度为 ±0.1 mm/0.5 m,其读数精度应该精确到0.1 mm。

4.5 围护结构的内力监测

用钢弦式钢筋计对围护结构进行内力的监测。点位布置在钢支撑之间和水土压力、地面荷载较大的地方,将钢筋计和钢筋笼绑扎在一起,串联焊接在围护结构钢筋笼的主筋上。核查焊接位置及编号无误后下沉钢筋笼。在开挖前测取读数,然后按规定频率随基坑开挖逐层读取数据,根据测取数据与标定曲线的比较,能更好地判断围护结构的稳定性,通过对该项的监测了解了围护结构承受土压力后的变形规律。

4.6 基坑回弹的监测

基坑的挖土过程实际对基坑底下的土体是卸载的过程。随着基坑内土体的开挖,基坑下层的土压力随之减少,引起基坑土体的回弹。另外,由于基坑内土体的开挖,使基坑内外的土体形成一个压力差。基坑外的土体通过连续墙底部往里拥挤,严重时就会产生基底隆起现象,使坑外的土体涌入基坑,造成涌土现象。因此,要对基坑内的土体严格监测,采用水准仪配合深层沉降仪的方法。

4.7 围护结构内部的位移

围护结构的内部位移使用测斜仪进行监测。将测管固定在连续墙的钢筋笼内,在绑扎时一定要牢固可靠,以免浇筑混凝土时使其发生上浮或侧向位移,影响监测数据的准确性。密封测斜管底部及各处的接头,在安装测斜管时随时检查其内部的一对导槽,使其始终与坑壁走向垂直。然后,将测斜管同钢筋笼一起沉入挖好的槽段中,每25 m 埋设一处。

5 监测依据

以上几项监测工作应严格按照《建筑变形测量规程》(JGJ/T 8—97)和《工程测量规范》(GB 50026—2007)实施。

6 监测成果分析内容

(1)监测点点位布置平面图;
(2)监测成果表;
(3)沉降观测汇总表;
(4)沉降观测记录表;
(5)$t \sim s$(时间、沉降量)曲线图;
(6)观测点沉降量平面位置展开图;
(7)等沉降曲线图(适合于沉降监测项目);
(8)位移曲线图(适合于位移监测项目);
(9)变形收敛图(适合于位移监测项目);
(10)水平位移、沉降成果表;
(11)观测点位图;
(12)位移量、沉降量与时间曲线表示图;
(13)监测分析报告。

7 基坑监测项目及观测频率

根据基坑施工的各种因素及特点和《建筑基坑支护技术规程》(JGJ 120—99)的要求,具体工作内容如表1所示。

表1 基坑监测的具体工作内容

序号	观测内容	单位	监测频率		
			从基坑开始开挖到结构地板浇筑完成后3 d	结构地板浇筑完成后3 d到地下结构施工至±0.00标高	从±0.00标高到监测稳定
1	地连墙顶水平位移	点	1次/2 d	2~3次/周	0次
2	地连墙墙体倾斜	点	1次/2 d	2~3次/周	0次
3	地连墙墙体内力	个	1次/d	2~3次/周	0次
4	支撑系统内力	个	1次/d	2~3次/周	0次
5	支撑系统挠度	处	1次/2 d	2~3次/周	0次
6	支撑系统位移	处	1次/2 d	2~3次/周	0次
7	支承柱内力	处	1次/d	2~3次/周	0次
8	支承柱沉降	处	1次/2 d	2~3次/周	0次
9	邻近建筑物沉降、倾斜	处	1次/d	2~3次/周	0次
10	邻近道路沉降	点	1次/d	2~3次/周	0次
11	邻近轻轨线路沉降	点	1次/d	2~3次/周	0次
12	坑底隆起监测	点	2~3次/周	1次/周	0次
13	建筑物主体沉降	处	0次	0次	1次/5层竣工第一年观测3~4次,第二年观测2~3次,第三年后每年1次直到稳定

变形测量的周期应根据建(构)筑物的特征、变形速率、观测精度要求和工程地质条件等因素综合考虑,观测过程中根据变形量可适当调整。

8 结 语

深基坑施工中必须进行基坑及周边环境的监测,监测内容和监测技术要点、精度必须达到设计要求,以确保基坑和周边环境的安全。

参考文献

[1] 中国建筑科学研究院. JGJ 120—99 建筑基坑支护技术规程[S]. 北京:中国建筑工业出版社,1999.
[2] 中国有色金属工业协会. GB 50026—2007 工程测量规范[S]. 北京:中国计划出版社,2008.
[3] 建设部综合勘察研究设计院. JGJ/T 8—97 建筑变形测量规程[S]. 北京:中国建筑工业出版社,1998.

大型储油罐倾斜监测及膨胀系数计算

朱明新　杜桂英　吴　越　王　冰

(中水北方勘测设计研究有限责任公司)

摘　要　变形监测的主要目的是对构(建)筑物在施工期间或使用期间对安全性或变形程度与方式进行监测,特别对于储油罐这种大型圆柱形构筑物除了进行变形监测,随着温度的变化还应对其进行膨胀系数计算。本文所用的膨胀系数计算方法和最后的分析结论,对日后的安全运行是非常必要和有意义的。

关键词　倾斜监测　膨胀系数　中心点　倾斜量　纵向倾斜量　横向倾斜量

1　倾斜监测和膨胀系数计算的目的

对于储油罐这种大型圆柱形构筑物,在施工和使用过程中容易发生几何变形,如下沉、倾斜,随着温度的变化还会产生热胀冷缩的变形,不同的构筑物有不同的变形允许值,如实际变形超过了限值就会危害构筑物的安全使用。所以,在施工中及竣工后的倾斜监测是非常必要的,同时它也是对该工程施工质量的一种评价指标。在该工程的初期使用过程中,随着储油量荷载的增加,承载体与储油罐将会产生不均匀沉降与变形。所以,对该工程进行倾斜观测等是很有必要的。在此基础上可采取有效措施来保证该工程的安全使用。为了能准确地确定储油罐的储油量多少,还应对储油罐随温度的变化进行准确测量,并借助于有关公式来精确地获取储油罐随温度变化的膨胀系数。这样,当温度发生变化时,也能准确地获知储油罐的储油量,进而防止因储油罐超出额定储量而发生爆裂。

2　储油罐底部和顶部中心位置的测定

要获得储油罐倾斜量的大小,只测量储油罐底部和顶部中心点的坐标,根据上下中心点的坐标进行相关计算即可得到储油罐倾斜量的大小及方向。对于储油罐这种圆柱形构筑物没有明确的圆心,也不能到达中心位置,所以直接测定储油罐上下中心点的坐标是不可能的,只有通过间接的方法测定储油罐上下中心点的坐标。操作方法如下:

如图1所示,先在储油罐附近离储油罐高度1.5倍以外布设两个控制点A、B,要求控制点A、B通视,先假定A的坐标(X_A,Y_A),B的坐标(X_B,Y_B)(假定坐标系),并设自A至B的方向为X轴零方向。在A上设站,B为后视。用全站仪测出A、B的距离S_1,在B上设站,A为后视。用全站仪测出A、B的距离S_2,根据A、B的距离得出B的坐标$(X_A+(S_1+S_2)/2,Y_A)$。然后将A、B的坐标储存在全站仪里。在控制点A上设站,以控制点B为后视,调用全站仪里A、B的坐标进行设置,用测支点坐标的方法测量出储油罐底部圆上任意三点坐标$P_1(X_1,Y_1)$、$P_2(X_2,Y_2)$、$P_3(X_3,Y_3)$,测量出储油罐顶部圆上任意三点坐

标 $P_4(X_4,Y_4)$、$P_5(X_5,Y_5)$、$P_6(X_6,Y_6)$。由 P_1、P_2、P_3 三点求得底部中心点的坐标 $Z_1(X_{Z1},Y_{Z1})$，由 P_4、P_5、P_6 三点求得顶部中心点的坐标 $Z_2(X_{Z2},Y_{Z2})$，计算公式如下

$$X_{Z1}=\frac{(Y_1-Y_3)(X_1^2-X_2^2+Y_1^2-Y_2^2)-(Y_1-Y_2)(X_1^2-X_3^2-Y_1^2-Y_3^2)}{2(X_1-X_2)(Y_1-Y_3)-2(X_1-X_3)(Y_1-Y_2)} \tag{1}$$

$$Y_{Z1}=\frac{(X_1-X_2)(X_1^2-X_3^2+Y_1^2-Y_3^2)-(X_1-X_3)(X_1^2-X_2^2-Y_1^2-Y_2^2)}{2(X_1-X_2)(Y_1-Y_3)-2(X_1-X_3)(Y_1-Y_2)} \tag{2}$$

$$X_{Z2}=\frac{(Y_4-Y_6)(X_4^2-X_5^2+Y_4^2-Y_5^2)-(Y_4-Y_5)(X_4^2-X_6^2-Y_4^2-Y_6^2)}{2(X_4-X_5)(Y_4-Y_6)-2(X_4-X_6)(Y_4-Y_5)} \tag{3}$$

$$Y_{Z2}=\frac{(X_4-X_5)(X_4^2-X_6^2+Y_4^2-Y_6^2)-(X_4-X_6)(X_4^2-X_5^2-Y_4^2-Y_5^2)}{2(X_4-X_5)(Y_4-Y_6)-2(X_4-X_6)(Y_4-Y_5)} \tag{4}$$

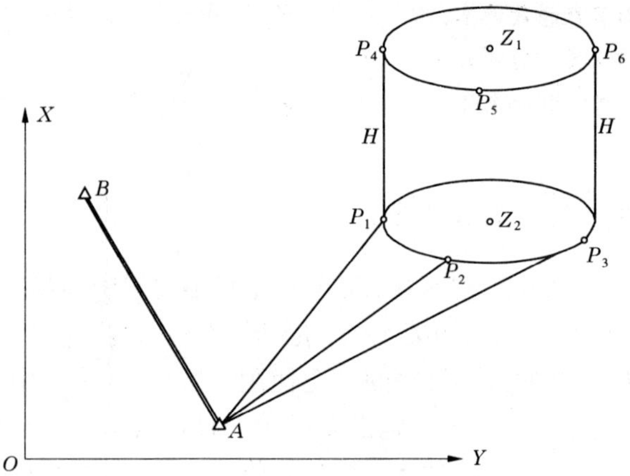

图1　观测示意图

3　储油罐倾斜量的计算

理论上讲，上、下中心点 Z_1、Z_2 的坐标应当重合，但由于不均匀沉降等原因，使得储油罐产生了倾斜量，致使 Z_1、Z_2 的坐标不相同，根据上下中心点 Z_1、Z_2 的坐标就可以计算出倾斜量的大小及方向。计算公式如下：

由上面式(1)、式(2)、式(3)、式(4)计算求得底部中心点的坐标 $Z_1(X_{Z1},Y_{Z1})$ 和顶部中心点的坐标 $Z_2(X_{Z2},Y_{Z2})$ 后，可求得出纵向倾斜量 $\mathrm{d}X$ 和横向倾斜量 $\mathrm{d}Y$ 及总的倾斜量 $\mathrm{d}XY$

$$\mathrm{d}X = X_{Z2} - X_{Z1}$$

$$\mathrm{d}Y = Y_{Z2} - Y_{Z1}$$

$$\mathrm{d}XY = \sqrt{(\mathrm{d}X^2 - \mathrm{d}Y^2)}$$

由底部圆上三点 P_1、P_2、P_3 的坐标及底部和顶部圆中心点 Z_1、Z_2 的坐标，用 CAD 作出图形(见图 2)，可从图 2 上直接反映出倾斜量的大小及方向。根据设计高度 H，还能算出其倾斜角为

$$i'' = \frac{\mathrm{d}XY}{H} \times \rho''$$

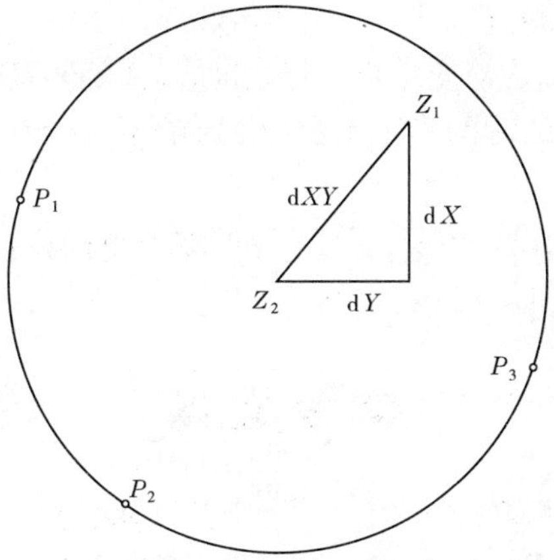

图2 倾斜量示意图

4 储油罐膨胀系数的计算

储油罐这种金属性材料，受温度的变化产生热胀冷缩这一物理特性更加明显，为了准确掌握这一物理特性，必须得到储油罐的膨胀系数，而膨胀系数是通过体积得到的，而储油罐这种圆柱形的体积又是通过半径和高度求得的，传统的方法是用钢尺丈量储油罐的周长和高度，但储油罐又高又大（如半径 50 m、高 40 m），用钢尺丈量还要倒尺，还要进行尺长改正，得出的数据不太准确，工作量较大，现介绍如下简便的方法：

先在储油罐底部周边用红油漆做三个标记 P_7、P_8、P_9。在不同的温度 T 下，用测支点坐标的方法测得底部三个标记 $P_7(X_7,Y_7)$、$P_8(X_8,Y_8)$、$P_9(X_9,Y_9)$ 的坐标，用上述式（1）的方法计算出底部的中心点的坐标 $Z_3(X_{Z3},Y_{Z3})$，由底部中心点 Z_3 的坐标及底部圆上三个标记点的任意一个标记点的坐标求得底部的半径 R。从设计图纸上查出储油罐的高度 H（定为常数），从而计算出储油罐的体积 V_t，根据不同的温度和体积得出膨胀系数 K，计算公式如下

$$R = \sqrt{(X_{Z3} - X_7)^2 + (Y_{Z3} - Y_7)^2} \tag{5}$$

将式（5）求得的半径 R 代入下式

$$V_t = \pi R^2 H \tag{6}$$

$$V_t = V_0(1 + KT) \tag{7}$$

由式（6）、式（7）得

$$K = \frac{\pi R^2 H - V_0}{V_0 T} \tag{8}$$

根据不同的温度 T 和不同的半径 R 计算出不同的膨胀系数 K，将不同的膨胀系数取中数得 K 代入式（7），此时将膨胀系数 K 看成常数，得出如下公式

$$V_t = V_0(1 + KT) \tag{9}$$

根据式（9）就可以较准确地确定不同温度 T 储存不同体积 V_t 的油。

5 结　语

（1）为了提高测量精度，应布设 3 个已知点，在储油罐不同的方向设站，每次测三组

坐标,最后用中心坐标的平均值。

(2)用全站仪测坐标时,应对全站仪进行温度、气压等要素改正。

(3)由于高度(H)对储油罐的膨胀系数(K)影响不大,固定为常数,半径 R 和温度 T 作为变量。

(4)V_0 是设计温度下的设计体积,温度(T)的取值范围应根据当地的气候条件而定,$T \in [T_0, T_m]$ 从而确定 $V_t \in [V_0, V_m]$。

参考文献

[1] 周扬眉. 圆形建筑物倾斜观测的新方法[J]. 东北测绘,2000(1).
[2] 李振霞. 房屋建筑学概论[M]. 北京:中国建材工业出版社,2005.
[3] 周建郑. 建筑工程测量[M]. 北京:中国建筑工业出版社,2004.
[4] 王根虎. 建筑工程测量[M]. 呼和浩特:内蒙古大学出版社,2002.
[5] 邹永廉. 土木工程测量学[M]. 上海:同济大学出版社,2004.

戈兰滩水电站大坝临时外部变形监测方案设计与实施

余宣兴 任建文 曹家印 庞友国

（中水北方勘测设计研究有限责任公司）

摘 要 本文以李仙江戈兰滩水电站初蓄期大坝临时外部变形监测为例，详述了监测方案设计与实施方法，包括变形监测、渗流监测、应力应变及温度监测、环境质量监测。介绍了水平位移监测控制网、垂直位移监测控制网的布设方法以及外部变形监测变形量的分析研究。

关键词 临时 监测 土建 初始值 变形

1 工程概况

1.1 工程简介

戈兰滩水电站位于云南省普洱市（原思茅市）绿春县与江城县交界的李仙江上，是李仙江干流七个梯级电站的第六级，坝址距红河州绿春县城约 114 km，距江城县约 50 km，上游距居甫度水电站约 44 km，下游距土卡河水电站约 27 km。

戈兰滩水电站一期工程主要建筑物包括碾压混凝土重力坝、泄水建筑物、消能防冲建筑物、发电引水建筑物、岸边地面厂房及 GIS 开关站等。

碾压混凝土重力坝轴线采用折线布置，坝顶长 466 m，坝顶高程 458.00 m，最大坝高 113 m，共分 16 个坝段。泄水建筑物布置在河床中间 9# ~ 12# 坝段，采用 5 个表孔和 2 个底孔上下交错的布置型式；表孔堰顶高程 438 m，孔口尺寸 13 m × 18 m（宽 × 高）；底孔进口高程 395 m，孔口尺寸 4 m × 7 m（宽 × 高）。泄水建筑物下游采用宽尾墩、底流联合消能方式，消力池长 110 m，底宽 84 m，底板顶高程 356 m；消力池尾坎高 8 m，顶高程 364 m。防冲板位于消力池尾坎下游，长 20 m，顶高程 360 m。

1.2 监测系统布置

戈兰滩水电站工程安全监测项目主要包括变形监测、渗流监测、应力应变及温度监测、环境质量监测，主要监测项目实现了监测自动化。在工程建设初期以人工监测为主，监测自动化系统形成后，以自动化监测为主。

1.3 变形监测控制网

变形监测控制网包括水平位移监测控制网和垂直位移监测控制网，主要为大坝、边坡和滑坡的变形监测提供基准。

1.3.1 水平位移监测控制网

水平位移监测控制网分两个层次布设，第一层次是由 4 个基准点组成的基准网，布置在水库压力影响范围外，作为下一个层次水平位移监测的基准；第二个层次为近坝水平位移监测网，分别用以监测坝肩高边坡、厂房后边坡和坝顶的水平位移绝对值。对于基准点网和近坝岩体水平位移监测网采用 GPS 进行监测。对于坝顶工作基点及边坡监测采用高精度自动全站仪进行监测。

1.3.2 垂直位移监测控制网

垂直位移监测控制网由水准基准点组和水准工作基点组成。水准基准点组布置在大坝下游地质条件较好的位置，水准工作基点布置在大坝左、右岸。采用一等几何水准测量的方法进行施测。

2 建立临时外部变形监测网的必要性

2.1 工程特点的要求

本工程水平位移监测采用正垂线、倒垂线及真空激光准直系统监测水平位移，共布设 5 条倒垂、5 条正垂和 3 条真空激光准直系统；垂直位移监测采用真空激光、双金属管标、静力水准、精密水准、竖直传高等方法进行监测；坝顶垂直位移在每个坝段坝顶各布置一个测点，坝顶垂直位移直接由真空激光准直系统测得，并采用精密水准测量法进行比测；坝基垂直位移测点布置于河床部位 7# ~12# 坝段的灌浆廊道内，采用精密水准法进行施测。

根据施工进度和工程总体进度安排在 2008 年 6 月进行首次蓄水，首次蓄水前部分坝段未施工到顶，施工到顶的坝段有 1# ~5#、16#，故在首次蓄水期本工程原设计的水平、垂直、坝基、坝顶监测装置未形成，不能投入使用，为确保大坝首次蓄水期运行安全，需建立大坝表面临时监测系统。

2.2 建立大坝表面临时监测系统是规范的要求

《混凝土坝安全监测技术规范》(DL/T 5178—2003)中规定首次蓄水期需进行位移监测，监测频次为 1 次/d ~1 次/旬。

2.3 安全鉴定报告中专家的要求

在报告第二部分分项工程安全鉴定意见“8.4.2 问题和建议”中第 2 款中要求“力争完成坝顶 1# ~7#坝段、389.50 m 高程廊道内的真空激光准直系统，若无法形成，应建立临时位移监测点，在下闸蓄水前测得初始值，并与后续的永久监测系统建立监测数据衔接关系”。

建立大坝表面临时变形监测系统为工程下一步验收作准备。

3 临时外部变形监测网重点和难点

3.1 重 点

初蓄期大坝施工仍继续进行，各类机械交叉作业，未封顶坝段大坝仍在以 0.5 m/d 的速度加高，自重逐渐增加，混凝土凝固收缩均是大坝垂直变形因素，故此阶段监测重点是随蓄水水位不断上涨大坝水平位移监测。

3.2 难 点

3.2.1 施工影响

初蓄期大坝建设继续进行，影响大坝稳定性同时给观测带来很大难度，临时建筑物、工棚等严重影响观测条件。

3.2.2 气候影响

6 月份是测区雨季,不利于外业作业及观测。

3.2.3 监测点布置和样式选择

规范中规定的监测点形式和最佳位置均未形成或不适合,水平位移监测点一般采用带强制归心的观测墩,但本测区未封顶坝段观测墩没有可以布置的地方。对已封顶坝段安装观测墩以后影响施工且不便于观测。垂直位移监测点基本无法布设在坝顶。

3.2.4 工期影响

按规定监测点及工作基准网点在施工后需有一定的稳定期,须采取工程措施进行防范。

4 临时外部变形监测设计原则

(1)充分结合现有外部变形监测控制网,作到临时与永久相结合。

(2)充分结合工程特点和施工进度,作到既满足观测要求又不影响施工及工程的总体计划。

(3)采用交会法观测,受施工控制的特殊点位可采用极坐标法进行观测。

5 临时外部变形监测工作基点网的布设

5.1 水平位移监测工作基点网

在已有外部变形监测控制网基础上,增加 2 座工作基点(命名为:LSJC01、LSJC02),LSJC01 位于左岸公路上,约 30 m,与现闽江局施工控制网点 MJ03 重合,该点是闽江局 2005 年在施工控制网基础上加密的带有强制归心设备的钢筋混凝土观测墩,经过近年施工检验,点位稳定可靠,且该点能与现状大坝各坝段均有较好的通视条件,且与 JC01、JC02、JC03、LSJC02 通视,故利用 MJ03 作临时工作基点之一;LSJC02 位于原 JC01 北东方向约 200 m,闽江局临时营地西北角外 4 m,该处基础较好,易于保护,能与现状大坝各坝段均有较好的通视条件,且与原网 JC02、JC03、JC04、LSJC01 均通视,且角度很好。

工作基点网由 JC01、JC02、JC03、JC04、LSJC01、LSJC02 共同组成,构成比较复杂的多边形,图形条件较高,最小边长(JC04 ~ LSJC01)约 116 m,最大边长(JC02 ~ JC03)约 752 m,且不在同一三角形中,既保持与已有工作基点网一致,又对已有工作基点网进行补充。网形如图 1 所示。

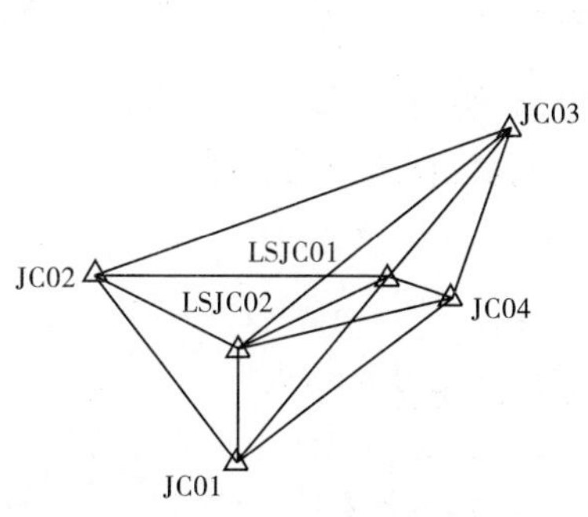

图 1 工作基点网图

5.2　垂直位移监测工作基点网

由于已有垂直位移工作基点网可以满足临时监测使用不再重复建造。即由左岸工作基点组 LJZ06-1、LJZ06-2、LJZ06-3，右岸工作基点组 LJZ07-1、LJZ07-2、LJZ07-3，厂房工作基点 LJZ05，左岸坝下桥（LJZ03）、右岸坝下桥（LJZ04）组成。如图 2 所示。

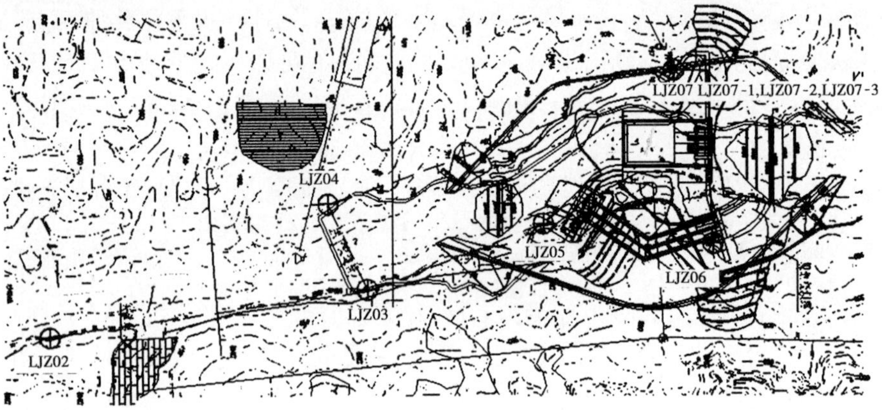

图 2　垂直位移监测工作基点网图

6　临时外部变形监测监测点的布设

6.1　监测点的布置

6.1.1　已封顶坝段及坝肩监测点布置

已封顶坝段包括：1# ~5#、16#，以距坝顶下游边线 30 cm 为观测墩下游侧底座边线，在左右坝头与公路交接处各布设一座监测点（BJC01、BJC18），在 1# ~5#、16#坝段中部各布设一座监测点（依次点名为：BJC02，BJC03，BJC04，BJC05，BJC06，…，BJC17）。其示意图如图 3 所示。

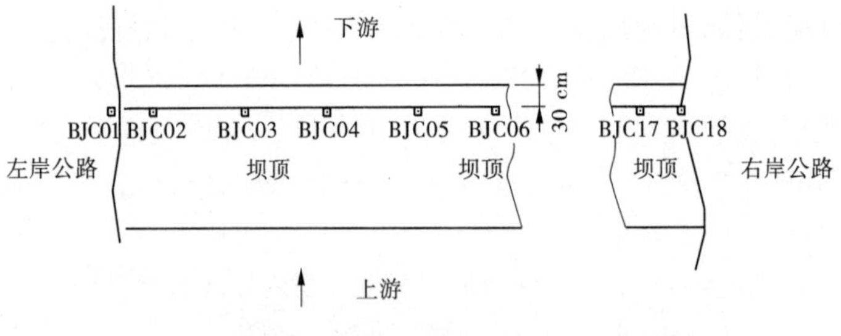

图 3　已封顶坝段及坝肩临时监测点布置示意图

6.1.2　未封顶坝段监测点布置

未封顶坝段包括 6# ~15#坝段。

以各坝段下游侧立面距现状坝顶 0.5 m 高程面为观测墩底座基准面，现状坝顶高程面建议定为 380 m，可以根据总体施工进度进行调整，原则上所有监测点位于同一高程面。各坝段布设一座监测点，有左右闸墩的坝段布设在左侧闸墩下游侧立面上，从左到右点名依次为：BJC07、BJC08、BJC09、BJC10、BJC11、BJC12、BJC13、BJC14、BJC15、BJC16。

6.2 监测点造埋

6.2.1 已封顶坝段及坝肩监测点造埋

采用普通混凝土带强制归心设备的四边柱状观测墩，根据现状特点，便于施工，将观测墩地下部分底座除去，改为4 Φ12的垂向插筋，插筋深入坝体1.0 m，插筋总长2.2 m。同时在坝面上加120 cm×120 cm×20 cm底座。尺寸参考见图4。

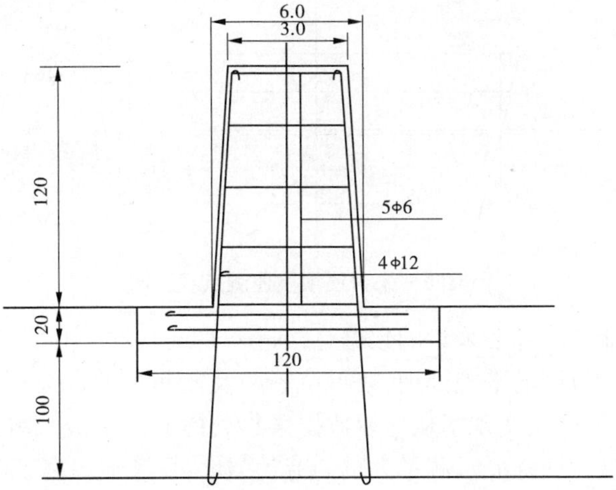

图4 已封顶坝段及坝肩观测墩示意图 （单位：cm）

6.2.2 未封顶坝段监测点造埋

采用壁挂式普通混凝土带强制归心设备的四边柱状观测墩，归心设备安装有两种方式：第一，同普通混凝土带强制归心设备，可以撤卸，使用已有棱镜及基座，缺点：必须安装制作交通用爬梯及安全网，不便于施工和坝体美观，竣工后坝体整洁。第二，使用一次性安装强制归心设备，安装后即可使用，无需撤卸，缺点：不能充分利用现有资源，需购置专用棱镜；优点：安全性高，施工方便。建议采用第二种方案，也可以将混凝土结构改成钢结构。

观测墩示意图如图5所示。

7 临时外部变形监测初始值获取及初蓄期观测方案

7.1 观测概述

为了保证临时监测与已有监测网的一致性，在对原水平和垂直基准网进行一次复测的基础上，对加入新点后的水平位移工作基点网进行两次独立观测，重新取得初始值，对垂直位移工作基点网进行一次复测。在获取工作基点网数据后，进行两次独立的坝上临时监测点测量，其中值作为临时监测点初始值。

7.2 水平位移基准网复测和工作基点网初始值获取

采用高精度全自动全站仪位移监测系统进行数据采集和处理。系统由自动采集、野外供电系统、信息传输、自动处理分析等几部分组成。它实现了单台或多台自动化全站仪的变形监测网的多测回全圆方向法的外业自动测量与内业自动处理。该系统各项限差的设置由用户根据现行规程规范设定，超限后仪器自动进行处理，确保采集到的数据符合要

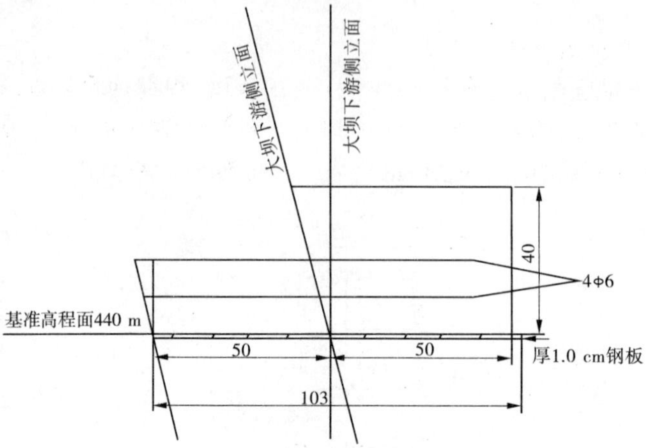

图 5　未封顶坝段监测点观测墩

求,具有一定的智能性。外业采集的数据直接进入系统软件,中间无需任何环节;数据采集结束,软件即可进行网的平差处理,获得控制网及监测点的最终成果,并以各种直观的图形、报表输出,从而轻松实现了从外业数据采集到内业最终成果输出的内外业一体化,保证了测量精度,极大地降低了测量人员的劳动强度,显著地提高了测量的工作效率。

基准网和工作基点网联合观测,临时工作基点建成后进行两次独立观测均值作初始值,网图如图 6 所示。

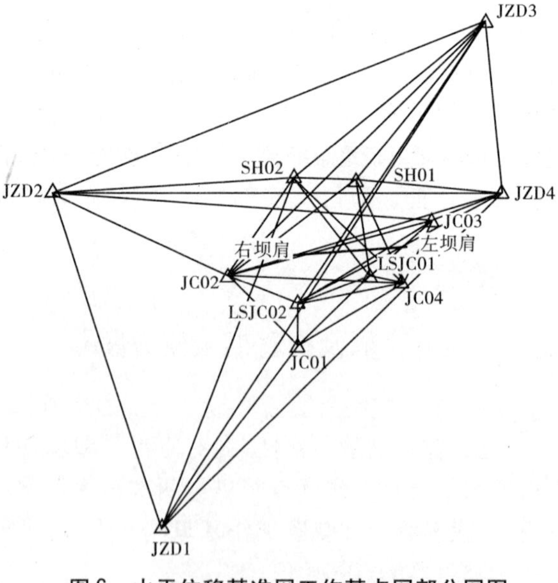

图 6　水平位移基准网工作基点网部分网图

7.3　临时监测点初始值获取及监测方案

采用高精度全自动全站仪位移监测系统进行数据采集和处理。采用多方向前方交会法观测。观测方法如表 1 所示。临时监测网图如图 7 所示。

表1　观测方法

测站点	后视点	监测点	备注
LSJC01	LSJC02	BJC01 ~ BJC18	第一组前方交会
LSJC02	LSJC01	BJC01 ~ BJC18	
JC01	JC02	BJC01 ~ BJC06	第二组前方交会
JC02	JC01	BJC01 ~ BJC06	
JC03	JC04	BJC07 ~ BJC17	第三组前方交会
JC04	JC03	BJC07 ~ BJC18	

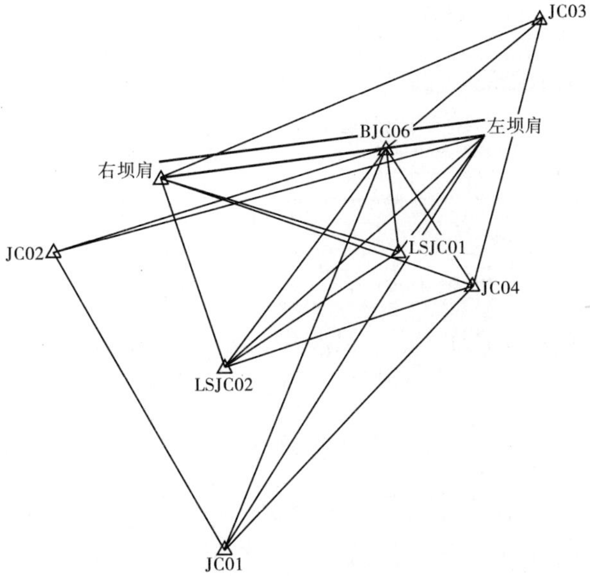

图7　临时监测网图

初始值观测采用两次独立观测均值作初始值。

监测点高程初始值获取及监测方案：分别以左右岸垂直位移工作基点网中 LJZ06-1、LJZ06-2、LJZ06-3 和 LJZ07-1、LJZ07-2、LJZ07-3 为起闭点布设两环一等闭合水准线路，左岸监测 BJC01 ~ BJC06，右岸监测 BJC07 ~ BJC18。监测点稳定后进行两次独立观测取均值作为监测点高程初始值。

7.4　水平位移基准网、工作基点网、监测点观测要求

水平角观测采用方向法 16 测回，其他执行《混凝土坝安全监测技术规范》（DL/T 5178—2003）附录 C.5、C.6 章节。

7.5　垂直位移基准网及工作基点网复测

垂直位移基准网及工作基点网合并观测，以坝址区二等水准点 GL05 为起闭点，按一等几何水准观测要求，以 LJZ01-1、LJZ01-2、LJZ02-1、LJZ02-2、LJZ03、LJZ04、LJZ05、LJZ06-1、LJZ06-2、LJZ06-3、LJZ07-1、LJZ07-2、LJZ07-3、GL05 组成一等闭合线路。由于坝下游交通

桥已经竣工,此次复测不进行跨河水准测量,改为从下游交通桥过河。过桥实测方法:在左右桥头各设两个临时点(左岸 KH01、KH02,右岸 KH03、KH04,其中 KH01、KH03 为高程传递点),临时点采用尺钉作标记,观测顺序:按一等水准观测要求分别测量 KH01 ~ KH02、KH01 ~ KH03、KH01 ~ KH04、KH03 ~ KH04 四测段高差,往返观测四次,计算 KH01 ~ KH03的平均高差作为跨河水准成果,计入整网平差计算。

7.6 观测频次

观测频次见表 2。

表 2 观测频次

监测项目	施工期	首次蓄水期	初蓄期	运行期
水平位移基准网	获取初始值	1 次/年	1 次/年	1 次/年
垂直位移基准网		1 次/年	1 次/年	1 次/年
水平位移工作基点网		1 次/季	1 次/年	1 次/年
垂直位移工作基点网		1 次/季	1 次/年	1 次/年
临时监测点		1 次/天	1 次/月	根据需要与永久监测点结合确定

8 临时外部变形监测变形量分析方法

由于单个点变形量受外界施工影响很大,在分析时必须将临近测点一起分析,提供大坝整体变形二次曲线,进而分析单个坝段变形趋势。

9 临时外部变形监测与永久监测网结合方法

1#、16#坝段观测墩基本位于正倒垂基点位置,可以结合正倒垂使用,同时基准点网、工作基点网与永久观测基准点网、工作基点网一致,到大坝全部封顶且坝顶永久观测点施工完毕后,将临时监测点和永久监测点同时联测既可以获取永久监测点的初始值也可以获取永久点和临时点的关系,进而根据临时监测初蓄期的变形量推算出大坝蓄水前永久点的初始值作为永久监测的初始数据。

10 质量保证措施

(1)对已有外部变形监测网进行全面复测,保证了临时监测网与永久监测网的一致性、保证了初始值的可靠性、保证了成果为最新资料。

(2)新增两个工作基点,提高控制网图形强度。

(3)监测点观测采用多方向前方交会,增加多余观测数量,提高观测精度。

(4)采用全智能监测系统观测以减小人为误差。

(5)将基准网和工作基点网合并测量减小精度传递误差。

(6)根据现场条件,对观测墩进行改进设计,避免视线障碍等。

(7)采用壁挂式观测墩以减少施工影响。

(8)垂直位移监测采用水准点组作起闭点减小起算点误差。

(9)增加观测墩底盘尺寸由规范中规定的边长 100 cm 增加为 120 cm,16#坝段及右坝肩底盘不但边长增加到 120 cm,而且厚度由 20 cm 增加到 50 cm,增加观测墩的稳定性,减小未经过稳定的观测墩自身变形量,同时减少因重车经过引起的力学共振对观测墩稳定影响。

(10)设计了适合于本工程的全像棱镜用于壁挂式观测点,减少重复安装撤卸,不但保证了施工安全,而且满足多角度观测需要。同时为观测点特制了安全帽,减少施工影响,防止雨水等对棱镜的破坏。

(11)增加监测点数量(每坝段布设 1 个、左右坝肩各布设 1 个),防止施工中对监测点破坏影响临时监测网的整体性、可靠性,现 18 点任意破坏 3 到 5 点不影响整个监测网的可靠性。

(12)变形分析采用先回归分析出坝体整体位移曲线后分析单个坝段位移的方法,减少外界影响量。

11 结 语

2008 年 6 月初,中水北方勘测设计研究有限责任公司根据以上设计原则选择最佳观测时段对变形网进行了全面复测及临时监测点初始值获取,复测和初始值获取水平部分均采用 TCA2003 智能机器人观测、垂直部分采用 DNA03 自动安平电子水准仪观测。平差后角度中误差 0.6″,最弱边相对中误差 1/352 000,高程闭合差 0.12 mm,从以上数据中可以看出临时监测网设计符合相关规范要求。目前,戈兰滩水电站已经开始蓄水,临时监测工作也已同步进行,临时监测网将给工程蓄水安全及工程第一个汛期提供安全保障。

水电站大坝表面变形监测初始值的方法探讨

庞友国　曹家印　张振洲

（中水北方勘测设计研究有限责任公司）

摘　要　本文主要阐述了李仙江戈兰滩水电站大坝表面变形监测各种工作基点的布设、大坝变形观测的方法及效果、大坝变形的数据分析过程等，旨在与同行们共同交流探讨变形监测的方法。

关键词　变形监测　精度　临时监测　特制棱镜

1　工程概况

戈兰滩水电站位于云南省普洱市（原思茅市）绿春县与江城县交界的李仙江上，是李仙江干流七个梯级电站的第六级，坝址距红河州绿春县城约 114 km，距江城县约 50 km，上游距甫度水电站约 44 km，下游距土卡河水电站约 27 km。

戈兰滩水电站一期工程主要建筑物包括碾压混凝土重力坝、泄水建筑物、消能防冲建筑物、发电引水建筑物、岸边地面厂房及 GIS 开关站等。

碾压混凝土重力坝轴线采用折线布置，坝顶长 466 m，坝顶高程 458 m，最大坝高 113 m，共分 16 个坝段。泄水建筑物布置在河床中间 9# ~ 12# 坝段，采用 5 个表孔和 2 个底孔上下交错的布置型式，表孔堰顶高程 438 m，孔口尺寸 13 m × 18 m（宽 × 高）；底孔进口高程 395 m，孔口尺寸 4 m × 7 m（宽 × 高）。泄水建筑物下游采用宽尾墩、底流联合消能方式，消力池长 110 m，底宽 84 m，底板顶高程 356 m；消力池尾坎高 8 m，顶高程 364 m。防冲板位于消力池尾坎下游，长 20 m，顶高程 360 m。

2　水平位移监测控制网测量及精度统计

2.1　布网方案

2.1.1　网形情况

水平位移监测控制网分两个层次布设，第一层次是由 4 个基准点组成的基准网，布置在水库压力影响范围以外，作为下一个层次水平位移监测的基准。第二层次为近坝水平位移监测网，分别用以监测坝肩高边坡、厂房后边坡和坝顶的水平位移。基准网布设及实施在这里不再赘述。主要谈谈工作基点网的布设情况。

在已有外部变形监测控制网基础上，增加 2 座工作基点（命名为 LSJC01、LSJC02），LSJC01 位于左岸公路约 30 m，与现闽江局施工控制网点 MJ03 重合，该点是闽江局 2005 年在施工控制网基础上加密的带有强制归心设备的钢筋混凝土观测墩，经过近年施工检验，点位可靠，且该点与现状大坝各坝段均有较好的通视条件，且与 JC01、JC02、JC03、

LSJC02 通视,故利用 MJ03 作临时工作基点之一;LSJC02 位于原 JC01 北东方向约 200 m,闽江局临时营地西北角 4 m,该处基础较好,易于保护,能与现状大坝各坝段均有较好的通视条件,且与原网 JC02、JC03、JC04、LSJC01 均通视,且角度很好。水平位移监测工作基点网网图见图 1。

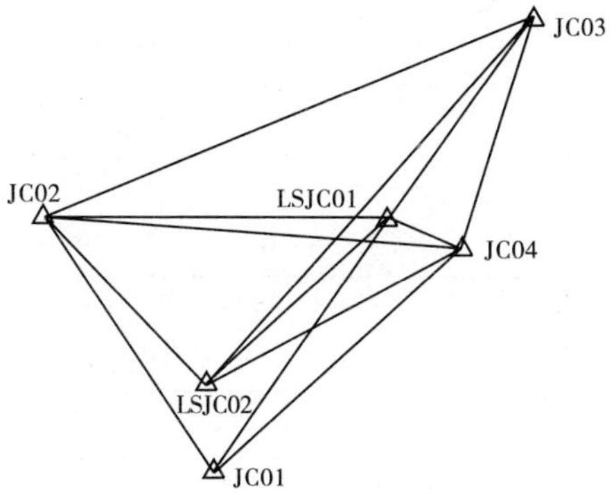

图 1 水平位移监测工作基点网网图

2.1.2 标石埋设

LSJC02 标石规格:顶面 40 cm×40 cm,下底 40 cm×40 cm,柱高为 120 cm,标石顶面应有金属标志中心,标石侧面刻字标注,字大小为 5 cm×5 cm,并着漆描绘。标石埋设于地质坚硬、便于保存、观测有利之处。

2.1.3 网的构成

工作基点网由 JC01、JC02、JC03、JC04、LSJC01、LSJC02 共同组成,构成比较复杂的多边形,图形条件较高,最小边长(JC04 ~ LSJC01)约 116 m,最大边长(JC02 ~ JC03)约 754 m,且不在同一三角形中,既保持与原有工作基点网一致,又对已有工作基点网进行补充。

2.1.4 测量实施

按《混凝土坝安全监测技术规范》(DL/T 5178—2003)要求,选用 LEICA TCA2003 全站仪进行施测,水平角采用全圆观测法观测 12 个测回,在监测网点每点设立测站进行所有方向观测,并量取了测站及方向点的气压、干湿温度。

2.2 精度统计

监测网边长及边长相对中误差统计、三角形闭合差统计、平差后点位精度统计分别见表 1、表 2 和表 3。

表 1 监测网边长及边长相对中误差统计

序号	起点名	终点名	边长	边长相对中误差
1	JC02	LSJC01	487.583 808	1/556 000
2	JC02	JC04	595.807 142	1/666 000
3	JC02	LSJC02	402.971 942	1/433 000
4	JC03	JC04	355.560 515	1/424 000
5	JC03	LSJC01	361.684 298	1/450 000

续表 1

序号	起点名	终点名	边长	边长相对中误差
6	JC03	LSJC02	777.363 790	1/907 000
7	JC04	JC01	484.968 636	1/530 000
8	JC04	LSJC02	460.369 657	1/543 000
9	LSJC01	JC01	449.655 417	1/501 000
10	LSJC01	LSJC02	415.993 320	1/512 000
11	JC01	JC03	811.291 343	1/886 000

表 2　三角形闭合差统计

序号	三角形组成	闭合差(″)	限差(″)	测角中误差(″)
1	JC02、JC03、LSJC01	−0.7	2.5	±0.94
2	JC02、JC03、JC04	−1.2	2.5	
3	JC02、JC03、LSJC02	−1.1	2.5	
4	JC03、JC04、LSJC02	−1.0	2.5	
5	JC03、LSJC01、LSJC02	−0.7	2.5	
6	JC03、JC01、JC04	−0.8	2.5	

表 3　平差后点位精度统计

点名	ΔX(mm)	ΔY(mm)	点位中误差±(mm)
JC01	1.274	1.490	1.960
LSJC01(MJ3)	0.838	0.876	1.212
LSJC02	0.847	1.072	1.366
JC04	0.895	0.913	1.278

3　垂直位移监测网测量

3.1　一等水准基点网

由于已有垂直位移工作基点网可以满足监测使用不再重复建造。既由左岸工作基点组 LJZ06-1、LJZ06-2、LJZ06-3，右岸工作基点组 LJZ07-1、LJZ07-2、LJZ07-3，厂房工作基点组 LJZ05，左岸坝下桥 LJZ03，右岸坝下桥 LJZ04 组成。以 LJZ01-1 为起闭点联测所有基点组的点的闭合水准路线。

3.2　二等水准监测网

以一等水准基准网为基础，联测水平位移监测控制网各监测点，布设二等水准路线。联测了 JC01、JC02、LSJC01、LSJC02 点。

4 大坝监测点的布置及施测

根据实际情况，在坝体上布设形变监测点，以利用工作基点进行监测。

4.1 大坝监测点的布置

4.1.1 已封顶坝段及坝肩监测点布置

已封顶坝段包括：1# ~5#、16#，以距坝顶下游边线30 cm为观测墩下游侧底座边线，在左右坝头与公路交接处各布设一座监测点（BJC01、BJC18），在1# ~5#、16#坝段中部各布设一座监测点（BJC02、BJC03、BJC05、BJC06、BJC17）。

4.1.2 未封顶坝段监测点布置

未封顶坝段包括6# ~15#坝段。以各坝段下游侧立面距现状坝顶0.5 m高程面，各坝段布设一座监测点，有左右闸墩的坝段布设在左侧闸墩下游侧立面上，从左到右点名依次为：BJC07、BJC08、BJC09、BJC10、BJC11、BJC12、BJC13、BJC14、BJC15、BJC16。由于施工的影响BJC16已被破坏，根据实际情况不再重做。

4.2 监测点造埋

4.2.1 已封顶坝段及坝肩监测点造埋

采用普通混凝土带有强制归心设备的四边柱状观测墩，根据现状特点，便于施工，将观测墩地下部分底座除去，改为4 Φ12的垂向插筋，插筋深入坝体1 m，插筋总长2.2 m，同时在坝面上加120 cm×120 cm×20 cm底座。

4.2.2 未封顶坝段监测点造埋

为了便于施工，采用壁挂式安装强制归心设备，并安装专用棱镜。

4.3 临时监测点初始值获取及施测精度

4.3.1 水平位移施测方法

采用Leica TCA2003全站仪位移监测系统进行数据采集和处理，在LSJC01、LSJC02、JC01、JC04分别架站，采用多方向前方交会12测回观测，依次测量大坝所有监测点，分别进行了两次独立观测，把两次独立观测的成果取其中值作为监测点水平位移的初始值。

4.3.2 监测点位精度

监测点位精度统计见表4。

4.3.3 垂直位移施测方法、精度

4.3.3.1 坝顶观测墩

采用一等水准的方法，分别以工作基点LJZ07-1、LJZ06-1为起闭点，组成闭合水准路线。两次独立观测监测点BJC01、BJC02、BJC03、BJC05、BJC06、BJC17、BJC18，结果取两次测量结果中数作为监测点垂直位移的初始值。

4.3.3.2 未封顶区域

用全站仪在LSJC02、LSJC01监测点分别架站，采用三角高程的方法进行交会测量，12测回观测垂直角边长，记录测站及测点两端气压、干湿温度，利用水准高程计算出K值及各项改正，并最终取得两次独立观测结果的均值作为垂直位移的初始值。同时也测量了坝顶观测墩的高程，并与水准高程做了比较。

表 4　监测点位精度统计　（单位：mm）

点名	ΔX	ΔY	点位中误差
BJC01	0.12	0.28	±0.30
BJC02	0.34	0.19	±0.39
BJC03	0.22	0.21	±0.30
BJC05	0.31	0.12	±0.33
BJC06	0.22	0.34	±0.40
BJC08	0.19	0.28	±0.34
BJC09	0.33	0.38	±0.50
BJC10	0.12	0.25	±0.28
BJC11	0.14	0.19	±0.24
BJC12	0.27	0.27	±0.38
BJC13	0.36	0.15	±0.39
BJC14	0.16	0.23	±0.28
BJC15	0.15	0.32	±0.35
BJC17	0.24	0.11	±0.26

4.3.3.3　高程及精度

监测点水准精度统计见表 5，三角高程与水准高程比较见表 6，三角高程精度统计见表 7、表 8。

表 5　监测点水准精度统计

点名	高程中误差(mm)	备注
BJC01	±0.07	观测墩
BJC02	±0.07	观测墩
BJC03	±0.07	观测墩
BJC05	±0.07	观测墩
BJC06	±0.07	观测墩
BJC17	±0.07	观测墩
BJC18	±0.07	观测墩

表 6　三角高程与水准高程比较

点名	三角高程(m)	水准高程(m)	高程差值(mm)	高程中误差(mm)
BJC17	458.316 4	458.316 0	0.35	±1.1
BJC6	459.365 6	459.367 0	−1.4	
BJC5	459.367 2	459.368 7	−1.55	
BJC3	459.396 9	459.395 7	1.2	
BJC2	459.186 2	459.184 9	1.25	
BJC1	459.322 6	459.322 9	−0.3	

注：由于在观测过程中 BJC18 点被坝上物体遮挡，没有参与三角高程观测。

表 7　三角高程精度统计(第一次独立观测)

点名	近似高程(m)	平差高程(m)	高程中误差(mm)
BJC15	439.786 1	439.791 9	±1.83
BJC14	439.7539	439.753 9	±3.43
BJC13	435.226 3	435.224 7	±1.50
BJC12	434.708 4	434.711 2	±1.30
BJC11	434.674 9	434.679 7	±1.16
BJC10	433.281 1	433.282 5	±0.95
BJC09	435.506 1	435.504 4	±0.93
BJC08	435.397 0	435.398 1	±0.83
BJC07	435.483 4	435.483 4	±3.96

表 8　三角高程精度统计(第二次独立观测)

点名	近似高程(m)	平差高程(m)	高程中误差(mm)
BJC15	439.782 6	439.789 6	±2.60
BJC14	439.750 3	439.750 3	±4.86
BJC13	435.223 5	435.225 1	±2.13
BJC12	434.706 8	434.710 5	±1.85
BJC11	434.673 0	434.679 9	±1.65
BJC09	435.504 7	435.505 2	±1.33
BJC08	435.393 7	435.398 2	±1.18
BJC10	433.280 4	433.284 9	±1.36

5　大坝变形观测数据初始值的分析处理

大坝变形监测的目的是为了监测大坝运行的安全性,比较大坝的变形情况,为管理部门提供各种监测数据和监测结论,所以对监测数据初始值的分析处理是大坝变形观测的重要环节,为变形提供重要的数据依据。

5.1　水平位移数据的分析

使用 Leica TCA2003 全站仪进行观测,并充分考虑了气压、干温、湿温,并通过仪器各种改正计算,理想地求得了观测过程中的 K 系数。工作基点网网点最大点位中误差为 ±1.96 mm。通过两次对监测点的观测,监测点点位中误差最大为 ±0.50 mm,观测精度很高,把两次坐标的平均值作为大坝变形监测的初始值。

5.2　垂直位移数据的分析

此次的变形监测涉及了临时监测,与以往的大坝建成后观测还不一样,临时监测部分采用了特制的棱镜作为监测目标,在以前的工作中还没遇到过,可以说是一种新的尝试。我们通过已封顶坝段的三角高程数据与水准数据对比可以看出,通过各种改正后的三角高程测量的数据是可靠的,由于未封顶区域与封顶区域监测点所处环境一样,及在相同条件下同时观测,同样实用于未封顶监测点。由此延伸有个想法,在所处环境相同及观测条件一致的情况下,所有变形点高程是否可以用三角高程取代,通过严密地对距离修正及取得了观测过程中的 *K* 系数,我们通过实例证明了这一想法,并应用到了实际工作中。

6 结 语

戈兰滩水电站大坝变形监测,自监测系统建立以来,水平位移和垂直位移的观测方法正确,所提供的监测初始值可靠,采取的临时监测方法值得推荐。观测位移时完全采用测量机器人自动化的处理,大大缩短了工作周期,提高了工作效率,认为此测量的方法可以在大坝变形监测或其他建筑物的变形监测中应用。目前各种建筑物的变形监测项目较多,但测量方法、数据分析处理方式各不相同,本文旨在交流探讨变形监测和数据处理的方法以共同提高变形监测的效率和技术含量。

高速公路桥头沉降监测

朱明新 吴 越 杜桂英

（中水北方勘测设计研究有限责任公司）

摘 要 在迅速发展的高速公路建设中，经常会遇到一些技术难题，如软基地段的桥头跳车问题、高填土路堤的边坡稳定问题、寒冷地区的路基冻胀问题等。这些问题不仅影响公路的正常通行，加大公路的维修费用，同时大大降低运营服务质量，甚至造成行车事故，危及人身安全。提高公路工程质量，攻克技术难关，必须依靠科技进步，采用先进技术，包括新材料的应用。EPC路堤在高速公路桥头沉降部位的应用就是新材料、新工艺的应用。

关键词 沉降监测 EPC块 抗压强度 超载预压

1 工程背景

沿海高速公路唐山段公路路基宽度为28 m，按双向四车道设计，设计时速120 km/h。沿线绝大多数路段属软土地基，中心桩号为K149 + 023的中桥桥头路段平均填土高度5.3 m，设计纵坡为0.581%；其地基土层为地表厚12.6 m的淤泥质亚黏土；中部为厚4.5 m的亚黏土和厚3.3 m的黏土；下部为厚大于10 m的亚黏土。地基处理方案为：桥头相邻30 m范围采用排水板 + 清淤换填0.5 m砂砾 + 砂垫层 + 土工格栅 + 搅拌桩。

2 EPS路堤设计

2.1 EPS路堤的特点

EPS是发泡聚苯乙烯（Expanded Polystyrene）的简称，其工艺是采用聚苯乙烯树脂加入发泡剂，同时进行加热软化，产生气体的发泡树脂，亦称泡沫塑料。EPS材料具有超轻的特点，其密度仅为普通填料的1/60～1/100，具有一定的耐压缩性、耐水性；同时EPS是一种化学稳定性较强的高分子合成材料，耐腐蚀、耐微生物、耐气候的影响；EPS块体具有自立性，侧向变形很小，可以大大减轻或消除对桥台的侧向压力。EPS路堤的施工性质特别好，简单、快速、无需大型施工机械，施工方便，工期很短。

2.2 EPS路堤的布置设计

EPS作为一种超轻质填料，应用在桥头路堤，大大降低了路堤荷载，使得路堤的沉降有效降低，能较好地解决桥路之间的差异沉降问题。根据EPS路堤的沉降变形、整体稳定性，对桥台基础的侧向位移及EPS的抗压强度和弹性模量等，将EPS块体铺设成台梯状，从桥台开始以多层逐渐递减，过渡到一般路基。桥梁结构一般不考虑沉降，而EPS路堤除了考虑本身的压缩沉降，还考虑了软土地基的沉降。为了更好地解决桥路之间的沉降过渡问题以及保护EPS块体，需要在桥台部位保留原尺寸的搭板。

根据对 EPS 路堤地基的沉降计算、稳定性验算、顶面荷载及 EPS 强度等应力验算、抗浮验算等，K146 +023 桥头 EPS 块从桥头 5 层逐渐过渡到 1 层，并在底部填筑部分粉煤灰。EPS 顶面采用 15 cm 厚的现浇钢筋混凝土板加以保护，混凝土板顶面设 60 cm 厚的普通宕渣填料，路面结构按原施工图。

EPS 采用阻燃型材料，标准块尺寸为 600 cm × 125 cm × 52 cm，抗压强度大于 100 kPa，密度大于 23.0 kg/m^3。

粉煤灰应采用电厂排放的硅铝型低钙粉煤灰，其烧失量宜小于 20%。粉煤灰底部设 20 cm 厚的二灰，顶面设 20 cm 厚的石灰土，EPS 外侧顶面设 30 cm 厚的石灰土，二灰和石灰土的技术参数同粉煤灰路堤。

爪型紧固联结件采用 1.0 mm A3 镀锌钢板加工而成，L 形销钉采用 Ⅰ 级钢筋加工而成。盲沟中采用的无纺土工布克重不小于 300 g/m^2，撕裂强度大于 350 N。现浇混凝土板顶面的 40 ~ 60 cm 宕渣整平层，其最大粒径不大于 10 cm，最小强度 CBR 值≥8，压实度≥96%。

2.3　EPS 铺筑前的超载预压

为了消除路面荷载的施工沉降、确保工程质量，更好地解决工后沉降问题，先在 EPS 铺筑前，清淤换填 50 cm 砂砾垫层，打设塑料排水板、铺筑 50 cm 砂垫层、铺设土工格栅、铺筑 20 cm 二灰土并按台阶填筑粉煤灰，填筑 3 m 厚的素土进行超载预压，预压时间大于 5 个月，卸载后再铺设 30 cm 石灰土封层、铺筑 EPS。

2.4　EPS 路堤主要工程材料数量

（1）EPS 块 1 171.9 m^3。

（2）现浇钢筋混凝土板 84 m^3。

（3）粉煤灰 2 162 m^3。

（4）预压土 3 590 m^3。

3　材料的检测

（1）EPS 块材料必须满足设计要求的抗压强度、密度及阻燃性。

（2）抗压强度采用无侧向约束的压缩仪器确定，试件尺寸采用 50 cm × 50 cm × 50 cm（试件形状尺寸容许误差 ±1 mm），压缩试验速度为 5 mm/min，当试块压缩变形 5% 时，要求平均最小抗压强度达 100 kN/m^2 以上，单个测试件不应小于 80 kN/m^2。

（3）试件须用电热丝进行切割，EPS 块体出模后至少 24 h 才能切割，以免过分地收缩、膨胀或畸变。要求在干燥的条件下进行试验，在压缩试验前须把试件放入 60 ℃ 烘箱里烘 24 h，使其干燥。

（4）试件取样，在一个 EPS 块体上，从块体的角隅和侧边上画线取出三个柱体，其尺寸为 100 mm × 100 mm 块体高度。再从三个柱体上分别在中间和端部取出两个试件，即每个块体 6 个试件，其尺寸为 50 mm × 50 mm × 50 mm。

（5）EPS 块体的密度测定，其试件尺寸为 100 mm × 100 mm × 50 mm。测定前将试件放在 60 ℃ 烘箱内烘干 24 h，其密度不小于 23.0 kg/m^3。

（6）EPS 材料阻燃性试验，试件尺寸采用 10 mm × 25 mm × 100 mm。试验方法采用火柴点燃,在除去火源以后3 s之内自行熄灭,作为燃烧时的自灭性指标。

(7)对EPS块体要求有一致的几何尺寸和平整的表面。因此,要求以丈量精度达1 mm的卷尺,分别在长、宽、高测量4点、6点、4点求其平均值。测量单位为mm。其形状尺寸的容许误差如表1所示。

表1 EPS标准块件尺寸及允许误差 (单位:mm)

项目	标准	误差	测量方法
长度	6 000	±20	卷尺法
宽度	1 250	±10	
厚度	520	±5	

在标准块件上切割后的零星块体尺寸,测得的长、宽、高其最大容许偏差±1%,长、宽、高的最小尺寸为0.520 m。

(8)砂层应采用中、粗砂,有机质含量不大于1%,含泥量不大于3%。

(9)施工时对EPS块体的形状尺寸、密度、抗压强度和燃烧值的质量检验,必须进行抽样检查,其管理频度如表2所示。

表2 质量管理频度

EPS施工量 $V(m^3)$	试验块件
$V<2\ 000$	2
$2\ 000 \leqslant V<5\ 000$	3
$5\ 000 \leqslant V<10\ 000$	4
10 000以上	每2 000 m^3一块

4 工艺要求

(1)在施工高度的调整部、曲线部及与构造的接触部有可能加工成所需的尺寸,应在运输前在厂家按要求尺寸先割好块件。确需在工地加工的,必须用电热丝进行切割。

(2)施工基面铺设,从路基横向两侧向中间摊铺,厚度均匀一致,表面平整,用6 m直尺控制垫层平整度,砂层顶部容许误差±10 mm。

(3)EPS材料堆放,考虑防大风吹走、防火、防紫外线照射等措施,同时防止雨水滞留,防止有机溶剂或石油类油剂的侵蚀。

(4)EPS块件铺设时,禁止拖拉机及其他重型机械直接在EPS块上行驶。块体要错缝设置,块体间的缝隙及高差应小于20 mm及10 mm。块体间产生高低差,用无收缩水泥砂浆调平,当曲线部缝隙大于容许误差时,要用砂、无收缩水泥砂浆或轻骨料填塞。

(5)为使EPS块体间相互固定,设置有金属联结件,EPS块各层间采用双面爪形联结件。底层EPS块用L形销钉固定于施工基面,边铺设边联结。

(6)现浇混凝土浇筑,可用泵送或手推车运送混凝土,铺浇后用平板振动器捣实后抹平。混凝土横缝间隔为10 m,其缝宽为10 mm,采用沥青透杉木条嵌缝。

(7)EPS 路堤两侧需要防渗土工布包裹及覆土护坡,其主要目的:

①防止有害物质及水侵入、火灾、紫外线辐射及啮齿动物的损害。

②对 EPS 块有重压作用。

③作为护坡面植生的基础。

防渗土工布要求埋入 EPS 块体底和 15 cm 混凝土板底不小于 2 m,施工时要求分段从底部反折包裹上来并逐层夯实路肩土。防渗土工布采用机织土工布,要求渗透系数小于 10^{-10} cm/s,搭接处用热沥青或防水胶布密封处理,密封宽度 3 ~ 5 m 为宜。两侧覆土最小垂直厚度不小于 0. 25 m,覆土采用细粒料进行填筑,最大粒径不大于 8 cm。必须进行充分夯实。

(8)现浇混凝土板顶面的 40 ~ 60 cm 宕渣整平层,路面底基层、基层施工时,应考虑压实方式,避免采用强振幅的压路机进行碾压,避免损坏现浇混凝土板。

5 沉降监测

按施工阶段分三个阶段进行沉降监测,在 EPS 块体施工段内,分别设置三个监测点。

(1)加载预压期间观测数据见表 1。

表 1 加载预压期间观测数据

序号	观测日期 2007 年		观测点标高(m)		
	月	日	K148 +976	K148 +986	K148 +996
1	1	30	3. 471	3. 225	3. 293
2	2	4	3. 468	3. 224	3. 287
3	2	9	3. 466	3. 223	3. 284
4	2	14	3. 463	3. 221	3. 283
5	3	19	3. 460	3. 219	3. 283
6	3	23	3. 458	3. 216	3. 280
7	3	29	3. 457	3. 214	3. 278
8	4	3	3. 456	3. 212	3. 277
9	4	8	3. 453	3. 207	3. 275
10	4	14	3. 447	3. 203	3. 272
11	4	20	3. 447	3. 202	3. 267
12	4	28	3. 440	3. 195	3. 264
13	5	6	3. 434	3. 190	3. 262
14	5	13	3. 430	3. 189	3. 261
15	5	18	3. 428	3. 187	3. 261
16	5	20	3. 427	3. 186	3. 26
17	5	24	3. 425	3. 185	3. 26
18	5	29	3. 426	3. 185	3. 259
19	6	3	3. 425	3. 185	3. 257
20	6	10	3. 424	3. 184	3. 256
累计			0. 047	0. 041	0. 037

(2)EPS 块体及路面施工沉降监测见表 2。

表 2 EPS 块体及路面施工沉降监测

序号	观测日期 2007 年		观测点标高(m)		
	月	日	K148 +976	K148 +986	K148 +996
1	7	20	5. 514	5. 511	5. 823
2	7	28	5. 509	5. 506	5. 817
3	8	18	5. 508	5. 492	5. 813
4	9	9	5. 503	5. 486	5. 808
5	10	6	5. 485	5. 481	5. 878
6	10	26	5. 476	5. 478	5. 874
7	11	8	5. 471	5. 475	5. 870
8	11	23	5. 468	5. 473	5. 868
9	12	7	5. 466	5. 472	5. 867
10	12	20	5. 466	5. 471	5. 866
累计			0. 048	0. 040	0. 043

(3)高速公路通车后沉降监测见表 3。

表 3 高速公路通车后沉降监测

序号	观测日期 2008 年		观测点标高(m)		
	月	日	K148 +976	K148 +986	K148 +996
1	1	16	5. 460	5. 470	5. 864
2	2	18	5. 459	5. 468	5. 863
3	3	14	5. 455	5. 465	5. 861
4	4	12	5. 454	5. 463	5. 860
5	5	10	5. 452	5. 461	5. 858
6	6	28	5. 447	5. 457	5. 854
7	8	2	5. 445	5. 455	5. 851
8	10	2	5. 444	5. 454	5. 847
9	11	30	5. 443	5. 452	5. 844
累计			0. 017	0. 018	0. 020

根据实际监测数据分析可知,高速公路通车后,沉降量小于传统桥头沉降量,安全可靠。

6　结　语

（1）新材料 EPS 块严格按照新工艺设计施工，完全满足高速公路桥头沉降要求。

（2）桥头路基底部，通过超载预压，亦满足要求。

参 考 文 献

[1] 中国有色金属工业总公司. GB 50026—93　工程测量规范[S]. 北京：中国计划出版社，2001.

[2] 交通部公路司. JTG B01—2003　公路工程技术标准[S]. 北京：人民交通出版社，2004.

[3] 中交第二公路勘察设计研究院. JTJ D30—2004　公路路基设计规范[S]. 北京：人民交通出版社，2004.

高速铁路路基沉降监测方法研究

庞友国　余宣兴　任建文

（中水北方勘测设计研究有限责任公司）

摘　要　在现代高速铁路建设中，路基是高速铁路建设工程的重要组成部分，主要功能是为高速列车提供平顺、稳定的路基上线路，以确保运营的安全和旅客乘坐的舒适，由于速度大幅提高，高速列车对路基结构的动力作用远大于普通铁路路基，据实际经验看路基在整个高速铁路施工中沉降最大。因此，对高速铁路路基沉降监测提出了更高的要求，其最大的特点是：高精度。在线下工程沉降监测之前要对施工单位提出具体要求和实测方法，充分做到事先控制，是非常必要的。本文结合路基沉降观测的情况，对沉降观测的方法进行了研究，仅供参考。

关键词　高速铁路　路基沉降监测　方法研究

1　沉降监测重要性概述

随着我国高速铁路的飞速发展，在施工过程中和铁路运营阶段对线下工程沉降变形监测的要求越来越严格，精度越来越高。为了保证路基的正常使用寿命和安全性，以及高速铁路的安全运营，并为以后的铁路勘察设计施工提供可靠的资料及相应的沉降参数，路基沉降观测的必要性和重要性愈加明显，要求用高精度的检测手段对建筑物进行监测，应用高精度的检测手段加强过程监控，指导合理的施工工序，预防在施工过程中出现不均匀沉降，及时反馈信息，为建设单位、评估单位、勘察设计施工部门提供详尽的一手资料，避免因沉降原因造成路基主体结构的破坏或产生影响结构使用功能的裂缝，造成巨大的经济损失。本文结合路基沉降观测的情况，对路基沉降观测的方法进行了初步研究。

2　沉降变形测量的实施

2.1　测量工作基本要求

高速铁路路基沉降变形观测工作以路基的垂直位移观测为主，高速铁路工程测量的高程系统采用1985国家高程基准。结构物的变形监测应建立独立的变形监测网，基准点充分利用设计单位交桩二等水准基点，并建立工作基点。根据首级控制网的分布情况，沉降变形监测网加密点至少应与本工程首级高程网两个二等水准基点联测，且使用时应做稳定性检测，一般情况下，加密点（或工作基点）稳定性检测至少半年检测一次，存在区域沉降问题的区段，每季度进行1次或根据需要加密检测周期。在区域沉降地区内，应对工作基点的沉降量进行监测，如果在两次复测期间，发现工作基点变形超出2倍中误差应及时上报监理、建设单位和评估单位，并提交观测资料。经核实后应对工作基点和变形监测点的各期实测高程进行修正。无论是变形监测网观测还是建筑物沉降点观测，观测前对所使用的仪器和设备按规范要求应进行检验校正，保留检验记录，并应符合下列要求：

①严格按国家水准测量规范的要求施测，观测应进行往返观测，经严密平差处理后的高程值作为变形测量值。②实行"五固定"即"固定水准基点、工作基点，固定人，固定测量仪器，固定监测环境条件，固定测量路线和方法"，以提高观测数据的准确性。水准观测路线示意图见图1。

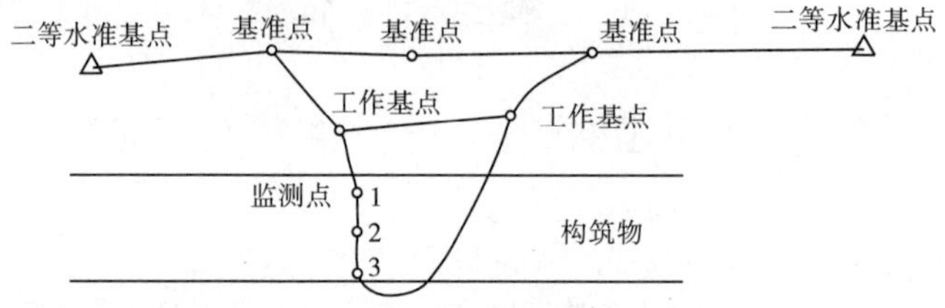

图1　水准观测路线示意图

2.2　测量等级及精度要求

2.2.1　监测网精度等级要求

沉降观测网包括加密点（工作基点），按国家二等水准要求观测，主要技术指标如下：

(1)按暂行规定二等水准测量的技术要求施测。仪器：DSZ_{05}、DS_{05}、DS_1 等同等级仪器，作业过程中，水准仪、水准尺按《国家一、二等水准规范》(GB/T 12897—2006)要求，进行外业检测，并每年送国家法定专业计量单位鉴定1次。

(2)各项限差见表1、表2。

表1　　（单位：m）

等级	仪器类型	视线长度		前后视距差		任一测站上前后视距差累积		视线高度		数字水准仪重复测量次数
		光学	数字	光学	数字	光学	数字	光学	数字	
二	DSZ_1、DS_1	≤50	≥3 且≤50	≤1.0	≤1.5	≤3.0	≤6.0	≥0.3	≤2.80 且≥0.55	≥2 次

表2　　（单位：mm）

等级	每千米水准测量偶然中误差	每千米水准测量全中误差	测段、区段、路线往返测高差不符值	附合路线或环线闭合差	检测已测高差较差
二	1.0	2.0	$4\sqrt{L}$	$4\sqrt{L}$	$6\sqrt{L}$

2.2.2　沉降监测点的主要精度要求

(1)按国家一等水准测量的技术要求施测。仪器：DSZ_{05}、DS_{05}。

(2)各项限差及精度指标见表3、表4。

表3　　（单位：m）

等级	仪器类型	视线长度		前后视距差		任一测站上前后视距差累积		视线高度		数字水准仪重复测量次数
		光学	数字	光学	数字	光学	数字	光学	数字	
一	DSZ_{05}、DS_{05}	≤30	≥4 且≤30	≤0.5	≤1.0	≤1.5	≤3.0	≥0.5	≤2.80 且≥0.65	≥3 次

注：视线高度为视线距地面的高度。

表 4 （单位：mm）

等级	每千米水准测量偶然中误差	每千米水准测量全中误差	测段、区段、路线往返测高差不符值	环闭合差	检测已测高差较差
一	0.45	1.0	$1.8\sqrt{L}$	$2\sqrt{L}$	$3\sqrt{L}$

2.3 沉降变形测量点的布置要求

（1）基准点。要求建立在沉降变形区以外的稳定地区，利用设计提供的沿线二等水准基点；特殊情况下建立独立网时，每个独立的监测网应设置不少于3个稳固可靠的基准点，必须确定与交接工程部位其他高程系统之间的换算关系，或所建独立网必须与设计提供的沿线二等水准基点进行联测。

（2）工作基点。要求埋设在稳定区域，条件合适时，直接以二等水准网基准点为工作基点。观测条件不满足要求或不方便时，按照国家二等水准测量的技术要求进一步加密水准基点或设置工作基点至满足工作基点垂直位移监测需要。加密后的工作基点间距200 m左右，当布点难以满足稳定要求时，间距可适当放宽，可为300～500 m。

（3）监测点。直接埋设在要测定的沉降变形体上。点位应设立在能反映沉降变形体沉降变形的特征部位，不但要求设置牢固，便于观测，还要求形式美观，结构合理，且不破坏沉降变形体的外观和使用。沉降变形点设置按设计图布点要求进行。

3 路基沉降变形观测技术要求

3.1 观测断面及观测点的设置原则

路基沉降变形观测以路基面沉降观测和地基沉降观测为主，应根据不同的结构部位、填方高度、地基条件、堆载预压等具体情况来设置沉降变形观测断面。同时应根据施工过程中掌握的地形、地质变化情况调整或增设观测断面。

3.1.1 观测断面设置要求

沿线路方向的间距一般不大于50 m，对地势平坦且地基条件均匀良好的路堑、填方高度小于5 m且地基条件均匀良好的路堤可放宽到100 m。对地形、地质条件变化较大地段应加密断面，一般间距不大于25 m，在变化点附近应设观测断面，以确保能够反映真实差异沉降。一个沉降观测单元（连续路基沉降观测区段为一单元）应不少于2个观测断面。根据本标段的特点，堆载预压路堤地段采用Ⅰ、Ⅲ型监测断面，一般每间隔3个Ⅰ型监测断面设置一个Ⅲ型监测断面；路堑堆载预压地段，采用Ⅴ型监测断面，路堑非预压地段，采用Ⅵ型监测断面。

3.1.2 监测点设置要求

为有利于测点看护，集中观测，统一观测频率，各观测项目数据的综合分析，各部位观测点须设在同一横断面上。一般路堤地段观测断面包括沉降观测桩和沉降板，Ⅰ型监测断面沉降观测桩每断面设置5个，施工完基床底层后，预压土填筑前，距左、右线中心两侧各4.7 m处于基床底层顶面埋设2个沉降监测桩，其余3个于基床表层施工完成后，埋设于双线路基中心及距左、右线中心两侧各3.3 m处或距两侧路肩1 m处的基床表层顶面上埋设2个沉降监测桩；沉降板每断面设置1个，布置于双线路基中心。Ⅲ型监测断面一般包括剖面沉降管、沉降观测桩、沉降板。沉降观测桩每断面设置 3 个，布置于双线路基中心及距左、右线中心两侧各 3.3 m 处或距两侧路肩 1 m 处的基床表层顶面上；沉降板位于双线路基中心，剖面沉降管位于基底。Ⅴ型监测断面一般包括沉降观测桩、沉降板。沉降观测桩每断面设置 3 个，布置于双线路基中心及距左、右线中心两侧各 3.3 m 处或距两侧路肩 1 m 处的基床表层顶面上；沉降板位于双线路基中心，底板至于基床底层顶面。Ⅵ型监测断面只有 3 个沉降观测桩，布置于双线路基中心及距左、右线中心两侧各 3.3 m 处或距两侧路肩 1 m 处的基床表层顶面上。监测点设置要求见图 2。

3.1.3 路基水准路线观测要求

路基水准路线观测按国家一等水准测量精度要求（二等平差）形成附合水准路线，沉降观测点位布设及水准路线观测示意图如图 3 所示。

3.2 观测元件与埋设技术要求

3.2.1 沉降观测桩

选择 ϕ20 不锈钢棒，顶部磨圆并刻画十字线，底部焊接弯钩，待基床表层级配碎石施工完成后，在观测断面上通过测量埋置在设计位置，埋置深度不小于 0.3 m，桩周 0.15 m 用 C15 混凝土浇筑固定，完成埋设后测量桩顶标高作为初始读数。路基沉降观测桩埋设图如图 4 所示。

3.2.2 沉降板

应严格按设计要求进行埋设，一般情况如下：由底板、金属测杆（ϕ40 镀锌铁管）及保护套管（ϕ75 PVC 管）组成。钢底板尺寸为 500 mm（长）×500 mm（宽），厚 16 mm。如图 5 所示。

（1）沉降板埋设位置处可垫 10 cm 砂垫层找平，埋设时确保底板的水平与垂直度，确保测杆与地面垂直。

（2）放好沉降板后，回填一定厚度的垫层，再套上保护套管，保护套管略低于沉降板测杆，上口加盖封住管口，并在其周围填筑相应填料稳定套管，完成沉降板的埋设工作。

（3）按二等水准标准测量埋设就位的沉降板测杆杆顶标高读数作为初始读数，随着路基填筑施工逐渐接高沉降板测杆和保护套管，每次接长高度以 0.5 m 为宜，接长前后测量杆顶标高变化量确定接高量。金属测杆用螺丝套扣连接，保护套管用 PVC 管外接头连接，内外加设保护盖。

（4）接长套管时应确保垂直，避免机械施工等因素导致套管倾斜。

3.2.3 剖面沉降管

（1）采用专用高强度的外径 d_1 为 70 mm、内径 d_2 为 60 mm、壁厚 5 mm 的 PVC 塑料横剖管，其抗弯刚度≤2 mm/(4 m)、抗压强度≥0.3 MPa，以适应被测土体的竖向位移要求，导管内十字导槽应顺直，其中一导槽应铅垂，管端接口密合。剖面沉降测量是将剖面沉降仪探头卡在剖面沉降管十字导槽内，从一端按一定间距依次读数。如图 6 所示。

（2）路基基底剖面沉降管在地基加固施工完毕后，填土至 0.6 m 高度碾压密实后开槽埋设，开槽宽度 20～30 cm，开槽深度至地基加固表层顶面，槽底回填 0.2 m 厚的中粗砂，在槽内敷设沉降管（沉降管内穿入用于拉动测头的镀锌钢丝绳），其上夯填中粗砂至与碾压面平齐。沉降管埋设位置挡土墙处应预留孔洞。沉降管敷设完成后，在两头设置

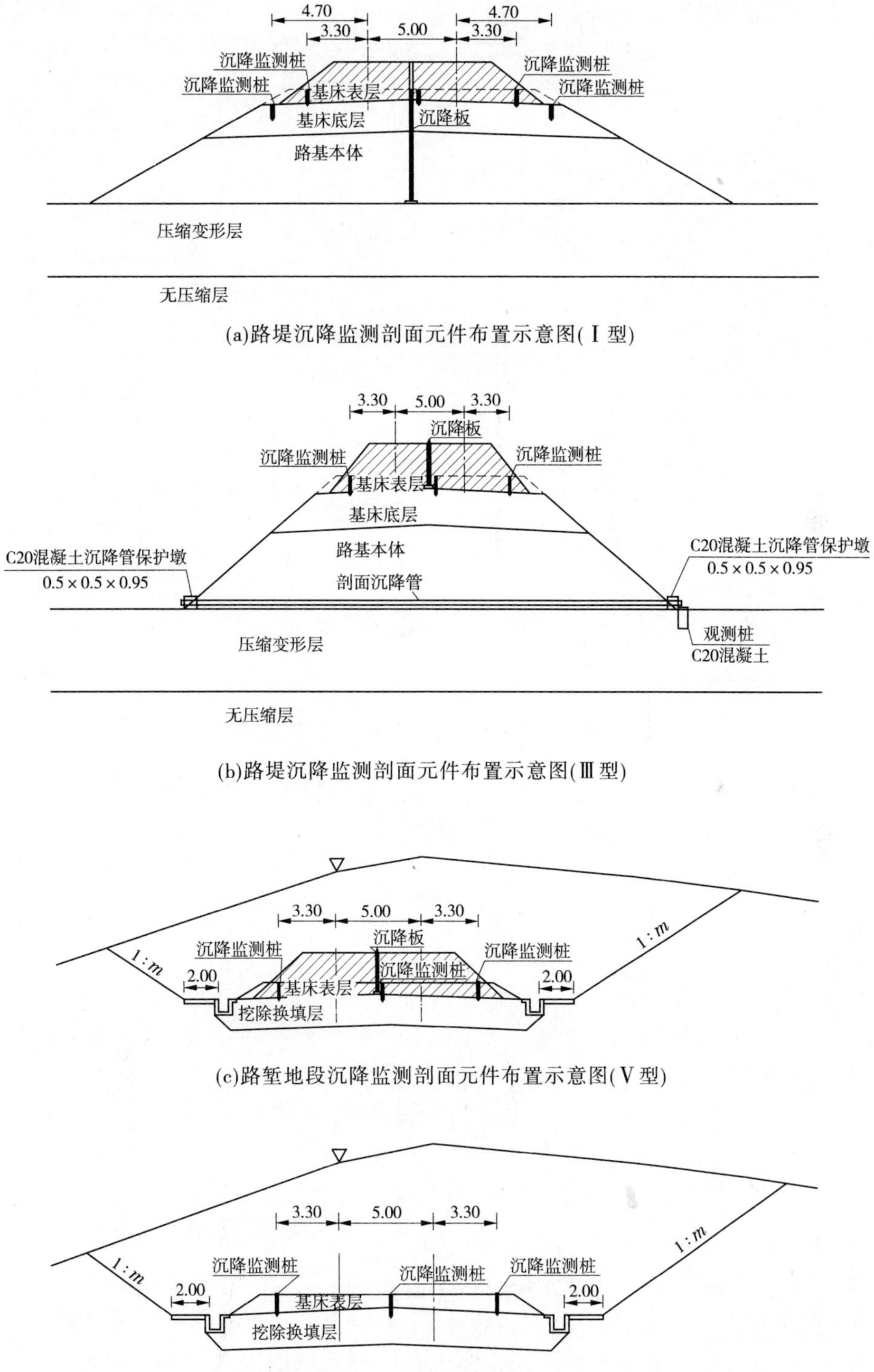

(a)路堤沉降监测剖面元件布置示意图(Ⅰ型)

(b)路堤沉降监测剖面元件布置示意图(Ⅲ型)

(c)路堑地段沉降监测剖面元件布置示意图(Ⅴ型)

(d)路堑地段沉降监测剖面元件布置示意图(Ⅵ型)

图2 沉降监测点设置图 (单位:m)

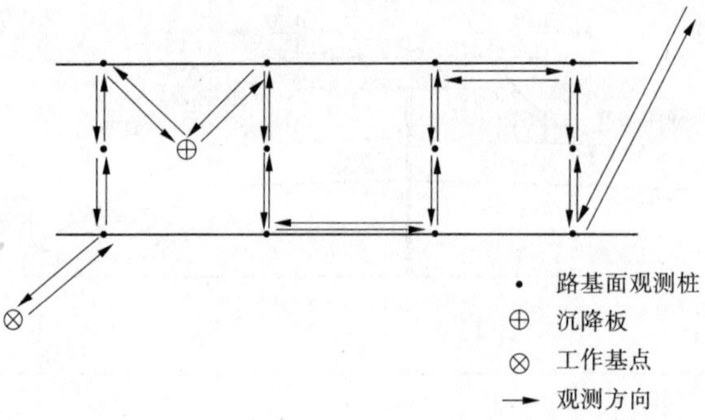

图 3　沉降观测点位布设及水准路线观测示意图

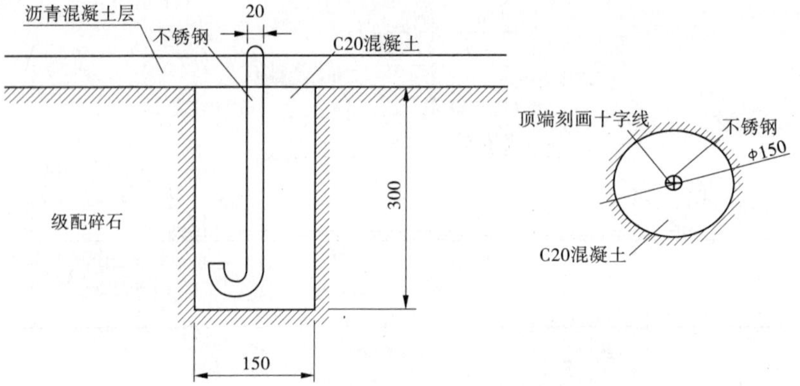

(a)路基面沉降监测桩剖面图　　(b)路基面沉降监测桩平面图

图 4　路基沉降观测桩埋设图　(单位:mm)

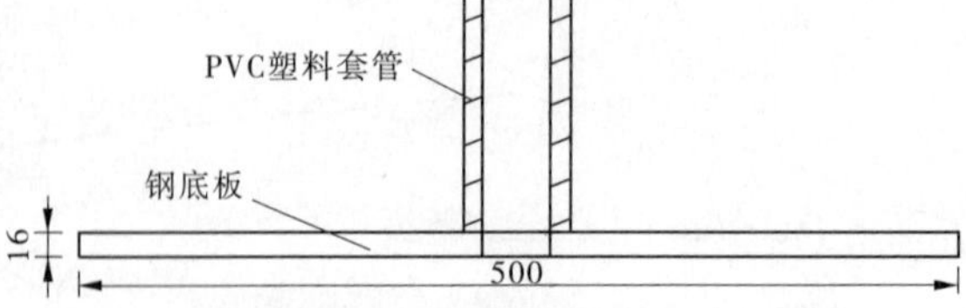

图 5　路基沉降板埋设布置图　(单位:mm)

0.95 m(长)×0.5 m(宽)×0.5 m(高)C20 素混凝土保护墩见图 7(a)甲型正面图,并于一侧管口处设置观测桩,观测桩采用 C20 素混凝土灌注,断面采用 0.5 m(长)×0.5 m(宽)×1.6 m(高),并在桩顶预埋半圆形不锈钢耐磨测头见图 7(b)乙型正面图,并加设盖板,以方便观测及对孔口进行长期保护,并做好坑内及其周围的排水见图 7(c)保护盒平面图。待上部一层填料压实稳定后,连续观测一周,取稳定读数作为初始读数。

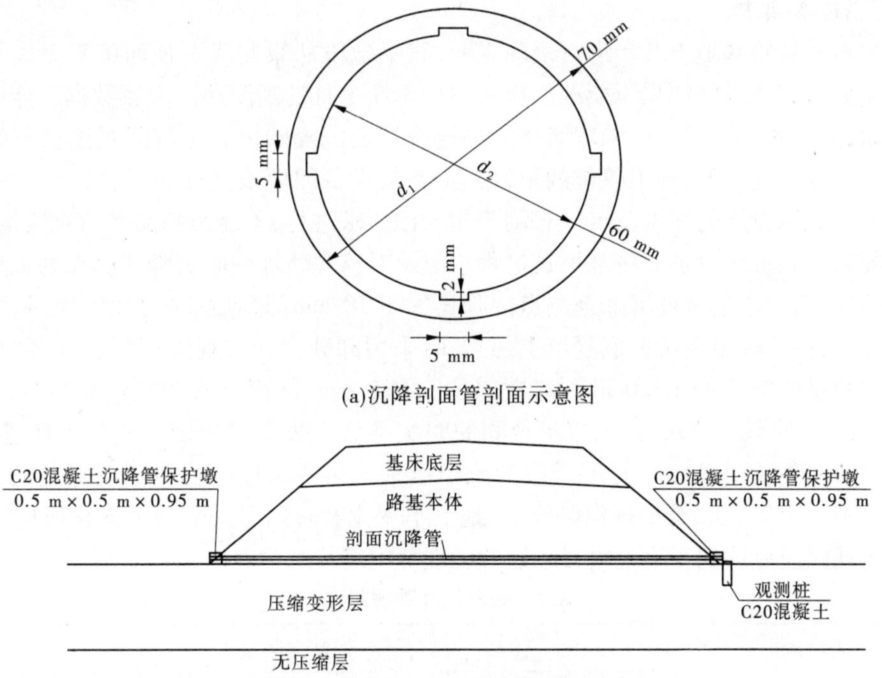

(a)沉降剖面管剖面示意图

(b)路基剖面沉降管埋设平面图

图6　路基剖面沉降管埋设布置图

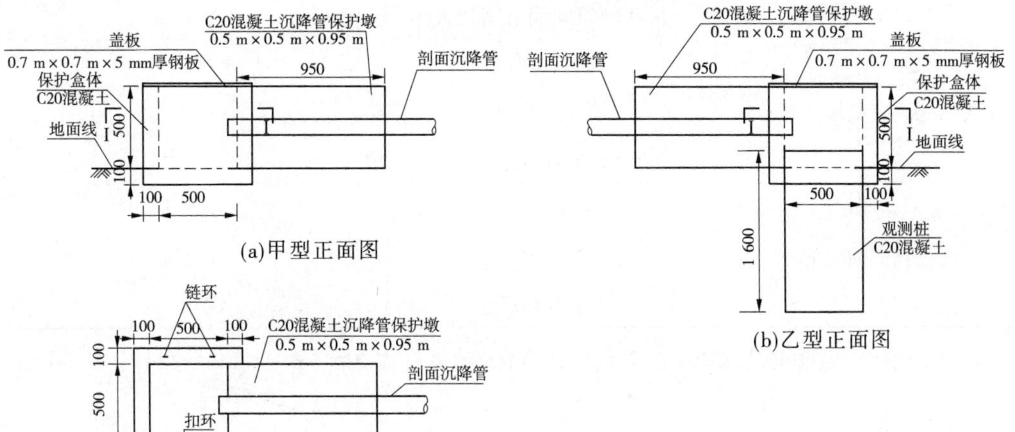

(a)甲型正面图

(b)乙型正面图

(c)保护盒平面图

图7　路基剖面沉降管埋设布置图　(单位:mm)

(3)采用横剖仪和电子水准仪进行横剖面沉降观测。每次观测时,首先用水准仪按二等水准精度测出横剖面管一侧的观测桩顶高程,再把横剖仪放置于观测桩顶测量初值,然后将横剖仪放入横剖管内测量各测点,每0.5 m测量一点。待一端测量完毕后,再从另一端测量一遍,数据记录表格以剖面仪处理软件表格一致(注意:测量前预先用预通器预通一遍,以免在测量时损坏横剖仪)。

3.3 观测技术要求

路堤地段从路基填土开始进行沉降观测,路堑地段从级配碎石顶面施工完成开始观测。路基填筑完成或施加预压荷载后应有不少于6个月的观测期。观测数据不能满足设计要求时,应延长观测时间或采取必要的加速或控制沉降的措施。沉降观测设备的埋设是在施工过程中进行的,施工单位的填筑施工要与设备的埋设做好协调,做到互不干扰、互不影响。观测设施的埋设及沉降观测工作应按要求进行,不能影响路基填筑质量;路基施工不能影响到观测设备。路基填筑过程中应及时整理路堤中心沉降观测点的沉降与边桩的位移量,当中心地基处沉降观测点沉降量大于10 mm/d,应及时通知监理,并要求停止填筑施工,待沉降稳定后再恢复填土,必要时采用卸载措施。观测精度要求:路基沉降观测水准测量的精度为 ±1.0 mm,读数取位至0.1 mm;剖面沉降观测的精度应不低于8 mm/30 m;观测频次要求:路基沉降观测的频次不低于表5的规定。实际工作进行时,观测时间的间隔还要看地基的沉降值和沉降速率。当两次连续观测的沉降差值大于4 mm时应加密观测频次,当出现沉降突变、地下水变化及降雨等外部环境变化时应增加观测频次。观测应持续到工程验收交由运营管理部门继续观测。

表5 路基沉降观测频次

观测阶段	观测频次	
填筑或堆载	一般	1次/d
	沉降量突变	2~3次/d
	两次填筑间隔时间较长	1次/3 d
堆载预压或路基施工完毕	第1个月	1次/周
	第2、3个月	1次/2周
	3个月以后	1次/月
无砟轨道铺设后	第1个月	1次/2周
	第2~3个月	1次/月
	3个月以后	1次/3月

注:架桥机(运梁车)通过时观测要求:1次/3 d,连续3次;以后1次/1周,连续3次;以后1次/2周。

4 结论与建议

(1)沉降监测在施工中是一项极其重要的工作,对沉降监测要做好事先控制和指导工作,使整个沉降工作做到规范化,系统化。为日后沉降监测评估工作作准备。

(2)要合理掌握初始值观测和沉降点观测周期。只有正确掌握观测频次和观测周期,才能保证监测数据的连续性。

(3)必须使用高精度的观测仪器才能满足高速铁路沉降监测要求,必须使用正规的数据处理软件才能保证数据处理的正确性和数据分析的合理性。

(4)在沉降观测过程中,当沉降量与时间关系曲线出现异常或不合常规时,就要分析原因。

参 考 文 献

[1] 中华人民共和国铁道部 . TB 10101—99 新建铁路工程测量规范[S]. 北京:中国铁道出版社,1999.

[2] 中华人民共和国国家质量监督检验检疫总局,中国国家标准化管理委员会 . GB/T 12897—2006 国家一、二等水准测量规范[S]. 北京:中国标准出版社,2006.

工程测量

三维扫描技术在刚果民主共和国布桑加水电站工程数字化测量中的应用

任建文　张振洲

（中水北方勘测设计研究有限责任公司）

摘　要　三维激光扫描技术是国际上近期发展的一项高新技术。随着三维激光扫描仪的广泛应用，使用传统测量仪器测不了的情况有了很大的改善。本文介绍了三维激光扫描仪的工作原理，介绍了点云数据的处理方法和过程，讲述了数字化测量的方法，并用实例介绍了整体过程和效果。结果表明，利用三维激光扫描仪获取的点云数据，可以快速建立结构复杂、不规则复杂地形地貌的三维可视化模型。

关键词　地形测量　三维激光扫描仪　三维数字化

0　引　言

三维激光扫描仪又称做“高清晰测量系统”，它是利用激光测距原理快速扫描被测物体，从而得到物体表面海量点的三维坐标。它不仅可以得到点的三维坐标，同时还将得到物体的 RGB 颜色信息和反射率信息。我们可以通过扫描物体得到的点云数据进行快速的三维模型建立及线、面、体等各种图形数据，可以真实地在电脑中体现被测物体的三维模型及各种详细信息。

1　三维激光扫描仪的测距原理

三维激光扫描仪主要分为机载、地面、手持三大类，而地面三维激光扫描仪又分为相位式与脉冲式两种。相位式三维激光扫描仪的特点是扫描速度快、简洁、便携、易用；其测距原理是通过测量连续的调制信号在待测距离上往返传播产生的相位变化来间接测定传播时间，从而求得被测距离。脉冲式三维激光扫描仪的特点是测量距离远、精度高，被广泛应用于古建筑的保护、地形地貌、数字化城市等领域；其测距原理是直接测定仪器所发射的脉冲信号往返于被测距离的传播时间而得到距离值。

2　三维激光扫描仪的技术特点

外业数据采集速度快、质量高，大大减少了往返现场的次数。节省工作人员，架好仪器以后，仪器可以自动进行测量。非接触测量，特别是在文化保护工程中无需在被测物体上放置任何仪器即可完成整个测量任务，以免损坏文物。不受光线影响，即使在没有光的情况下也可以进行测量。对复杂物体的精确扫描，三维激光扫描仪可以对不规则、结构复杂的物体进行高密度扫描测量,从而得到物体表面详细的结构信息。三维激光扫描仪不仅可以测得物体点的三维坐标,还可以得到物体的 RGB 颜色信息及反射率信息,使内业工作人员可以不用到现场就可以直观地了解被测物体。功能强大的后处理软件,内置丰富的标准图形和工业管件,使内业工作更加简单。

3　Leica HDS4400 非接触式测量的优点

Leica HDS4400 是基于激光测距的原理,方式类似于全站仪的无棱镜测量,可以不用到达被测目标即可获得所测结果,此种测量方式大量减少了人工跑点的过程,为测量过程节约了大量时间,并且大大降低了外业测量人员的劳动强度,保证了测量人员的人身安全。

Leica HDS4400 是市面上一款唯一拥有后视望远镜的三维激光扫描仪(见图 1),它能够配合棱镜,以后视坐标的方式进行多站数据的坐标系统一。红色激光指示器可用于地下和隧道工程,三维激光扫描仪现在多数的拼接以用标志物或特征点的拼接方式为主,而此种拼接方式受距离限制,完全不适用于大范围的测量,后视望远镜能够配合全站仪或 GPS 做好的控制点进行坐标系统一,提高了拼接精度以及工作效率。

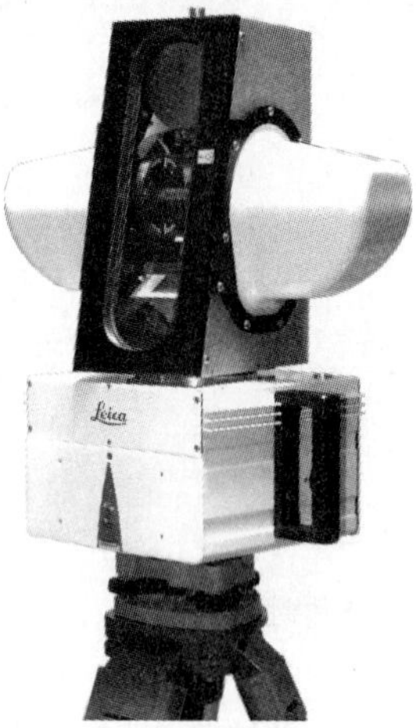

图 1　Leica HDS4400 三维激光扫描仪

Leica HDS4400 集成了内置电池以及高分辨力线阵 3 700 万像素全景数码相机,仪器倾斜可通过内置的数字水准补偿器自动校正。在野外工作有着无法比拟的优势,在复杂的山体地形测量中携带高度集成的三维激光扫描仪,可以大大降低测量人员的劳动强度,并且两块集成电池可以完全支持全天的工作。

4　一体化笔记本电脑

为外业工作专门配备了专用的一体化工业笔记本电脑(见图 2)。使用 HHC 手持控制板上的软件,通过导航、触摸屏界面能够很方便地管理仪器控制,并在野外进行扫描设置。笔记本方便耐用,并且在强光天气下依然清晰,四周的胶套和坚固的外壳,减少了笔记本在外业的磨损,并且电量充足,完全满足全天的工作任务需要。

5　工程概况

5.1　工程介绍

民主刚果,全称为刚果民主共和国,简称刚果(金)。位于非洲中西部,赤道横贯其中北部,首都金沙萨,其官方语言为法语。刚果(金)面积 234.5 万 km^2,主要货币为刚果法郎,全国较大的民族有 60 多个,分属班图、苏丹、俾格米三大族系。扎伊尔河(刚果河)全长 4 640 km,自东向西流贯全境,重要支流有乌班吉河、卢阿拉巴河等。布桑加水电站位于卢阿拉巴河上游,距 NseKe 水电站约 30 km,地理位置位于东经 25°44′48″、南纬 10°07′44″。布桑加水电站属加丹省,距科卢韦齐市约 100 km,属热带雨林。

布桑加水电站拦河坝是混凝土双曲拱坝,最大坝高 135 m,坝顶长度 290 m,顶宽4 m,

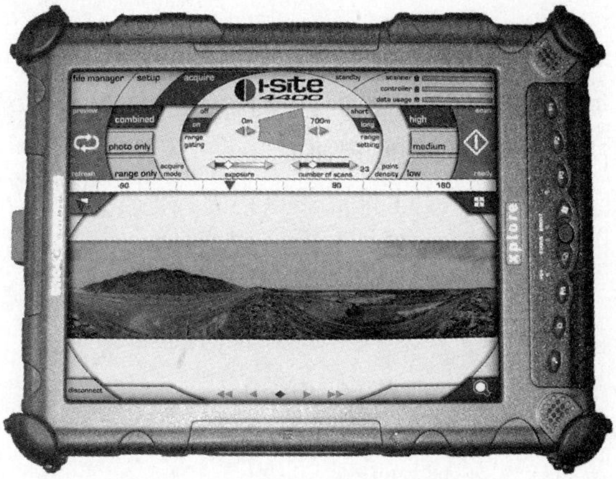

图2 方便的一体化控制笔记本

水库总库容12.8亿m^3，正常蓄水位882 m。规划电站总装机容量224 MW，工程等级为Ⅰ等工程，工程规模为大(1)型。工程建设的主要任务是，为科卢韦齐市附近的SICOMINES铜钴矿开采、冶炼提供电力保障。

5.2 数据采集

工程中采用了Leica HDS4400脉冲式三维激光扫描仪进行数据采集。Leica HDS4400扫描仪的扫描速度为4 400点/s，扫描距离最大半径为700 m，单点测量精度是10 mm，视场角为360°×80°。此仪器优越的性能使数据采集更加简便。在Leica HDS4400扫描之前，通常是先将控制网做好，以方便将扫描仪架设在已知点以及后视，有控制网的保证，扫描仪所扫描的信息则在一个坐标系内，将控制网做完平差之后，可以提高拼接的精度，同时可以在软件里实现实时改动，并且可以轻松地和大地坐标系结合。也可以先设站扫描后作控制，对野外作业非常方便。

5.3 数据处理

5.3.1 数据拼接

Leica HDS4400配套软件为MaktekI - site Studio，其拥有两种拼接方式，因为Leica HDS4400主要用于山体地形测量，大范围的区域无法布置标志物，所以省去了标靶拼接，其拼接主要依靠控制网拼接和点云拟合拼接两种。

Leica HDS4400三维激光扫描仪配套的点云处理软件Cyclone是一款多模块化的软件，它集扫描、测量、点云拼接、点云处理和三维模型建立于一身。Cyclone软件是由Leica公司随仪器同步开发的配套软件，该软件随仪器升级而同步升级。Cyclone软件内部本身具有点云自动拟合功能，可以通过点云与软件预设模型库自动生成三维模型。

5.3.2 控制点拼接

海量点云可以将现场情况完整、直观地通过笔记本电脑带回到办公室中。点云数据是完全的三维空间表达，可以方便查看、量测距离及进行角度、面积和体积分析。Leica HDS4400还可以通过自带同轴相机完成现场场景的照片拍摄，并通过Cyclone软件自动渲染到点云上，让点云表达更为直观。测站点与测站点扫描仪所扫描的信息用坐标拼接在同一个坐标系内。

5.3.3 点云拟合拼接

点云拟合拼接主要依靠点云的重叠部分，通过运算找到点云相同的部分进行拟合，此算法基于 ICP 迭代算法。迭代算法的原理如下：

三维空间 R^3 存在两组含有 n 个坐标点的点集 P^L 和 P^R，分别为：

$$P^L = \{p_{l1}, p_{l2}, \cdots, p_{ln}, p_{li} \in R^3\} \quad 和 \quad P^R = \{p_{r1}, p_{r2}, \cdots, p_{rn}, p_{ri} \in R^3\}$$

三维空间点集 P^L 中各点经过三维空间变换后与点集 P^R 中的点一一对应，其单点变换关系式为：

$$P_{ri} = RP_{li} + t$$

式中：R 为三维旋转矩阵；t 为平移向量。

最终通过点云的相似部分将点云拟合。

通过测得的海量点云，可以轻松通过软件得到地形的 DEM，以及由 DEM 生成的等高线等结果。

5.4 生成等高线地形图

Cyclone 软件内部添加了与多款软件结合使用的模块，如 AutoCAD、MicroSation 等。我们可以直接通过此类软件调用点云数据进行各种要求的成果输出。点云数据通过Cyclone软件可以快速转化为高质量地形等高线图。海量高精度的数据能够很详尽地永久保存并轻松处理得到 DEM 以及高精度的等值线图，也可以输出通用数据格式在 CASS 环境下成图。

6 结 语

事实证明，利用 Leica HDS4400 地面三维激光扫描仪可以快速、有效地采集地形地貌三维点云数据并建立三维模型，地形地貌整体的完整性保持得非常好，弥补了传统的测量仪器与测量方法的不足。海量高精度的数据能够很详尽地永久保存并轻松处理得到 DEM 以及高精度的等值线图，也可以输出通用数据格式在 CASS 环境下成图。结果表明，利用三维激光扫描获取的空间点云数据，可快速建立结构复杂、不规则的地形地貌的三维可视化模型，既省时又省力，这种能力是现行的三维建模软件所不可比拟的。这种技术同时为以后实现建筑、景观、安全、环境管理等社会资源的数字化、网络化及动态可视化提供了一个三维模型基础，能为管理和决策层提供更加直接与真实的目标及研究对象。

三维激光扫描仪在山体地形图测量方面的应用

柴志勇　任建文　庞友国　余宣兴

（中水北方勘测设计研究有限责任公司）

摘　要　在山体地形结构复杂地区进行野外测量工作，给我们带来了很大的不便，用传统测量方式要求测量人员必须到达被测点，人员安全得不到保障，测量速度缓慢，需要耗费大量的外业工作时间，而三维激光扫描仪无接触式的测量方式会让测量人员更安全，高效的数据采集模式会节省大量的工作时间。

关键词　三维激光扫描仪　山体　地形图测量

0　引　言

随着三维激光扫描技术日益成熟，三维激光扫描仪已经成功地应用在很多领域。山体地形测量在地形测绘领域因为其测绘硬件产品的限制以及复杂地形等因素，一直是测量的一项难题，而三维激光扫描仪以其高效性和无接触式测量为山体地形测量提供了很好的解决方案。

通过前期的地形考察和图纸分析，确定需要扫描的范围和设站点，用 GPS 或者全站仪测得三维激光扫描仪需要架设的站点坐标，然后在地形中找到制高点测得三维坐标作为后视点用（这样可以减少跑后视棱镜的次数，减轻外业强度），然后将扫描仪架设在已知点上进行扫描。通过多站数据扫描，然后获取完整的三维数字点云信息以及照片信息。水坝原图如图 1 所示。

图 1　水坝原图

1　三维激光扫描仪简介

1.1　Leica HDS4400 三维激光扫描仪的特点

1.1.1　非接触式测量

Leica HDS4400 是基于激光测距的原理，方式类似于全站仪的无棱镜测量，可以不用到达被测目标即可获得所测结果，此种测量作业方式大量减少了人工跑点的过程，节约了大量的工作时间，并且降低了外业测量人员的劳动强度和保证了测量人员的人身安全。

1.1.2　远距离测量

Leica HDS4400 的最大扫描范围为 700 m，点位精度 10 mm，扫描速度 4 400 点/s，可以轻松获取大范围数据，针对复杂山体结构，三维激光扫描仪可以完成一站式扫描，获取完整的三维数据信息。

1.1.3　独一无二的后视望远镜

Leica HDS4400 是市面上唯一一款拥有后视望远镜的三维激光扫描仪，它能够配合棱镜，以后视坐标的方式进行多站数据的坐标系统一。三维激光扫描仪现在多数主要以标志物或特征点的方式进行拼接，而此种拼接方式不适用于大范围、高精度的地形测量，后视望远镜作业方式可以实现坐标统一匹配，提高了地形图的拼接精度以及工作效率。徕卡 HDS4400 三维激光扫描仪外观如图 2 所示。

1.1.4　高度集成

Leica HDS4400 集成了内置电池以及高分辨力线阵数码相机，在野外工作有着无法比拟的优势，在复杂的山体地形中携带高度集成的三维激光扫描仪，可以大大降低测量人员的劳动强度，并且两块集成电池可以完全支持全天的工作。

1.1.5　一体化工业笔记本

一体化工业笔记本方便耐用，在强光天气下依然清晰，四周的胶套和坚固的外壳，减少了笔记本在外业的磨损，并且电量充足，完全满足全天的工作任务需要。方便的一体化工业笔记本电脑外观如图 3 所示。

图 2　Leica HDS4400 三维激光扫描仪

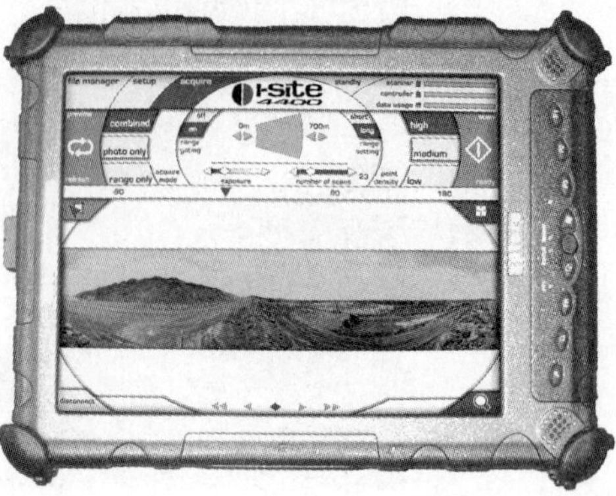

图 3　一体化控制笔记本

1.2 后期数据处理

Leica HDS4400 配套软件为 Maktek I – site Studio，因为 Leica HDS4400 主要用于山体地形的测量，大范围的区域无法布置标志物，所以省去了标靶拼接，其拼接主要依靠控制网拼接和点云拟合拼接两种。

1.2.1 控制网拼接

在 Leica HDS4400 扫描之前，通常是先将控制网做好，以方便将扫描仪架设在已知点以及后视，有控制网的保证，扫描仪所扫描的信息则在一个坐标系内，将控制网做完平差之后，可以提高拼接的精度，同时可以在软件里实现实时改动，并且可以轻松和大地坐标系结合。

1.2.2 点云拟合拼接

点云拟合拼接主要依靠点云的重叠部分，通过运算找到点云相同的部分进行拟合，此算法基于 ICP 迭代算法。迭代算法的原理如下：

三维空间 R^3 存在两组含有 n 个坐标点的点集 P^L 和 P^R，分别为：

$$P^L = \{p_{l1}, p_{l2}, \cdots, p_{ln}, p_{li} \in R^3\} \quad 和 \quad P^R = \{p_{r1}, p_{r2}, \cdots, p_{rn}, p_{ri} \in R^3\}$$

三维空间点集 P^L 中各点经过三维空间变换后与点集 P^R 中的点一一对应，其单点变换关系式为：

$$P_{ri} = RP_{li} + t$$

式中：R 为三维旋转矩阵；t 为平移向量。

最终通过点云的相似部分将点云拟合。

通过测得的海量点云，可以轻松通过软件得到地形的 DEM，以及由 DEM 生成的等高线等结果，也可以输出通用数据文件格式，在 CAD 环境下成图。

2 实际应用

2.1 三维激光扫描仪在四川灾区山体滑坡测量中的应用

2.1.1 外业测量数据点云图

外业测量数据点云图见图 4。

图 4 外业测量数据点云图

2.1.2 软件生成的 DEM 图

软件生成的 DEM 图见图 5。

图 5 软件生成的 DEM 图

2.1.3 由 DEM 生成的等高线图

由 DEM 生成的等高线图见图 6。

图 6 由 DEM 生成的等高线图

2.2 三维激光扫描仪在新疆乔巴特和精河山体地形测量中的应用

2.2.1 乔巴特地形测量点云图

乔巴特地形测量点云图见图 7。

2.2.2 精河山体地形测量点云图

精河山体地形测量点云图见图 8。

3 结 语

三维激光扫描仪以其众多的特点，在山体地形测量中脱颖而出，既能够很快地获取地形数据，又能很有效地减轻外业的劳动强度，海量高精度的数据能够很详尽地永久保存并

图7 乔巴特地形测量点云图

图8 精河山体地形测量点云图

轻松处理得到DEM以及高精度的等值线图,也可以输出通用数据格式在CASS环境下成图,随着测量技术的不断进步,三维激光扫描技术将在测量行业中得到广泛的应用。

以山西万家寨引黄入晋工程为例探讨施工坐标系统建立的方法

徐寅生　黄会永　吴　朝

（中水北方勘测设计研究有限责任公司）

摘　要　本文以山西万家寨引黄入晋工程为例讨论如何合理地选择、建立施工坐标系，来解决由于地面长度投影到参考椭球面及椭球面长度投影到高斯平面所引起的长度变形问题，以及在同一地区各种不同坐标系统间的相互转换。

关键词　参考椭球面　高斯平面　长度投影变形　中央子午线　投影基准面

1　工程介绍

万家寨引黄入晋工程位于东经 111°26′～113°20′，北纬 37°52′～39°35′，处于晋西北黄土高原地区，冲沟发育，大小沟壑纵横，滑坡、陡崖到处可见，地势高，冬季寒冷，昼夜温差大，年平均气温为 7 ℃左右，干燥，风沙大，测区自然地理条件差。万家寨引黄线路途经 9 个县、市界域，跨过水泉河、偏关河、源子河、恢河、洪河、汾河及许多深沟峡谷，在海拔 900～1 890 m 的高山峻岭之中。

2　引　言

由于工程位于海拔较高的山区，为了把测区内的投影长度变形控制在 2.5 cm/km 以内，满足大范围工程项目勘测和施工放样的要求，减小地面长度投影到参考椭球面以及将椭球面长度再投影到高斯平面引起的长度变形，必须建立适当的施工坐标系统。

如何根据实际情况来合理地建立符合工程需要的平面直角坐标系统呢？本文将以山西万家寨引黄入晋工程为例讨论如何合理地选择、建立施工坐标系来解决实际工程中所遇到的投影变形问题。

3　施工坐标系的选择

由于山西万家寨引黄入晋工程位于海拔较高的山区并且东西跨度较大，所以在控制测量计算中，经常会遇到边长投影变形的问题。有两项投影计算会引起长度变形：一是地面水平距离（一般是高于椭球面的）投影到参考椭球面，这将引起距离变短；二是参考椭球面距离投影到高斯平面，这将导致距离变长。为了消除这两项长度变形，必须要建立合适的坐标系统。下面就讨论如何建立合适的施工坐标系统。

3.1　地面水平边长投影到参考椭球面的长度变形

此项长度变形公式为

$$\Delta S_1 = -\frac{H}{R}d_0 \tag{1}$$

式中:H 为边长两端点的平均高程;R 为当地椭球面平均曲率半径;d_0 为地面水平距离。

R 计算公式如下

$$R = \frac{C}{V^2},且\ C = \frac{a^2}{b^2}, V = \sqrt{1 + e'^2\cos^2 B} \tag{2}$$

式中:a 为椭球长半轴;b 为椭球短半轴;e' 为椭球第二偏心率;B 为测区平均大地纬度。

从公式中可知,高于参考椭球面的地面水平边长投影到参考椭球面总是距离变短,投影变形的绝对值与高程成正比,随高程的增大而增大,而且当高程为 150 m 时,每千米变形即接近 2.5 cm,相对变形接近 1/40 000。

当投影面不是参考椭球面,而是某个高程为 H_0 的投影面时,则式(1)变为

$$\Delta S_1 = -\frac{H - H_0}{R}d_0 \tag{3}$$

3.2 参考椭球面距离投影到高斯平面的长度变形

此项长度变形公式为

$$\Delta S_2 = \frac{y_m^2}{2R^2}S \tag{4}$$

式中:S 为椭球面边长;R 为当地椭球面平均曲率半径;y_m 为投影边两端 y 坐标去掉 500 km 的平均值。

由式(4)可知,投影变形与 y_m 的平方成正比,离中央子午线越远,变形越大。约在 y_m = 45 km 处每千米变形值为 2.5 cm,相对变形 1/40 000。

根据以上两种变形,最后的投影长度变形为

$$\Delta S = \Delta S_1 + \Delta S_2 = -\frac{H - H_0}{R}d_0 + \frac{y_m^2}{2R^2}S$$

近似地写为

$$\Delta S = \left(\frac{y_m^2}{2R^2} - \frac{H - H_0}{R}\right)S \tag{5}$$

3.3 施工坐标系的实现过程

从上述两个长度变形的计算公式分析可知,为了减小这两种长度变形问题,就需要把施工坐标系建立在适当的抵偿高程面和中央子午线上。由于山西万家寨引黄入晋工程位于海拔较高的山区并且东西跨度较大,为了消除这两种长度变形,中央子午线必须选取测区中部的子午线,又变换高程投影面,将两种变形都消除到趋近于0,即

$$\Delta S_1 = -\frac{H - H_0}{R}d_0 = 0 \tag{6}$$

$$\Delta S_2 = \frac{y_m^2}{2R^2}S = 0 \tag{7}$$

这里 H_0 表示投影基准面的高程。

根据式(6)解得

$$H = H_0$$

此时边长的高程投影变形为零。若 H_0 取测区平均高程面 H_m，或略低于平均高程面，则各边长高程投影近似为零。

由式(7)解得

$$y_m = 0$$

由解算可知，要求测区在中央子午线附近。

根据以上两种解算的结果可知，这种坐标系的做法是将高斯投影的中央子午线选为测区中心或附近某一合适的子午线；而高程投影面选为测区平均高程面 H_m 或比它稍低一些的高程面上。

因为这种坐标系的变形最小，许多离国家标准3°带中央子午线较远的测区多采用这种坐标系，常称做地方坐标系或施工坐标系。下面介绍这种坐标系的实现步骤。

3.3.1 选择合适的测区中央子午线 L_0

在测区内或测区附近选择一条整5′或整10′的子午线作为中央子午线。

3.3.2 已知点换带计算

将当地的国家控制网已知点坐标通过高斯正、反算投影计算，换算成中央子午线为 L_0 的地方带坐标系统内的坐标。

3.3.3 计算控制网的地方带坐标(A套坐标)

将地面观测值先投影至参考椭球面，再投影至所选中央子午线的高斯平面，然后进行平差计算。获得的坐标，高程投影基准面仍为参考椭球面，而中央子午线则为地方中央子午线，此套坐标为投影于参考椭球面上的高斯正形投影地方中央子午线坐标系统，此套坐标可通过坐标换带与国家标准坐标互相转换。

3.3.4 选高程投影面 H_0

高程投影面 H_0 一般选测区平均高程面 H_m，或最好稍微低一点的面。H_0 取整到10 m。

3.3.5 计算地方带高程抵偿面上的坐标(B套坐标)

(1)在测区内的中心位置选择点 A_0 作为控制网缩放的不动点。点 A_0 的坐标(X_0, Y_0)在控制网缩放前后保持不变。点 A_0 可以是一个实有的控制点，也可以是一个虚拟的坐标点。

(2)计算控制网缩放比例 n

$$n = \frac{R + H_0}{R} \tag{8}$$

式中：R 为当地椭球面平均曲率半径，用式(6)计算得到；H_0 为所选高程投影面。

(3)计算各点地方带高程抵偿面上的坐标

$$\left.\begin{aligned} x_B &= x_0 + (x_A - x_0)n \\ y_B &= y_0 + (y_A - y_0)n \end{aligned}\right\} \tag{9}$$

由以上两式计算出来的坐标即为中央子午线为 L_0、高程投影面为 H_0 的施工坐标系。

4 结 语

施工坐标系统的建立，适合于大范围平均海拔较高的测区，最好将中央子午线选择在测区中部，再将控制网缩放到测区的平均高程面上。可以根据实际情况变换成投影于高程抵偿面上的高斯正形投影3°带平面直角坐标系统和投影于参考椭球面上的高斯正形投影任意带平面直角坐标系统。

参 考 文 献

[1] 孔祥元，梅是义．控制测量学[M]．武汉：武汉大学出版社，2002.
[2] 中国水利工程协会，丁凯，曹征齐．水利水电工程质量检测人员从业资格考核培训系列教材[M]．郑州：黄河水利出版社，2010.
[3] 水利水电规划设计总院．SL 197—97 水利水电工程测量规范（规划设计阶段）[S]．北京：中国水利水电出版社，1997.

南水北调中线干线工程坐标系统设计与应用

杨成宏[1]　丁　涛[2]　张振洲[3]　胡小燕[3]

(1. 南水北调中线干线工程建设管理局;2. 长江空间信息技术工程有限公司(武汉);3. 中水北方勘测设计研究有限责任公司)

摘　要　本文通过南水北调中线工程首级施工控制网的坐标系统的设计,阐述了坐标系统设计中以往成果的利用、投影带的选择原理和方法,以及已有资料的转换和注意的问题。

关键词　南水北调中线　施工控制网　GPS 测量　水准测量

0　引　言

南水北调中线干线工程从丹江口水库陶岔渠首引水,沿伏牛山南麓向东北行进,至郑州西部孤柏嘴穿越黄河,沿京广铁路西侧向北延伸,穿越漳河,经河北进入北京和天津,最后到达北京颐和园团城湖和天津外环河(见图 1),全长 1 432 km,其中陶岔渠首至北拒马河段长 1 196 km,采用明渠输水;北京段长 80 km,采用 PCCP 管和暗涵相结合输水;天津干线长 156 km,采用暗涵输水。全线共设置各类建筑物 1 753 座,设有 271 个闸站点和 13 个中心开关站。

南水北调中线一期工程干线采取分批分段施工的建设方式,参建单位多,为保证各分段工程按设计要求进行施工,有必要建立统一的、能满足施工精度的平面坐标系统。

整个线路从东经 111°到东经 117°,共跨越 4 个国家 3°投影带(37°、38°、39°、40°带)。

1　前期勘测设计阶段采用的坐标系统

前期勘测设计阶段所依据的测绘图纸,渠线主要为 1∶2 000 ~ 1∶10 000 比例尺地形图,重要或大型建筑物为 1∶500 ~ 1∶2 000 比例尺地形图。其次为断面测量资料。

坐标系统:北京段渠线和建筑物均采用北京地方坐标系,其他区段均采用 1954 年北京坐标系 3°带坐标,重要或大型建筑物采用的则是挂靠于 3°带下的独立坐标系。

设计坐标与地形图坐标系统是一致的。

2　使用 3°带坐标存在的主要问题

以 3°带坐标系统进行前期勘测设计,与国家标准的坐标系统保持一致,具有统一性好、使用方便的特点,有利于多家勘测设计单位同时开展工作,可基本满足前期勘测设计的需要。

但通过对上述高斯投影的变形分析可以看出,高斯投影存在着长度变形,具有系统的伸长,且与 y 坐标的平方成正比,带宽较大,难以满足施工详图设计和施工放样的需要。

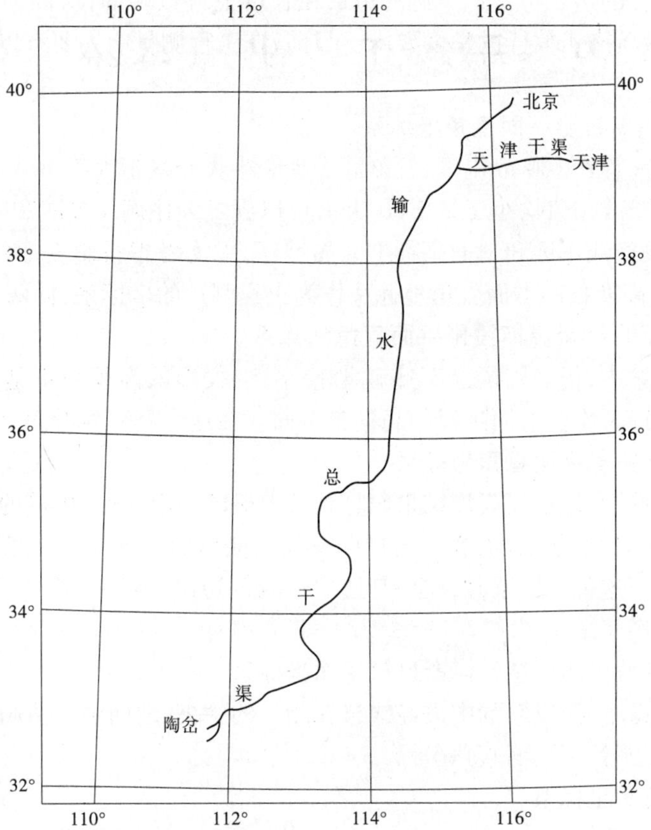

图1　南水北调中线一期工程线路示意图

表现在以下方面：

(1)设计渠线总长度或分段长度与地面实际长度存在较大的差异。经对陶岔至北京渠线长度变形的统计，3°带高斯坐标计算的渠线长度与椭球面长度相差达75.1 m。

(2)3°带边沿存在着较大的方位误差。

(3)3°带边沿的长度变形约为220 mm/km(距离中央经线约130 km)，不能满足《水利水电工程施工测量规范》(SL 52—93)要求的土石料建筑物轮廓点放样平面位置中误差±(30～50)mm的指标(相对于邻近基本控制点)。以京石段工程下车亭隧洞为例，CXC04、ⅡMLO27FW两点相距约7.5 km，3°带高斯平面长度与地面实际长度相差达1.2 m。

(4)南水北调中线工程巨大，必然采取分段同时施工，巨大的长度变形，必然给施工和管理带来混乱。

(5)施工设计图难以与实际地貌准确对应。

3　工程测量投影面与投影带的选择

工程测量控制网不但应作为测绘大比例尺地形图的控制基础，还应作为城市建设和各种工程建设施工放样测设数据的依据。为了便于施工放样工作的顺利进行，要求由控制点坐标直接反算的边长与实地量得的边长在长度上应该相等,对高斯投影变形带来的长度变形,不得大于施工放样的精度要求。目前,在工程测量中主要有以下几种常用的平面直角坐标系。

3.1 国家3°带高斯投影平面直角坐标系

当测区平均高程在100 m以下,且测区中央距中央经线不大于40 km时,其高斯投影变形值和高程投影改正值均小于2.5 cm/km,可以满足大比例尺测图和工程放样的要求。因此,在偏离中央经线不远和地面高程不大的地区,无需考虑投影变形的问题,直接采用国家统一的3°带高斯投影平面直角坐标系作为工程测量的坐标系,使两者一致。

3.2 抵偿投影面的3°带高斯投影平面直角坐标系

在这种坐标系中,仍采用国家3°带高斯投影,但投影的高程面不是参考椭球面而是依据补偿高斯投影长度变形而选择的高程参考面。在这个高程参考面上,长度变形为零。

3.3 任意带高斯投影平面直角坐标系

在这种坐标系中,把地面观测结果归算到参考椭球面上,但投影带的中央经线不按国家3°带的划分方法,而是依据补偿高程面归算长度变形而选择的某一条经线作为中央经线。但在实际应用这种坐标系时,往往是选取过测区边缘,或测区中央,或测区内某一点的经线作为中央经线。

3.4 具有高程抵偿面的任意带高斯投影平面坐标系

在这种坐标系中,指投影的中央经线选在测区的中央,地面观测值归算到测区平均高程面上,按高斯投影计算平面直角坐标。

3.5 假定平面直角坐标系

当测区控制面积小于100 km^2时,可不进行方向和距离改正,直接把局部地球表面作为平面建立独立的平面直角坐标系。这时,起算点坐标及起算方位角,最好能与国家网联系,成为挂靠独立坐标系。当然,根据需要也可假定起始点坐标和起始方位。

4 使用1°带的坐标系统

南水北调中线一期工程共跨越4个3°带,抵偿投影面的3°带高斯投影平面直角坐标系、任意带高斯投影平面直角坐标系、具有高程抵偿面的任意带高斯投影平面坐标系、假定平面直角坐标系均不适用。

4.1 投影变形差限值的确定

对于南水北调中线这样巨大的工程,采用平面坐标系统,投影变形是不可避免的,有必要确定其限值。《水利水电工程测量规范》(规划设计阶段,SL 197—97)规定,投影长度变形值应不大于5 cm/km,城市及其他工程测量规范规定值一般为2.5~5 cm/km。考虑到《水利水电工程施工测量规范》(SL 52—93)中的施工测量主要精度指标的要求,将投影变形差限值规定为2.5 cm/km较为适宜。

4.2 坐标系统的选择

1°带边缘距中央经线40 km,从投影变形来看,其变形差约2 cm/km,满足要求;而中线一期工程高程范围60~160 m的高程投影差为 -1 ~ -2 cm/km,又可以补偿高斯投影变形的影响。

3°带投影的中央子午线与1°带投影的中央子午线的分带关系如图2所示。

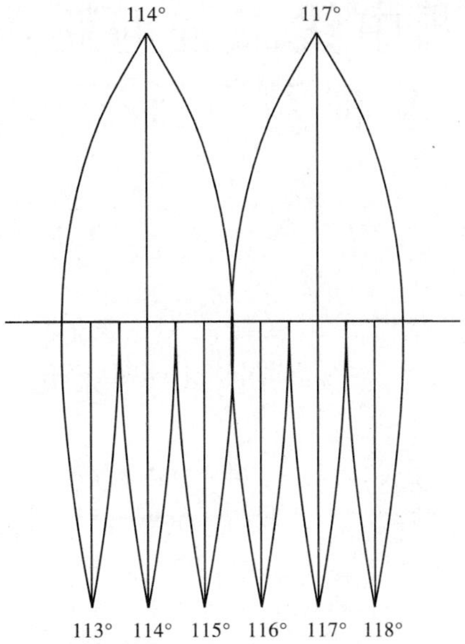

图2 3°带与1°带划分关系图

对于重要或大型建筑物,其相对精度通常要求较高(小于±5 mm),要求建立较高精度的独立网。

综上所述,使用1°带与挂靠1°带下的独立坐标系相结合的坐标系统较为科学。

5 将3°带坐标转换为1°带坐标应注意的问题

将3°带坐标转换为1°带坐标,有简明的换带软件可以实现,但应注意以下几个问题:

(1)换带的过程会使设计的长度和方位发生变化,应由设计人员或经设计人员认可后才能进行。

(2)已有的建筑物设计图,不能简单地进行换带,应进行整体平移与旋转。

(3)施工详图设计阶段,渠线设计所使用的大比例尺地形图,应采用1°带坐标系。重要或大型建筑物设计所使用的大比例尺地形图,可采用挂靠1°带下的独立坐标系。

6 结　语

南水北调中线工程首级施工测量控制网设计结合工程特点,渠线采用1°带坐标系统,大型交叉建筑物采用挂靠1°带下的独立坐标系,较好地解决了投影变形的问题,满足了工程建设中施工放样和原有资料的利用的需要。

参考文献

[1] 张正禄. 工程测量学[M]. 武汉:武汉大学出版社,2002.
[2] 张祥元,梅是义. 控制测量学[M]. 武汉:武汉大学出版社,2002.
[3] 徐绍铨. GPS测量原理及应用[M]. 武汉:武汉大学出版社,2003.

南水北调中线工程河南段建筑物控制网设计研究

杨成宏[1]　高济德[2]　张振洲[3]　胡小燕[3]

（1.南水北调中线干线工程建设管理局；2.河南省水利勘测有限公司；3.中水北方勘测设计研究有限责任公司）

摘　要　结合南水北调中线工程河南段建筑物施工控制网实际情况，介绍了从控制网设计到实施应用的详细过程和方法，以及数据处理、精度分析等，希望对类似工程控制网的设计有所借鉴。

关键词　南水北调中线　施工控制网　GPS测量　水准测量

1　工程简介

南水北调中线工程是一项特大型长距离跨流域调水工程，总干渠从丹江口水库陶岔枢纽引水，沿途流经江、淮、黄、海四大流域，到终点北京团城湖，长1 277 km。天津干线长155 km。总长1 432 km。

总干渠河南段线路长731 km，沿线穿越河流219条，跨越铁路44处，跨越公路571处。此外，还有节制闸、分水闸、退水建筑物、暗渠等，各类建筑物共936座。为了保证工程的顺利进行，保证总干渠与每一座建筑物有较好的衔接，需对每一座建筑物建立施工控制网。

2　资料的利用与分析

沿南水北调中线总干渠布设的南水北调中线一期工程干线首级施工控制网，平面坐标系统为1954年北京坐标系，等级为C级GPS，高程系统为1985国家高程基准，等级为二等水准。控制网精度良好，标石完整，可作施工控制网的起算数据。1/5 000地形图，可作为控制网布设规划用图。

3　交叉建筑物控制网测量

3.1　交叉建筑物控制网等级的确定

交叉建筑物测量主要是指左排、分水口门、铁路、公路等中小型建筑物，根据有关施工测量规范的要求，该类建筑物施工控制网平面测量精度为D级GPS，高程为三等水准。

3.2　选点与埋石要求

考虑控制点的方便使用，避开耕地，选在能长期保存的坚实地区，如道路旁边、沟坎边沿、河渠岸边等地方。远离高压输电线、树冠和大面积水域，尽量减少卫星信号的干扰和多路径误差。

标石尺寸参照三等水准标石规格预制，现场浇筑底盘。标石露出地面 2 cm，标志为半球状不锈钢标志，中心刻十字线。

3.3 平面 GPS 测量

3.3.1 平面观测使用的仪器与方法

平面观测使用 Leica 1230 双频静态 GPS 接收机，其标称精度为(±3 mm +0.5 ppm × *D*)，观测时按照国家《全球定位系统(GPS)测量规范》(B/T 18314—2001)的相关规定进行作业，对其观测两时段，每个时段长延长为 60 min。

3.3.2 平面观测数据处理

GPS 的数据处理一般分为基线解算和网平差两部分。基线解算从相位观测值入手，经过粗加工、预处理、基线解算等步骤，获得基线向量及其协方差阵。网平差包括各种基线解算程序的数据接口、基线网数据检核(包括同步环检核、异步环检核、复测基线检核)、三维平差、二维平差和高程拟合等。

本工程数据处理采用 Leica LGO 6.0 软件进行基线向量解算和约束平差计算，首先进行基线向量解算，其次是进行约三维自由网平差、二维约束平差计算。控制网的已知数据采用两个点，分布比较均匀，故采用一步法转换来确定 1954 年北京坐标系的参数，利用这一参数解算该控制网的 1954 年北京坐标。

3.3.3 建立场地坐标系

在施工放样中允许误差为 1/10 000 ~ 1/40 000，即每千米的改正数不大于 10 ~ 2.5 cm。由于 1954 年北京坐标系采用的投影是高斯投影，也就是除中央子午线外，其他任何位置的线段，投影后其长度都会发生变化，而且离中央子午线愈远，变形愈大。为此，一般通过分带投影的办法，以限制长度变形。由于该工程项目具有南北线路长、东西跨度大、建筑物众多等特点，因此要建立适合本工程特点的坐标系。

高斯分带投影一般采用 6°分带和 3°分带，地面长度归算至参考椭球面，应加下列改正

$$\Delta S_1 = -\frac{H_m}{R_A + H_m}S \approx -\frac{H_m}{R}S \tag{1}$$

式中：R_A 为长度方向的法截线曲率半径；R 为平均曲率半径；H_m 为地面长度的平均大地高；S 为地面长度。

然后，要将其归算至参考椭球面的长度再归算至高斯椭球面，应加以下改正

$$\Delta S_2 = -\frac{Y_m^2}{2R^2}S_0 \approx \frac{Y_m^2}{2R^2}S \tag{2}$$

式中：$S_0 = S + \Delta S_1$，即地面长度归算至参考椭球面的长度；Y_m 为长度两端点横坐标的平均值。

综上所述，得到地面长度归算至高斯投影平面长度应加的改正为

$$\Delta S = \Delta S_1 + \Delta S_2 \approx \left(\frac{Y_m^2}{2R^2} - \frac{H_m}{R}\right)S \tag{3}$$

根据上述三个公式,具体可有以下几种方法:

(1)通过改变 H_m 值,即选择某一计算基准面代替参考椭球面,以抵偿大地高带来的归算至参考椭球面的改正 ΔS_1。

(2)通过改变 Y_m 值,即对中央子午线作适当变动,以抵偿分带投影的长度变形 ΔS_2。

(3)通过改变 H_m 和 Y_m 值,即既选择投影面又改变中央子午线来抵偿这两项改正的影响,为任意带高斯投影。

在工程施工测量中,为了施工放样的方便,应使实地距离与控制点间反算所得的距离一致,可规定 ΔS 等于零。因此,国家规定的6°带或3°带不能满足本工程精度要求。为此,采用自定义中央子午线和投影面的方法,也就是上述的第三种方法。

本工程采用中央子午线1°分带,投影面根据不同的建筑物选择不同的投影面,构建相对独立的场地坐标系。

综上所述,各建筑物应有不同的坐标系,而经过GPS二维约束平差得到的是统一的1954年北京坐标系成果,这就需要进行坐标系之间的转换。

3.3.4 GPS数据转换计算

将GPS数据转换成场地坐标系,简单地说,就是将GPS观测的基线向量,以某一点为原点,一方向为起算方向,边长不进行高斯投影改正,把GPS基线归算到设计水位高程面,然后进行概算、严密网平差计算。针对该过程烦琐复杂又容易出现差错、建筑物多等特点,利用自己开发的"场地坐标系转换程序",保证了成果质量的可靠性,为工程的顺利建设打下了坚实的基础。

3.3.5 平面观测精度分析

控制网平面精度最弱基线精度最大为24.5 ppm,小于 $2\sqrt{2}\sigma$ 的技术要求,表明基线解算质量较高;三边环闭合差71.1%小于1 ppm,4.6%大于5 ppm,三边环闭合差平均为4 ppm,最大19.8 ppm,绝对环闭合差为0.8 mm,最弱边长相对中误差为1/55 000,符合 $W_s \leq 3\sqrt{3n}\sigma$ 要求;最弱点点位精度最大为2.9 mm,最小为0.1 mm,平均1.2 mm,小于技术要求的10 mm要求。各建筑物控制网精度较高,满足规范要求。

3.4 高程控制测量

3.4.1 布网方案

高程控制网采用1985国家高程基准,南水北调中线一期工程干线首级施工控制网,高程为二等水准,可作为本工程的起算数据。

沿总干渠自南而北坡度小,水位落差小,高程控制的最终目的是保证渠道自流输水顺畅。为满足工程的需求,首先在首级施工控制网的基础上布设三等水准线路,线路连测沿线的建筑物控制网其中一个点,然后再以连测点为基准,连测控制网的其他点,布设闭合三等水准线路。

3.4.2 仪器的选择与使用

控制网的水准线路施测采用Dini12数字水准仪,其标称精度为往返测每千米高差中误差±0.3 mm。DiNi电子水准仪以DOS格式的PC数据卡为数据存储介质,并可方便地将数据传至各种测绘和设计软件中,包括Trimble的处理软件或第三方软件。

作业时,严格执行《国家三、四等水准测量规范》(GB 12898—91)的相关规定,在开始测量之前，首先将相应等级的限差输入仪器，把仪器的配置设置好。观测时，只需对准尺子，进行调焦、按键，仪器将自动记录观测数据，操作方便。在进行观测时，要用绳尺丈量视距，尽量减小测站的前后视距差和线路的前后视距累计差。

数字水准仪具有读数真实可靠、精度高、速度快、能自动判断、自动记录数据等特点，可减少作业人员，提高精度和工作效率。

3.4.3 平差计算

在内业平差计算时，采用自己开发的“三、四等水准平差”程序，观测高差进行尺长改正、正常水准面不平行改正和闭合差改正，自动打印高差表、高程表及成果表，还可以生成 GPS 转换场地坐标时需要的高程数据。

经检查，各建筑物控制网的各项限差均在规范允许范围之内，符合三等水准测量的要求。

3.4.4 高程观测精度分析

三等水准路线共 320 条(含引线)，总长 676.5 km；水准路线闭合差最大为 13.2 mm，最小为 0，平均 0.9 mm，均小于 1/3 限差精度；每千米水准测量高差中数的偶然中误差最大为 2.2 mm，最小为 0 mm，平均 0.51 mm，均小于规范 ±3.0 mm 的要求。

3.4.5 水准检测

水准检测采用直接水准复测的方法，使用同等级的仪器、相同的测量要求，对标石的高程进行重新测量，检测建筑物控制网 14 处，占控制网总数的 5%，涉及埋石点 34 座，占埋石点总数的 4%。水准检测数度比较见图 1。

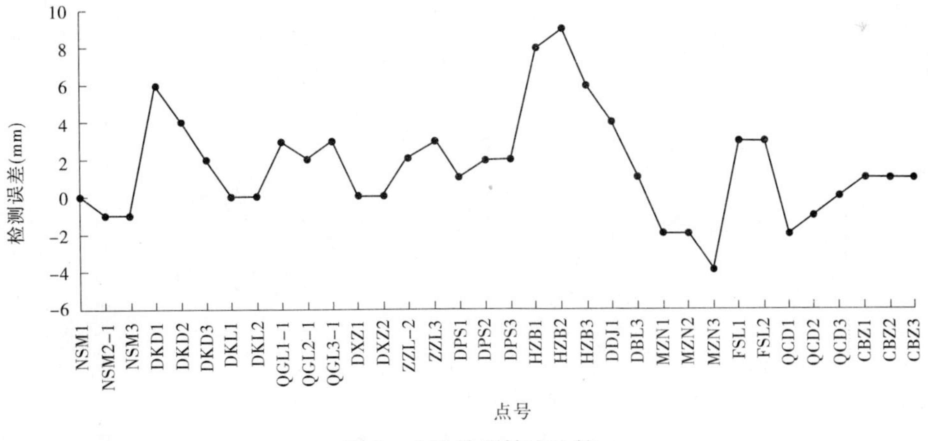

图 1 水准检测精度比较

从图 1 中可以看出，检测水准最大误差为郝庄北公路桥 HZB2，较差为 9 mm，最小较差为 0，平均 2.5 mm，均能满足施工要求。

4 边长检测

为了保证控制网的精度，黄河北—漳河南渠段控制网采用全站仪对控制网的边长进行复测、校核，共施测边长 330 条，全站仪实测边长只进行仪器常数改正和气象改正，并投影到建筑物设计水位面上，GPS 基线边长采用场地坐标反算后的边长。检测基线较差均

满足 $d_s \leq 2\sqrt{2}\sigma$ 要求,其中 263 条边小于 5 mm,占 79. 7% ,大于 5 mm 小于 10 mm 的有 67 条,占 20. 3% ,由此可知,控制网的平面精度可以满足施工要求。GPS 边长与全站仪边长比较见图 2。

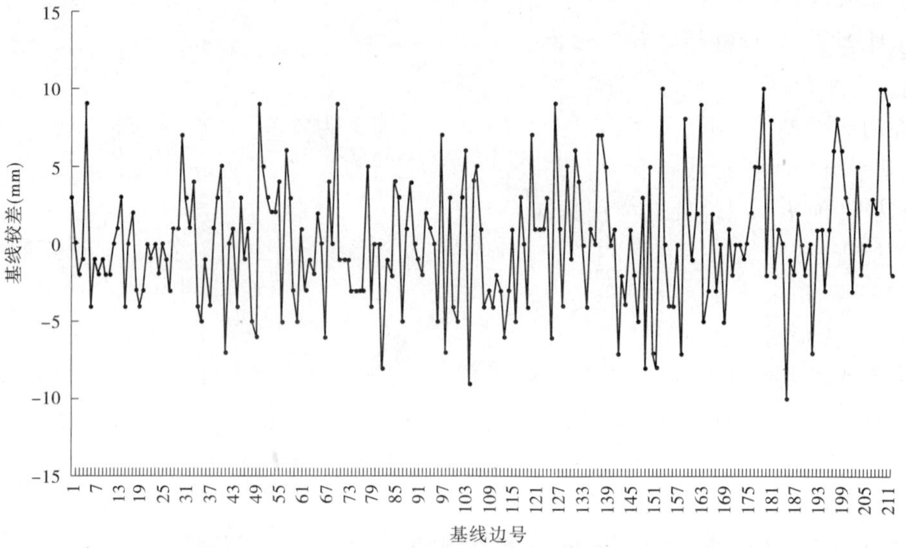

图 2　GPS 边长与全站仪边长比较

5　结　语

自 2006 年 9 月 28 日安阳段开工建设以来,在施工控制网方面没出现任何质量问题,其精度良好、可靠,可以满足施工的要求,得到监理单位和施工单位的普遍好评。

参 考 文 献

[1] 武汉测绘科技大学. 控制测量学[M]. 北京:测绘出版社,1988.

[2] 李玉宝. 应用 GPS 建立工程控制网若干问题的思考[J]. 测绘通报,2001(12).

地面型三维激光扫描系统在高山区地形图测绘中的应用研究

黄会永　陆日壮　徐寅生

（中水北方勘测设计研究有限责任公司）

摘　要　在测绘领域，高山区的地形图测量中，如何安全、准确、快速地获得高精度的数据，一直以来都是个难题。地面型三维激光扫描系统的出现，给我们提供了一个高效快捷的数据采集途径。本文通过地面型三维激光扫描系统在乔巴特水电站测图中的实验，着重探讨了地面型三维激光扫描系统在高山区测图中的优势。

关键词　三维点　三维激光扫描仪　测绘　立体扫描

1　地面型三维激光扫描系统简介

地面型三维激光扫描技术是空间点阵扫描技术和激光无反射棱镜长距离快速测距技术发展而产生的一项新测绘技术。它是一种非接触式主动测量系统，可进行大面积高密度空间三维数据的采集，具有点位测量精度高、采集空间点的密度大、速度快等特点。三维激光影像数据可以提供首次回波脉冲和尾次回波脉冲测量数据，同时也融合了激光反射强度和物体色彩等信息，为测量目标的识别分析提供了进一步的研究内容。地面型三维激光扫描仪可进行野外局部带状地形区域分段扫描。在具有一定重复扫描区域内，进行三维影像拼接和合并生成带状影像图。通过少量的测量控制点转换到国家或城市坐标系中，用地形和地物的三维点云数据建立模型，生成大比例尺高精度地形图。

2　地面型三维激光扫描系统的组成和工作原理

地面型三维激光扫描系统一般由三部分组成：激光扫描仪、控制器（计算机）、电源供应系统。激光扫描仪本身主要包括激光测距系统和激光扫描系统，同时集成 CCD 及仪器内部控制和校正系统。激光三维扫描仪通过向物体表面发射激光束，以激光定位原理精确测量物体表面点的坐标；每个扫描点云的测量都是基于三角测量原理进行的，并且根据激光扫描仪的传感器驱动进行三维方向的自动步进测量。三角测量原理：通过激光发射器发出的激光束经过反光镜发射到目标上，形成反光点，然后 CCD 接收目标上的反光点，最后，基于两个角度及一个三角形底边计算出目标的景深距离（Y 坐标），再经过激光束移动的反光点的位移角度差及 Y 坐标等计算出 Z、X 坐标。每扫描一个点云后，CCD 将点云信息转化成数字电信号并直接传送给计算机系统进行计算，同时 CCD 根据扫描点的反射强度进行颜色匹配。扫描仪采用自动的、实时的、自适应的激光束聚焦技术，以保证每个扫描点云的测距精度及位置精度足够高。

3　地面型三维激光扫描仪的分类

地面型三维激光扫描仪按照常用测距原理分为两种：①相位测量原理（Phase Measurement），主要用来进行中等距离的扫描测量，扫描范围通常限制在 100 m 内，但它的精度可以达到 mm；②时间漂移原理（Time – of – Fly）。

4　徕卡 HDS4400 地面型三维激光扫描仪

徕卡 HDS4400 地面型三维激光扫描仪见图 1。

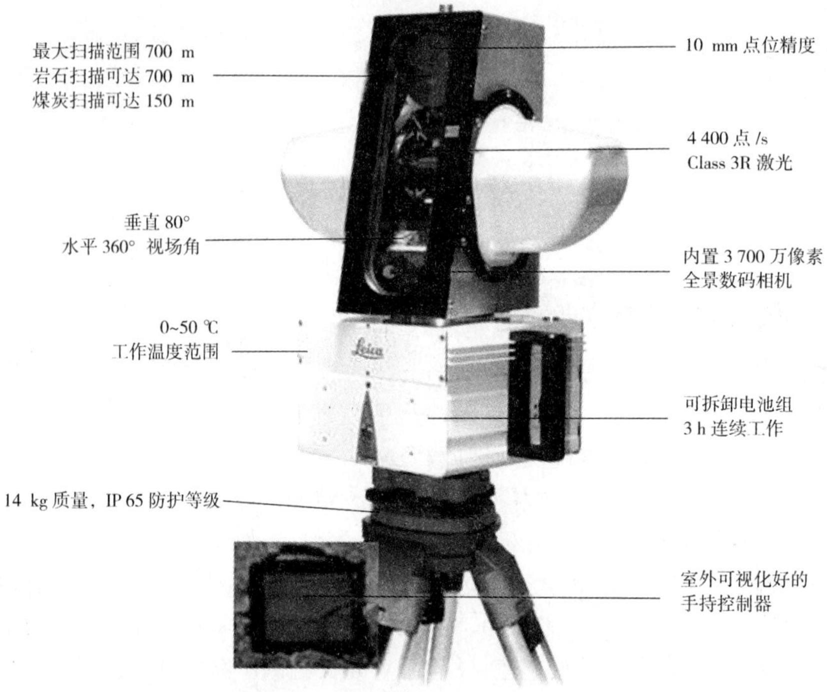

图 1　徕卡 HDS4400 地面型三维激光扫描仪

5　徕卡 HDS4400 主要特性参数

5.1　综合描述

设备描述：紧凑，脉冲，双轴补偿，高速激光扫描仪，充分胜任地形测绘的精度、距离和视场范围；

扫描仪驱动：伺服电动机；

相机：内置 3 700 万像素数码相机。

5.2　激光扫描系统

类型：脉冲 905 nm；

激光等级：3R（IEC 60825 – 1）；

扫描半径:5 ~ 700 m;

40% 反射率 600 m(岩石);

5% 反射率 150 m(煤);

扫描速度:4 400 点/s;

角度精度: +1.4 mrad;

角分辨率:最小 0.108°;

精度范围:50 m 处 20 mm;

全测量范围内典型精度:50 mm;

可重复精度:50 m 处 10 mm;

视场角:水平 360°,垂直 80°;

瞄准镜:内置,自动型望远镜(16×);

附加:670 nm(红色)激光指示;

数据传输:以太网电缆;

补偿器:内置倾斜补偿器;

水平指示器:外部气泡。

5.3 电源

电源供应 24 V 直流,90 ~ 260 V 交流;

电池类型:内置 NiMH 可拆卸和可充电电池;

持续工作时间:3 h。

5.4 环境

操作温度 0 ~ +50 ℃;

防护等级:IP 65(IEC 60529)。

5.5 物理特性

尺寸:431 mm × 271 mm × 356 mm;

质量:14 kg(包括电池)。

6 项目概况

乔巴特水利枢纽位于新疆维吾尔自治区阿勒泰地区布尔津县冲乎尔乡境内的布尔津河的中游。布尔津河是额河的第一大支流。该河发源于阿尔泰山友谊峰(海拔 4 374 m)南麓,河床多为裸露基岩,山区水流急湍。布尔津河干流河长 149 km,总落差 514 m,河道平均纵坡 3.5‰,新疆乔巴特电站库坝区位于喀纳斯湖下游的布尔津河与苏木达依日克河汇合口以下 4 ~ 5 km 处,坝段河谷呈 V 字形。

乔巴特水利枢纽主要由拦河坝、引水隧洞、调压井、压力钢管、电站厂房、坝后生态电站及泄水建筑物等组成。水库总库容 14.5 亿 m^3,电站总装机 524 MW,其中引水电站装机 4 台,坝后生态电站装机 2 台。工程等别为 I 等,工程规模为大(1)型。

测区交通条件较为艰难,目前已有简易进场公路到达电站厂房区、坝区附近,电站库区、坝区、厂房区均无交通桥可通达右岸。

鉴于乔巴特水电站测区山高壁陡，并且没有交通通达对岸，给常规测绘方法带来极大的困难。因此，我们采用地面型三维激光扫描系统，对坝址区进行全方位立体扫描，对采集回来的数据进行处理，进而得到坝址区地形图。

7　数据采集

三维激光扫描仪的数据采集及处理流程如下：

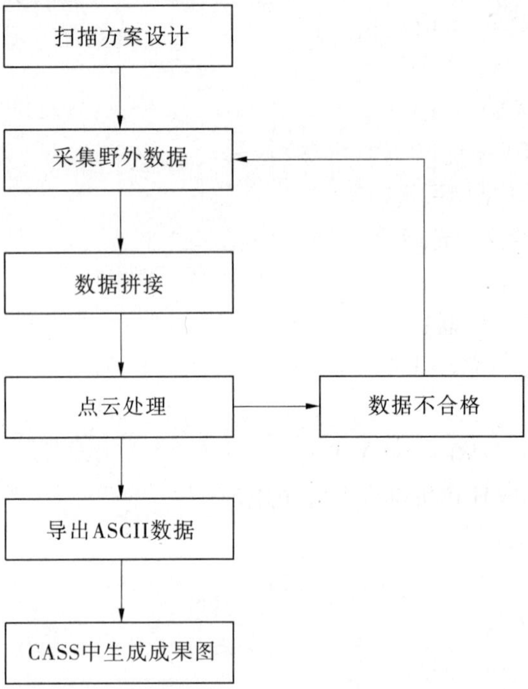

由于河道不太宽，在被测山坡对面已知点上架站，用坐标定向后，开始扫描即可获得所测区域的所有三维数据，包括测点的 X、Y、Z 三维坐标信息，还包括 RGB 颜色信息，并且还有物体反射强度的信息，这样就得到了坝址区的点云数据。为了检查三维激光扫描仪的测量精度，通过全站仪等常规测量手段进行检测。

乔巴特下坝址的点云截图见图 2。

8　数据处理

扫描完成后，将扫描数据导入软件。根据地形定义坐标轴，然后进行切片。通过俯视图、侧视图等各种视图对切片中的点云进行去噪处理和滤波处理，去除无用数据，如树木等；然后将过滤后得到的地面点以 ASCII 码形式导入南方 CASS 中生成等高线，最终得到该区域的地形图。

在南方 CASS 中生成的地形图如图 3 所示。

9　精度分析

精度分析见表 1。

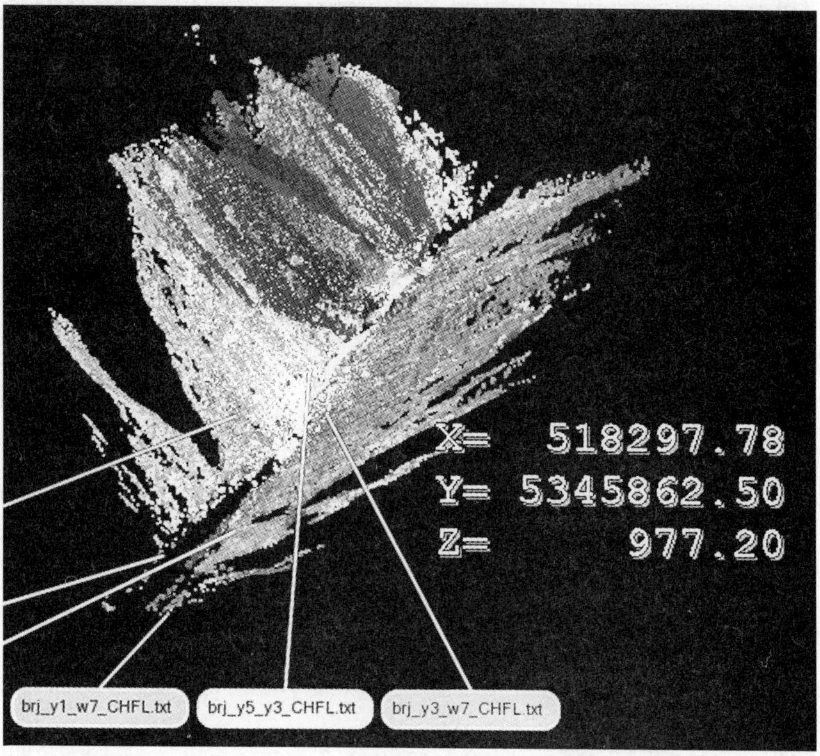

图2 乔巴特下坝址的点云截图

表1

架站序号	测点数	[vv](m)	中误差(m)	允许值(m)
1	24	0.14	±0.08	±0.67
2	23	0.21	±0.10	±0.67
3	20	0.11	±0.07	±0.67
4	15	0.14	±0.10	±0.67
5	13	0.17	±0.11	±0.67
6	17	0.13	±0.09	±0.67
7	12	0.09	±0.09	±0.67
8	22	0.13	±0.08	±0.67

10 结 语

通过徕卡 HDS4400 激光扫描仪对坝址区进行扫描,对点云数据处理后生成大比例尺地形图,较以往常规测量方法速度快,点密度高,地形图更形象逼真。地面型三维激光扫描系统使高山区地形图测绘工作变得更快捷,改变了常规测量手段的单一性,增加了颜色信息和反射强度信息,使地形图更真实细腻。

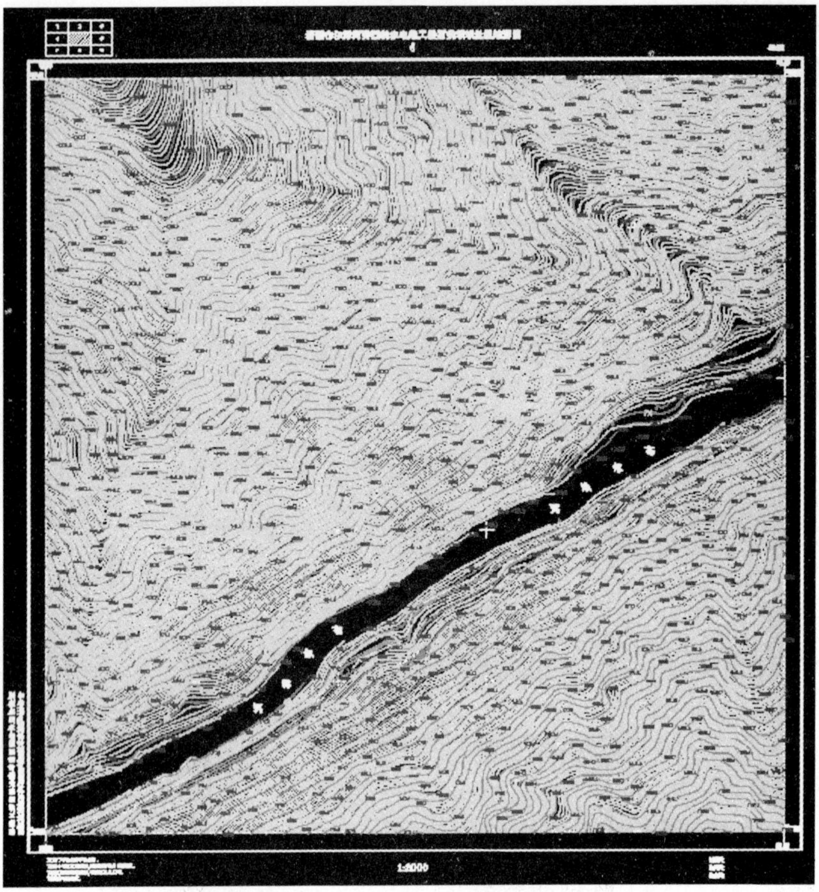

图 3　在南方 CASS 中生成的地形图

参 考 文 献

[1] 范海英,杨伦,等. Cyra 三维激光扫描系统的工程应用研究[J]. 矿山测量,2004(3):16-18.
[2] 张宏,胡明. 三维激光扫描仪在地形测量中的应用[J]. 企业技术开发,2007,8(16).
[3] 郑德华,雷伟刚. 地面三维激光影像扫描测量技术[J]. 铁路航测,2003(3).

地面沉降区水位资料修正方法探讨

张玉坡　陈连惠　林旭宝

（天津市水文水资源勘测管理中心）

摘　要　近年来地面沉降在我国沿海地区的广泛发展，使沉降区大范围的水准点高程均产生程度不同的下沉，致使以水准高程为依据的水位资料存在着日益增大的误差，甚至出现明显的反常现象，如倒比降、历年水位过程线只升不降等。对由于地面沉降造成水位资料误差的修正，统一修正标准，提出科学合理的修正方法是必须的。本文仅就地面沉降给水文资料带来的误差以及如何修正作一探讨。

关键词　水位资料　地面沉降　修正

1　水位资料修正的指导思想和原则

（1）水位资料修正是一切水文工作的基础，是为水利建设服务的，故应满足防汛救灾、防汛调度，工程规划施工、运行管理，水文计算、水文预报，水资源评价、管理、保护，水运科研等工作需要，同时还为国民经济各部门和国防建设提供正确的水文数据。

（2）水位资料的修正是在原有工作的基础上，根据水准联测的新成果，在具备统一基面和新的水准高程条件下开展。

（3）目前地面沉降的范围既大又在持续发展，地面沉降发展的范围又都是经济发达的地区。地面沉降给水位资料带来的误差，表面上看，每年的绝对值似乎不大（几毫米到几十毫米不等），对具体工程的影响不显著，但在科研工作中却会引起矛盾，有时还会得到完全相反的错误结论。而且，地面沉降的持续发展，长年累积的误差就相当大，有些测站已达到 2 m 左右。所以，对水位资料的修正既要做到及时，又要切实可行；既要保证一定的精度，做到科学合理，又要创造必要的条件，做到修正有充分的依据。

2　水位资料修正标准

水位资料的修正，是在统一基面、严密平差和搞清历年水准高程基面关系的前提下开展的。

过去有关的水文测验和资料整编规定中，只对水尺零点高程变动作有关规定，即当水尺零点高程发生大于 1 cm 的变动时（比降水尺标准要高些，为 0.5 cm），水位资料需作相应修正。对国家引据水准点、测站基本水准点和校核水准点的变动未作修正规定。过去在执行时，有的采用修正值为 $8\sqrt{K}$（K 为连测距离，单位为 km，计算值 $8\sqrt{K}$ 的单位为 cm），一般平原区用 $12\sqrt{K}$ 控制，当变动大于 $8\sqrt{K}$（或 $12\sqrt{K}$ 时），作修正；小于等于 $8\sqrt{K}$（或 $12\sqrt{K}$）时不予修正。

3　水位资料修正方法

地面沉降属于缓变性灾害，地面沉降引起的高程变化是渐变的，也是不均匀的。在时间上，不同发展阶段，沉降速率不同；在空间上，不同点（测站）所处的位置不同，沉降速率也不同，故水位资料的修正必须分片分阶段进行。过去水文站那种就近引测、历年系列资料用算术平均分配修正的方法，缺乏科学性，是在不得已的情况下才采用的。以下两种修正方法，避免了过去的缺陷，且较简单、易操作，比较科学实用。

3.1　地质分析法

地质分析法的实质是通过对地面沉降规律的掌握，分片分阶段予以修正，也就是根据地面沉降的发展阶段分段，根据地面沉降中心和沉降等值线分片。其修正步骤如下：

（1）首先根据新测水准高程，考证确定每一个水准点的历年累积变动值，圈定沉降范围，确定各分片沉降中心，有条件（即水准点较多的地区）时，作出地面下沉等值线图。由于地面沉降是过量开采中、深层地下水所致，故地面沉降的范围、沉降中心、等值线走向及其疏密程度均与中、深层地下水开采的水位降落漏斗范围、漏斗中心及地下水位等值线形态相吻合，但是地面沉降的范围要比地下水位降落漏斗的范围小。根据天津市地面沉降监测站的分析，当中、深层地下水位埋深降到 20 m 时才发生地面沉降，一般地面沉降发生的时间与地下水位区域降落漏斗形成时间相比，滞后期约为三年。地面沉降的沉降速率（年沉降量）和地下水累计开采量、地下水位的降落深度密切相关。所以，在水位资料修正前，应掌握本地区的地下水位降落漏斗分布和历年地下水开采量及和地下水位的变化情况，以便较正确地勾绘地面沉降范围、沉降中心和沉降量等值线图。

（2）在确定了地面沉降范围、沉降中心、分片以及每一测点的沉降量后，进一步需要掌握的就是地面沉降的发生、发展情况，以便进行沉降速率的阶段性划分。地面沉降有其初始形成、发展、稳定、衰减等阶段，每个阶段的沉降速率都不一样。过去在确定累计沉降量后，都是采用算术平均分配的方法来修正各年的水位值，并未考虑不同阶段的情况。确定地面沉降的发展阶段，可以根据地区的历次水准复测资料（但要排除基面、平差等的影响）和地下水开采量的变化以及地下水位降幅和变化来分析。分片、分阶段修正比笼统平均分配更符合实际情况，有利于提高修正的精度。从理论上讲，为了掌握地面沉降对水位资料的影响，最好每年都和基岩标（或沉降区外的稳定点）连测，测得实际沉降量，逐年修正。今后有条件时，在沉降区特别是经济高度发展的地区，尽量多设些基岩标和稳定点，逐步创造条件，做到完全根据实测资料予以修正。

（3）在分片掌握地面沉降发展的阶段性后，即可分阶段予以修正。但每个阶段逐年的下沉数值仍需和地下水累计开采量以及地下水位的下降值建立相关关系，以求得较正确的逐年下沉数值。在无条件的地区，在同一阶段内可简化采用平均分配的方法。

（4）通过上述地质分析法确定的修正值，为检验其合理性，还需进行必要的水文分析，其中包括和上下游水位的比较，以保证修正后水位资料的合理性。

3.2　水文法

水文法的实质是寻找处于同一水系的上、下游而分别位于沉降区和稳定区的两个测站，建立它们水位之间的相关关系，通过计算或相关图上直接查读，得出水位修正值。具体计算步骤如下：

设地面沉降前的回归关系式为

$$y = a + bx$$

式中：x 为稳定站年(月)平均水位；y 为沉降站年(月)平均水位；a、b 为待定系数。

地面沉降 n 个时期的回归关系分别为：

$$\begin{aligned} y_1 &= a_1 + bx_1 \\ y_2 &= a_2 + bx_2 \\ &\vdots \\ y_n &= a_n + bx_n \end{aligned}$$

考虑到地面沉降不至于影响河流的基本特征，故将 b 作为定值处理。

对于稳定站来说，$x_1 = x_2 = \cdots = x_n = x$，则第一个时期的比较方程为

$$\begin{cases} y = a + bx \\ y_1 = a_1 + bx_1 \end{cases}$$

两式相减消去 bx，可得 $y - y_1 = a - a_1$，设修正值为 $\Delta a = a - a_1$，则 $y = y_1 + \Delta a_1$。同理，第二个时期的方程为 $y = y_2 + \Delta a_2$。由此可知，在一定条件下，稳定期与沉降期关系式常数项之差，就是水位的修正值。

利用此法计算得出的水位修正值也要进行可靠性检验。一是根据历年各次从稳定区水准点施测的水准成果，对照检查推算值有无误差；二是以推算的修正值修正各年水位，点绘上、下游站水位比降线，检查有无反常现象。

为了正确选择稳定区测站，和地质分析法一样，在水位资料修正前必须对地区地面沉降的范围、发展等情况基本掌握，否则仍会带有较大的盲目性，造成不适当修正。

4 结 语

以上两种方法对由地面沉降引起的水位资料误差进行修正，但其修正结果并不是绝对真实值，因其手段和技术等问题存在一定的误差，只是尽可能接近真实值。所以，对水位资料的方法还有待继续研究探讨，以获得更加精准的资料。

参考文献

[1] 郭占荣，等. 天津市地面沉降数值模拟研究[J]. 地球学报，1998(11).

手持 GPS 的校正方法探讨

刘永波 黄会永

（中水北方勘测设计研究有限责任公司）

摘 要 在使用手持 GPS 野外找点时，往往需要输入 1954 北京坐标系等坐标系统的坐标，而手持 GPS 本身接收到的是 WGS84 坐标，这时就需要对手持 GPS 作参数校正。本文介绍了对手持 GPS 进行三参数校正和投影参数校正的校正方法。校正后在 GPS 信号较好的情况下，手持 GPS 在平面上可以达到 ±5 m 的外符合精度。

关键词 GPS 三参数 经纬度 WGS84

0 引 言

GPS（Global Positioning System）指全球卫星定位系统。它由空间站、地面站和用户三部分组成。GPS 作为当今世界上最先进的定位系统，在各个领域得到了广泛的应用。特别是在测绘行业中，由于拥有常规测量手段无可比拟的优越性，所以在工程测量中的应用愈来愈广。

1 手持 GPS 校正方法

手持 GPS 直接测量得到的是 WGS84 坐标。而实际工作中我们使用手持 GPS 导航或者测点往往采用 1954 年北京坐标系或 1980 年西安坐标系。对于两个空间直角坐标系间的变换，除对坐标原点实施三个平移参数外，当坐标轴间互不平行时还存在三个旋转角度参数，以及两个坐标系尺度不一样的一个尺度变化参数。而对于手持 GPS 来说，在一定的范围内（如 50 km×50 km 的区域），只采用 DX、DY、DZ 三个坐标平移就足以满足坐标转换的要求。这里以合众思壮公司的 GARMIN eTrex 小博士手持 GPS，使用 1954 年北京坐标系为例，介绍如何计算手持 GPS 的校正参数。

按照手持 GPS 说明书要求，要计算两个椭球转换的三参数，需要先收集 B 级网以上网点 WGS84 坐标系 B、L、H 值及当前测区采用的坐标系的 B、L、h、x 值，上述 B、L、H 分别为各个椭球的大地纬度、大地精度和大地高，h 和 x 分别为正常高和高程异常。以上参数需要到各省测绘局或测绘院具有 A、B 级网的单位查得。

在测量外业工作中，由于工期紧、任务重，往往来不及到测绘部门收集以上资料，这种情况下，我们需要找到一个具有当地坐标系统坐标的已知点。该点的平面坐标（x,y,h）和高程异常 x 应当已知。其中高程异常 x 可以采用一些软件插值得到。然后使用手持 GPS 测量该点的 WGS84 经纬度和大地高。需要特别注意的是，测量 WGS84 坐标系统下的经纬度和大地高时，需要将手持 GPS 的坐标转换参数恢复为默认设置，即设置（DX:0；DY:0；DZ:0；Da:0；Df:0）。当然，如果该点曾经进行过静态 GPS 测量，也可以通过解算该点的单点定位坐标，来获得该点的 B、L、H 值，这样会大大提高转换参数的计算精度。

1.1 三参数校正

1.1.1 计算两个椭球的 B、L、H 值

这里 WGS84 坐标系统的 B_{84}、L_{84}、H_{84} 可以通过手持 GPS 测量或 GPS 静态测量得到，这里需要计算的是 1954 年北京坐标系的 B_{54}、L_{54}、H_{54} 值，B_{54}、L_{54} 可以根据下面的高斯投影反算公式由 (x,y) 计算得到。1954 年北京坐标系统的大地高 $H_{54}=h+x$，这里 h 为正常高，x 为该点在 1954 年北京坐标系下的高程异常值。

$$\begin{cases} B = B_f - [1-(b_4-0.12Z^2)Z^2]Z^2 b_2 \rho'' \\ l = [1-(b_3-b_5Z^2)Z^2]Z\rho'' \\ L = L_0 + l \end{cases} \tag{1}$$

式中

$$B_f = \beta + \{50\,221\,746 + [293\,622 + (2\,350 + 22\cos^2\beta)\cos^2\beta]\cos^2\beta\} \times 10^{-10}\sin\beta\cos\beta\,\rho''$$

$$\beta = \frac{x}{6\,367\,558.496\,9}\rho''$$

$$Z = y/(N_f\cos B_f)$$

$$N_f = 6\,399\,698.902 - [21\,562.267 - (108.973 - 0.612\cos^2 B_f)\cos^2 B_f]\cos^2 B_f$$

$$b_2 = (0.5 + 0.003\,369\cos^2 B_f)\sin B_f\cos B_f$$

$$b_3 = 0.333\,333 - (0.166\,667 - 0.001\,123\cos^2 B_f)\cos^2 B_f$$

$$b_4 = 0.25 + (0.161\,61 + 0.005\,62\cos^2 B_f)\cos^2 B_f$$

$$b_5 = 0.2 - (0.166\,7 - 0.008\,8\cos^2 B_f)\cos^2 B_f$$

1.1.2 计算两个椭球的空间直角坐标

根据 B_{84}、L_{84}、H_{84} 和 B_{54}、L_{54}、H_{54} 可以计算出 WGS84 椭球的空间直角坐标值 X_{84}、Y_{84}、Z_{84} 和 1954 年北京坐标系统的空间直角坐标值 X_{54}、Y_{54}、Z_{54}。其中所采用的坐标系统的椭球参数见表 1。

表 1 采用坐标系统的椭球参数

参数	WGS84 坐标系	1954 年北京坐标系	1980 年西安坐标系
a	6 378 137	6 378 245	6 378 140
f	1/298.257 223 563	1/298.3	1/298.257
e^2	0.006 694 379 901 3	0.006 693 421 622 966	0.006 694 384 999 588

下面是由经纬度转化为空间直角坐标的转换公式

$$\begin{cases} X = (N+H)\cos B\cos L \\ Y = (N+H)\cos B\sin L \\ Z = [N(1-e^2)+H]\sin B \end{cases} \tag{2}$$

式中

$$N = \frac{a}{\sqrt{1-e^2\sin^2 B}}$$

1.1.3 计算转换参数

转换参数 DX、DY、DZ、Df 和 Da 按下式计算

$$\begin{cases} DX = X_{84} - X_{54} \\ DY = Y_{84} - Y_{54} \\ DZ = Z_{84} - Z_{54} \\ Df = f_{84} - f_{54} \\ Da = a_{84} - a_{54} \end{cases} \tag{3}$$

1.2 投影参数校正

三参数校正后，由于每次 GPS 卫星信号锁定状态不同，每次开机定位时，定位误差都会有所不同，这时如果对定位精度要求较高，就需要进一步对投影参数作平面校正。

这里假设手持 GPS 投影设置中，中央子午线为 75°，东平移 500 000，北平移 0，这时假设 GARMIN eTrex 手持 GPS 测得已知点平面坐标为(x_1, y_1)，该点实际坐标为(x_0, y_0)，则实测坐标与实际坐标之间差值为$(\Delta x, \Delta y)$。

$$\begin{cases} \Delta x = x_0 - x_1 \\ \Delta y = y_0 - y_1 \end{cases} \tag{4}$$

此时东、北平移即可设置为：$500\ 000 + \Delta y, \Delta x$。

此时再进行坐标定位，即可获得最高的定位精度。

2 校正实例

本次校正地点在新疆维吾尔自治区，由公式计算得到参数为：DX：28；DY：-113；DZ：-44；Da：-108，Df：0.000 000 5。投影设置中，中央子午线为 75°，东平移：500 000，北平移 0，没有对 GARMIN eTrex 手持 GPS 作投影参数校正。对工作区中 15 个控制点进行了校正精度测试，由表 2 可知，其野外实测精度大部分可达到 5 m 以内。

表 2 手持 GPS 校正后显示坐标与实际坐标值比较

点号	实际坐标		显示值		误差		平面误差
	Y(m)	X(m)	Y(m)	X(m)	Y(m)	X(m)	S(m)
1	558 129	4 187 086	558 132	4 187 087	3	1	3
2	558 177	4 188 029	558 175	4 188 029	-2	0	2
3	559 904	4 186 847	559 900	4 186 850	-4	3	5
4	559 981	4 187 062	559 983	4 187 060	2	-2	3
5	559 941	4 187 284	559 939	4 187 284	-2	0	2
6	560 576	4 188 640	560 576	4 188 641	0	1	1
7	560 742	4 188 663	560 742	4 188 659	0	-4	4
8	560 904	4 188 773	560 900	4 188 769	-4	-4	6
9	561 029	4 188 839	561 026	4 188 839	-3	0	3
10	561 058	4 188 919	561 058	4 188 920	0	1	1

3 结 语

(1)经过三参数校正后单点定位精度一般能够达到 ±5 m 以内,一般不用再作投影校正,且符合误差分布呈现偶然性。

(2)用于三参数计算的 WGS84 经纬度最好是 GPS 静态测量后解算所得的结果。如果直接采用手持 GPS 测量所得的经纬度,则会在参数计算之前就引入较大的单点定位误差。

参考文献

[1] 孔祥元,梅是义. 控制测量学[M]. 2 版. 武汉:武汉大学出版社,2002.
[2] 孙达,蒲英霞. 地图投影[M]. 南京:南京大学出版社,2005.
[3] 李德仁,袁修孝. 误差处理与可靠性理论[M]. 武汉:武汉大学出版社,2002.

数字化测图方法的初步探讨

庞友国　任建文　柴志勇　余宣兴

（中水北方勘测设计研究有限责任公司）

摘　要　随着国家建设的发展，地形图的成图方法正在逐步地由传统的平板仪测绘成图向数字化测绘成图方向发展，在工程建设、城镇规划、地籍与房产管理等方面均要求所用的地形图（或地籍图）是全野外数字化测图，数字化测图几乎已经占据了大部分的地形图测绘市场。

关键词　制图数据　GIS数据　数字化　高精度

0　引　言

多年以来，地形图、地籍图测量一直沿用传统的平板仪作业方法。这种方法野外测绘时间长、工作量大、精度低、成本高，对工程进度、工程质量以及经济效益等都有不同程度的影响。近几年来，随着电子全站仪和电子计算机的普及，地形图的成图方法正在逐步地由传统的平板仪测绘成图向数字化测绘成图方向发展，在工程建设、城镇规划、地籍与房产管理等方面均要求所用的地形图（或地籍图）是全野外数字化测图或成图数字化的趋势越来越明显，数字化测图几乎已经占据了大部分的地形图测绘市场。目前，数字化测图已广泛应用于各个测绘领域，它具有精度高、时间短、操作简便易学等优点，简化了传统的作业方法，大大缩短了作业时间，减轻了野外劳动强度，对于提高作业速度和成果精度具有重要意义，其高度灵活、自动化程度高等优点，是传统的作业方法无法比拟的。

1　作业方法

目前在我国，获得数字地图的主要方法有三种：原有图纸地形图数字化、航测数字成图、地面数字化测图。但不管哪种方法，其主要作业过程均分为三个步骤：数据采集、数据处理及地形图的数据输出（打印图纸、提供软盘等）。

1.1　原有图纸地形图数字化

原有图纸地形图的数字化是利用计算机、数字化仪、绘图仪再配以一种数字化软件对原有图纸地形图进行图纸数字化，这是在短时间内获得数字化成果图的一种方法。

工作方法有两种：手扶跟踪数字化仪及扫描仪矢量化后数字化，其中后一种要比前一种的精度高、效率高。但是，利用该方法所获得的数字地图其精度因受原图精度的影响，加上数字化过程中所产生的各种误差，它的精度要比原图的精度差。而且它所反映的只是白纸成图时地表上各种地物地貌，现势性不是很好，所以它仅能作为一种应急措施而非长久之计。为了可充分利用该法得到数字地图，可通过修测、补测等方法，实测一部分地物点的精确坐标,再用这些点的坐标代替原来的坐标,通过调整,可在一定程度上提高原有图的精度。而随着地图的不断更新,实测坐标的增加,地图的精度也就会相应地得到了提高。

1.2 航测数字成图

当一个地区(或测区)很大时,就可以利用航空摄影机在空中摄取地面的影像,通过外业判读,在内业建立地面的模型,通过计算机用绘图软件在模型上量测,直接获得数字地形图。它是通过在空中利用数字摄影机所获得的数字影像,内业通过专门的航测软件在计算机上对数字影像进行像对匹配,建立地面的数字模型,再通过专用的软件来获得数字地图。

该方法的特点是可将大量的外业测量工作移到室内完成,它具有成图速度快、精度高而均匀、成本低、不受气候及季节的限制等优点。它特别适合于城市密集地区的大面积成图。但是该方法的初期投入较大,如果一个测区较小,它的成本就显得较高。

1.3 地面数字化测图

地面数字化测图也称为内外业一体化数字化测图,是我国目前各测绘单位用得最多的数字测图方法。采用该方法所得到的数字地图的特点是精度高,只要采取一定的措施,重要地物相对于邻近控制点的精度控制在 5 cm 内是可以做到的。在本文中主要就这方面探讨一下。

2 测绘软件的选择

对于一个测绘单位而言,数字化测图的一个重要问题是选择好适合于本单位使用的绘图软件。因为往往这个单位用起来很好的软件,到了别的单位却不一定适用,所以每个单位对于软件的选择应具体问题具体分析,不能人云亦云。衡量一个成图软件的标准,一要看该软件是否适合本单位的实际情况;二要看其可操作性,是否界面友好,简便易学等;三要看其提供的功能是否适合于本单位;四要看该软件与其他软件的兼容性。

现在市场上的测绘软件有许多种,对于已经熟悉 AutoCAD 的用户而言,南方 CASS 系列数字化地形地籍成图系统可以说是一个不错的选择,因为它们是基于 AutoCAD 2000 平台以上版本开发的,其主要特色是面向 GIS,彻底打通了数字化成图系统与 GIS 的接口。AutoCAD 的所有功能它都可以用,而 AutoCAD 是世界上所公认的绘图平台,其编辑功能非常强大,而且界面友好,便于操作。

CASS 系列提供了"内外业一体化成图"、"电子平板成图"、"原图数字化成图"等多种成图作业模式。在 AutoCAD 2000 的基础上,开发了许多功能,如量算定点、图形复制、绘制多功能复合线等。此外,还提供了地籍表格绘制与图纸管理等功能。对于那些既想用电子平板方式作业,又能在室内编辑成图的单位而言,CASS 系列是一种合适的成图系统。

3 数字测图外业工作的实施

3.1 控制测量

在数字测图工作中,控制测量的工作与传统的控制测量相比,应该更简便,当然,在新的规范中，对这一方面的要求没有多大的改动，但根据一些实际工作经验及积累，有一些限制条件是可以放宽的，特别是图根控制。随着 GPS 技术的发展成熟及全站仪的普及，三角测量现在已基本上淡出了控制测量这个舞台。所以，对大多数的人员而言，无疑大大地减轻了工作的强度。去掉了三角测量的种种枷锁的限制，取而代之的是更为灵活的 GPS 网及导线（网）测量。

现在各测绘单位所使用的电子全站仪的精度一般为6″、3 mm +5 ppm 以下，加上是电子自动读数，所以它的实际精度要较其标称精度高，相对于光学经纬仪而言，就更具优势。

众所周知，在传统测图中，地面点平面位置的误差受下列误差的影响：

（1）图根点的展绘误差 $M_{展}$；

（2）测定地物点的距离误差 $M_{距}$；

（3）测定地物点的方向误差 $M_{向}$；

（4）地形图上地物点的刺点误差 $M_{刺}$；

（5）清绘时所造成的误差 $M_{绘}$。

地形图上地物点平面位置的误差用 $M_{物}$ 表示。

以 1∶1 000 比例尺，最大视距为 100 m 为例，根据经验，地面点平面位置误差如表 1 所示。

表 1　1∶1 000 比例尺时地面点平面位置误差值

误差	$M_{展}$	$M_{距}$	$M_{向}$	$M_{刺}$	$M_{绘}$	$M_{物}$
数值（mm）	0.18	0.20	0.10	0.14	0.08	0.51

而在数字测图中，因为是计算机自动展点，所以图根点与地物点的展绘误差可忽略不计，看做零，则剩下的为 $M_{距}$、$M_{向}$。取方向中误差为标称精度的 3 倍极限，因为是半测回测角，所以方向的误差为 $6'' \times 3 \times \sqrt{2}/2 = 12.7''$，取碎部点至测站的距离为 300 m，则 $M_{向} = (12.7/206\ 265) \times 300 = 0.018$（mm），测距仪的标称精度取 3 mm +5 ppm。顾及测量中棱镜不到位等各项因素的影响，取经验值 0.020 mm。则实测得的该平面点相对于图根点的误差为 $M_{物} = 0.032$ mm。

由上可见，在通视良好的条件下，由于全站仪相对于经纬仪测角、测距精度的提高及计算机的应用，测量碎部点的距离可以放大，图根点的密度可作相应的降低，边长可放宽至 100 ~ 300 m。对于支站，也可打破不超过 3 个支站的限制。当然，在城市密集建筑区和通视不好的条件下，顾及以后地形图修测或工程放样的要求，图根点的密度应增加。

3.2　碎部测量

数字化测图中，碎部测量的主要方法为坐标法，在实测得多数碎部点的坐标后，可利用软件中的方向交会、距离交会、十字尺测量法或量算定点等方法来取得其余各点的坐标，再辅以软件中的偏移、拷贝、延伸等功能，得到最后的图形。

在非电子平板数字测图中，很多单位所采用的方法为外业草图 + 室内交互编绢来完成测图工作。内业成图有两种作业流程：草图法和简码法。

3.2.1　草图法工作模式

草图法工作模式又可以称为无码模式，要求外业工作时，除测量员和跑尺员外，还要安排一名绘草图的人员,在跑尺员跑尺时,绘图员要标注出所测地物的属性信息并记下所测点的点号,在测量过程中,测站和绘图员之间需要及时联系,以确保草图上标注的点号与全站仪(或电子手簿)中所记录的点号一致,而在测量每一个碎步点时,不用在全站仪(或电子手簿)中输入地物编码。

草图法工作模式在内业工作中,根据作业方式的不同,分为点号定位、坐标定位、编码引导几种方法。主要是利用外业测量数据和草图在计算机上利用成图软件交互编辑成图。

3.2.2 简码法工作模式

此种方法是利用带简码编码格式的坐标数据文件自动绘图方式,与草图法工作模式所不同的是,在外业测量中,每测一个地物点时都要在全站仪(或电子手簿)中输入地物的编码,用户可以根据需要定制需要的野外操作简码。

在点号的编码方式中,一般可以采取6~7位,为(0~9)(××)(×××),第一位为连接关系,如0表示独立点,不与前面的其他点发生联系;1与前面的点为同一地物(貌),与前点连;2表示与前一点为隔一点连关系;3表示有3个方向;4表示该地物(貌)到此结束;5表示曲线连;等等,各单位自行约定。第二、第三位为地物(貌)的代码,如2层砖房为F2,简易房为F0,在建房为FJ,围墙为WQ,加固陡坎为K2,不加固陡坎为K1,高压线为D2,输电线为D1,通讯线为D3,地类界为DL等。最后三位为全站仪的自动增加的点号。采用以上编码方法所得到的各点的点号编码举例如表2所示。

表2 采用不同编码方法所得各点的点号编码

点号	编码	备注	点号	编码	备注
1	0F3001	砖3开始	15	0DL015	地类界开始
2	1F3002	与上点连	16	1DL016	与上点连
3	1F3003	与上点连	17	1DL017	与上点连
4	1FY004	砖3的阳台	18	4DL018	与上点连
5	0F2005	砖2开始	19	0K1019	不加固陡坎开始
6	1F2006	与上点连	20	1K1020	与上点连
7	1F2007	与上点连	21	3KT021	与上点连,有一稻田方向
8	0F0008	简易房开始	22	3KT022	与上点连,有一稻田方向
9	1F0009	与上点连	23	4K1023	不加固陡坎结束
10	1F0010	与上点连	24	0K2024	加固陡坎开始
11	0D1011	低压线开始	25	3KT025	与上点连,有一稻田方向
12	1D1012	与上点连	26	3KT026	与上点连,有一稻田方向
13	1D1013	与上点连	27	4K2027	加固陡坎结束
14	1D1014	与上点连			

依此类推，当在外业完成各点的编号（编码）后，回到室内就可以把传输到计算机的各点在计算机屏幕上以展绘编码的方式展现出来，再根据跑尺人员自己所走过的线路，辅以这些点号编码，则可比较方便地把这些点连接起来。或者通过编制编码引导文件，实现自动连线。

当完成这项工作后，再把这些图拿到实地对照，量取实地没有测到的各种数据，再在计算机上进行交互编辑，从而得到最终的地形图。

在数字化测图中，对于碎部点的确定应注意以下几点：

（1）依比例的规则建（构）筑物只需测出 3 点，第 4 点可由计算机来完成。

（2）不规则的地貌应尽量多测一些点，因为在传统测图中，一些细小的变化可通过手工来完成，但计算机的模拟是无法比较真实地反映出这些实际地形的。

（3）对于程序中规定顺序绘制的图块，如桥梁，广告牌等，最好能按其顺序进行测量。

此外，还应注意以下一些事项：

（1）测图单元的划分，以自然分界为界，如河流、道路等，以便于地形图的施测，也减少了接边的问题。

（2）能够测量到的点尽量实测，避免用皮尺（钢尺）量取。因为用全站仪所测量的速度远非皮尺量取所能比的，而且精度也会高些。

（3）同一类地物（貌）应先测，以避免给内业造成一些不必要的麻烦，当然，根据实地的实际情况，可作灵活的运用。同时，也方便测站上观测人员的数字及字母输入。

（4）测等高线时，除测量特性线外，还应尽量多测一些加密的点，以满足计算机建模的需要，也能更加详尽地反映出地貌。

无棱镜全站仪在工程测量中的应用

杨贵崇[1] 曹家印[1] 李月亮[2]

(1. 中水北方勘测设计研究有限责任公司;
2. 天津市金帆工程建设监理有限公司)

摘 要 无反射棱镜全站仪是无反射棱镜测距技术与传统全站仪的结合,它具有普通全站仪所不可替代的优点。本文就 TOPCON3000LN 型号全站仪使用情况,并列举其在工程建设测量中的几种应用方法及使用过程中的注意事项。

关键词 无反射棱镜全站仪 切换 工程测量 应用 建议

0 引 言

无反射棱镜全站仪是不需要棱镜作为合作目标就可进行测距的全站仪。TOPCON3000LN全站仪把无反射棱镜测距技术与传统全站仪结合在一起,给测量工作带来了很大的方便,减少了野外作业时间,提高了工作效率,是测量的一次飞跃。

1 TOPCON3000LN 无反射棱镜全站仪的特点

TOPCON3000LN 无反射棱镜全站仪把无反射棱镜测距融合进了传统的全站仪,具备双重的功能,实现了"所瞄即所测"。同以往的全站仪相比,无反射棱镜测距仪具有效率高、使用范围广的特点。无反射棱镜全站仪最大的优势就在于不需要接触被测目标就可获得被测点的三维坐标,省去了作业员的奔波之苦,作业强度和危险性大大降低,也对一些重要建筑起到了一定的保护作用。无棱镜模式下的长距离测量可灵活应用在城市测量、森林测量、采石场测量、事故勘查等方面。

TOPCON3000LN 全站仪测角精度 2″,有棱镜时测距精度为 ±(3 mm +2 ppm),无棱镜模式测距精度为 ±(5 mm +2 ppm),根据经验,正常使用中可快速测量 700 m 处的目标。

采用脉冲激光二极管发出的不可见脉冲激光来测距,可以选择棱镜模式照准目标,也可以选择无棱镜模式照准目标。按[NP/P]键可进行有棱镜和无棱镜模式切换,如图 1 所示界面。在无棱镜模式下右上角显示[NP]符号。测距模式有精测、粗测、跟踪模式,在常规地形测量中,根据需要采取不同的测距模式。

2 在工程测量中应用

无反射棱镜全站仪最大的优势就在于不需要接触被测点就可获得被测点的三维坐标。这一优势可以通过几个实际应用例子进行阐述。

2.1 地形测量

以新疆精河引水工程测量项目为例,天山山势高、坡度陡,山上裸露危岩石块给测量

角度测量模式

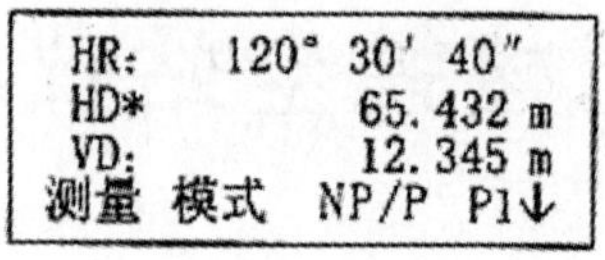

距离测量模式

图1

工作造成很大的困难。在测绘过程中,除个别点外,其他绝大部分点是由无反射棱镜全站仪直接测出的,节省了时间,减轻了作业人员的劳动强度和作业危险性,提高了测图效率。

再以新疆雅玛渡引水工程为例,所处地区四面环山,植被不发育,大的冲沟较多,如果用棱镜去跑点既危险效率又低。把无棱镜全站仪架在稍高且视野开阔的地方,可以极大地发挥无棱镜的优势,而且测出来的点均匀,比较深的沟壑用棱镜模式交替测量。效率提高了至少3倍,作业人数也大大减少,如果测1:2 000地形图,平均一天可测量2 000点以上。大大节省了人力及生产开销,极大地提高了工作效率。

对水域测量,在实际工作中往往涉及河流及其滩地,水域对面或河滩人员难以到达,这时无棱镜就可发挥其独有的作用,解决人员难以到达或无法到达的困难。

2.2　断面测量

2.2.1　隧道断面测量

将仪器安置在所放样的中线点,用已知点后视并测量高差,计算出全站仪的视线高程,输入到全站仪,转动全站仪到垂直面上,采集若干点三维坐标并储存到全站仪,转动仪器180°,再同样采集若干点。下方个别点如全站仪因距离太短无棱镜无法测距时可用反射片代替。通过现场笔记本电脑绘图可以直接看出隧道变形情况。如山西省万家寨南干线隧道工程隧道断面测量,在不影响正常行车的情况下实施了测量作业,作业前用T3000检测了一下无棱镜测距及测角精度,与无棱镜全站仪所测的距离及高差对比,距离控制在200 m以内,两台仪器测距及高差能够很好地吻合。通过无棱镜全站仪的使用,无棱镜所测隧道断面数据真实、细腻和精确,有效地提高了工作效率,这是普通全站仪无法做到的。

2.2.2　工程断面测量

在视野开阔、山势陡峭、无茂盛植被地区,尤其是地形陡峭、险峻地段,作业人员攀爬会造成极大的安全隐患,这种情况下无反射棱镜全站仪的优势体现得更为明显。在新疆精河引水工程横断面测绘过程中,经常将仪器置镜于沟谷的对岸来对陡峭的地貌进行断面测量。测量方法是将仪器置镜于任意视线开阔处,将棱镜对中杆安置于线路中心对应断面里程处,设置好仪器,利用全站仪无棱镜测距功能结合全站仪内部对边测量应用程序,直接瞄准所测目标点的位置,测出目标点离线路中心的距离和高程,在现场用笔记本电脑进行断面点绘。

2.2.3　高压线弧垂高度的测量

在送变电线路工程中,经常要考虑高压线弧垂与地面间的安全高度,以及线路与建筑物房顶之间的安全距离,这样就需要测量高压线弧垂与地面之间的高度。测量时把全站仪架设在与高压线大致垂直的一边,先用无棱镜功能测量仪器与弧垂之间的垂距 H_1 和平

距 D_1,把全站仪水平方向制动,再把棱镜放在弧垂的下方,用全站仪测量与棱镜之间的平距 D_2,指挥司镜员,使 $D_1 = D_2$。这样地面棱镜的位置就是所求弧垂点在地面的投影位置。再测量出全站仪与棱镜的垂距 H_2 及棱镜高 H_3,则该弧垂的高度为

$$H = H_1 - H_2 + H_3 \tag{1}$$

式中,H_2 为正时用正号代入,H_2 为负时用负号代入。

在线路测量中充分发挥了全站仪无棱镜测距功能,减轻了作业人员的劳动强度和作业危险性,提高了测绘速度,缩短了外业作业时间,增加了效益。此外,无棱镜测量还应用在建筑物变形监测、古文物及重要建筑的保护、隧道桥梁施工等各个领域。

3 测量中应注意的事项

(1)在测量中转换有棱镜和无棱镜操作时不要按得太快,等观测结束后再进行转换,以免程序来不及反应,造成程序的破坏。

(2)适用于通视条件好、反射介质好的地方,在反射介质较暗、吸光性太强、反射条件不好等地方不宜使用无棱镜测量。

(3)无棱镜测量技术适宜测量反射面裸露的测点高程,如岩石、房屋、公路等视线可及的地形、地物点高程。

(4)无棱镜测量适用于视线没有任何障碍的地形、地物测量,若中间有障碍物,则测量到的是障碍物的坐标、高程。如要测 400 m 外的地形点,若在 200 m 的地方有树叶挡住视线,则测到的将是树叶的坐标、高程。

(5)无棱镜测量要耗费较大的电源,外业时要准备充足的电源,必要时配置外挂电源。

(6)注意不要将激光束射向光亮物体表面。

(7)施测过程中不要长时间通过目镜观测标的物,以免将眼睛长时间置于激光束中导致受伤。

(8)无棱镜测量适用于人员难以到达,反射介质好的地形、地物测量,如悬崖、溪谷等。

(9)在地形视野不开阔地段和植被茂密地区,全站仪无反射棱镜测距功能将无法发挥优势。

4 结 语

对测量仪器的应用与操作经验的积累是无止境的,这就要求我们不断地实践和总结,笔者在本文中的几点粗略见解,期望能起到抛砖引玉的作用,旨在与广大同仁共同探讨。

参 考 文 献

[1] 李清泉,杨必胜,史文中,等. 三维空间数据的实时获取、建模与可视化[M]. 武汉:武汉大学出版社,2003.

无棱镜测量技术在河道断面测量中的应用

李德安

（中水北方勘测设计研究有限责任公司）

摘　要　本文介绍了无棱镜测量技术在重庆市关景口水库库区河道断面测量中的应用情况，对无棱镜测量技术工作效率和成果精度以及适用条件进行了分析。

关键词　无棱镜测量技术　断面测量　精度分析

1　工程概况

观景口水库是重庆市重点水源工程之一，位于巴南区五布河干流上，坝址控制流域面积 461 km^2，坝址多年平均径流量 2.44 亿 m^3。工程的主要任务是以城市供水为主，同时兼顾小城镇及农村人畜饮水、农业灌溉。

本工程测量的任务是对观景口坝址区及输水线路进行地形测绘，为设计提供带状平面地形图以及坝址区上、下游横断面图。

2　测量工作方法优选

通常横断面测量有两种方法：第一种是经纬仪测量法，即从断面基点上架设经纬仪，开始向横断面两侧观测地形尺，用视距法得出地性线上各点的间距和高差，整理数据绘成横断面图，由于采用这种方法浪费人力、物力，目前已很少采用；第二种方法是全站仪测量，这种方法要求施测人员必须到达断面线上的各特征点上。由于观景口水库五布河上游部分河道两岸边坡陡峭且没有规则，测量每个断面点都要付出很大的代价，如上游 17 + 000 ~ 18 + 500 段，河道左岸是悬崖陡壁，右岸是石质边坡，坡度超过 50°且变化无规律，受条件限制，施测人员难以到达断面线的特征点上采点，为了解决这些问题，我们选用了拓普康 GPT – 3002LN 无棱镜全站仪测量。

3　无棱镜测量技术简介及其适用条件

3.1　无棱镜测量技术简介

无棱镜测量技术基于相位法原理，发出的激光束极为窄小，可以非常精确地打到目标上，保证高精度的距离测量。与有棱镜测量相比较，其优点是只要测点的反射介质符合无棱镜测量的条件，就不需要在测点上放置棱镜，即可测量出该点的三维坐标。此项技术在全世界范围内得到了广泛的应用，它具有良好的技术规范：高精度（3 mm + 2 ppm），大范围（使用柯达灰度标准卡），具有可见的红色激光斑，以及很小的光束直径。当测量人员在触发测量键时，激光器才能被激活，测量完成就被关闭。当打开激光指示器时，3R 类激光器也能够被激活。人眼暴露于这样的激光线中时，自然的一些反应（例如瞳孔的缩小、斜视、视线的转移）将或多或少地减少伤害，这样，人眼由于在无意中处于激光束中较长时间而导致受伤的可能性可以忽略不计。

3.2 无棱镜测量技术的适用条件

每种测量设备都有自身的特点和适用范围，通过实践发现无棱镜测量技术适用条件如下：

(1)适用于通视条件好、反射介质好的地方，在反射介质较暗、吸光性太强、反射条件不好等地方不宜使用无棱镜测量。

(2)无棱镜测量技术适宜测量反射面裸露的测点高程，如岩石、房屋、电线杆、公路等视线可及的地形、地物点高程。

(3)无棱镜测量适用于视线没有任何障碍的地形、地物测量，若中间有障碍物，则测量到的是障碍物的坐标、高程。如要测 400 m 外的地形点，则在 200 m 的地方有树叶挡住视线，则测到的是树叶的坐标、高程。

(4)无棱镜测量要耗费较大的电源，外业时要准备充足的电源，必要时配置外挂电源。

(5)注意不要将激光束射向似镜表面。

(6)施测过程中不要长时间通过目镜观测标的物，以免将眼睛长时间置于激光束中导致受伤。

(7)无棱镜测量适用于人员难以到达，反射介质好的地形、地物测量，如悬崖、湍急宽阔的河流、客流量大的公路等。

4 拓普康 GPT-3002LN 的使用特点及施测过程

4.1 拓普康 GPT-3002LN 的特点

拓普康 GPT-3002LN 是一款超长测程、超高精度，具备多种功能且简单易用的全站仪。基于菜单的操作系统直观明了，能够引导用户自主完成所需要的工作，用户可以根据需要自行设定操作、显示和输出。拓普康 GPT-3002LN 提供了很多的机载程序，如测量、设站、放样、坐标几何等。测量原理是同轴可见红色激光相位测量，无棱镜测程为 500 m，测边精度为 2 mm+2 ppm，测角精度为 2″。

4.2 施测过程

4.2.1 横断面测量

4.2.1.1 仪器架设

在横断面基点上架设仪器，整平对中。然后进行测站设置，如输入测站坐标、定向等，按以下操作步骤进行：

(1)在程序的启动界面，按 F3(设站)。

(2)将光标移到已知点作业，用导航键选择已知点所在的作业。

(3)将光标向下移到定向方法，用导航键选择采用的定向方法。

(4)按 F1(继续)进入下一窗口，选择测站点的点号。

(5)输入后视点号。此时仪器会显示持否定态度方位角，按 F2(测距)，可以看到方位角差、平距差及高差较差，用于评价定向质量。

4.2.1.2 创建线

操作步骤如下：

(1)激活主菜单管理/数据，按 F6(换页)将显示窗口切换到线。

(2)按 F2(新建)创建线。

(3)线编号：输入线名称；存储点：选择使用的点；线型：选择线型。

(4)按 F1(保存)存储。按 F6 可激活输入编码信息。

4.2.1.3 横断面线测量

激活要测量的线，在测量窗口按顺序测量线的细部，所测量的点自动归类到激活的线。设置仪器的 EDM 类型，其含义如下：

EDM 类型：棱镜(IR)，使用红外光配合棱镜测距；RL(RL)，使用可见红色激光进行无棱镜测距；长距离(LO)，长测程测距。

在通常情况下，把 EDM 类型设置在棱镜(IR)状态，用棱镜配合全站仪进行野外数据采集，如此能较精确地采集到断面特征点。在无棱镜测量能及、没有障碍物挡视线、反射介质较好而且人较难到达的地方，则把 DEM 类型设置到 RL 状态，即无棱镜测量状态，EDM 模式设置为标准模式。瞄准待测特征点，按测量键，仪器开始测量，2 s 后即可测量出该点坐标。如此反复测量，直到不满足无棱镜测量条件时，再把 EDM 类型设置到 IR 状态，继续测量。在测量过程中，按 F6(换页)，切换到图形窗口。在这个窗口同样可以按 F1(测存)、F2(测距)、F3(记录)，同时看到所测的点标示在图上。若有点偏离断面线，即刻修正到断面线上。测量完或中断线测量时，关闭该线。

4.2.2 横断面数字化成图

采集到原始数据后，通过南方 CASS7.0 软件将数据传输到计算机里，展点成图，量算出各点的累距和高程，整理成“累距/高程”式 *.hdm 文件，导入南方 CASS7.0 成图软件，用里程生成断面图形如 D+500 横断面图。

5 短距离无棱镜测量的测量精度检测

因为无棱镜测量技术作为测绘界的一项新技术应用于生产，其精度如何是人们最关心的问题，为此我们在视野开阔、反射介质较好的地方在 IR 状态用红外光配合棱镜测距和在 RL 状态(无棱镜测量)采集两组数据。由于所测的距离不越过 300 m，斜距的气象改正、加乘常数改正、倾斜改正、投影改正都非常小，其影响忽略不计。平距的实地检测数据如表 1 所示。

表 1 平距观测数据对照

点号	有棱镜平距 D_i(m)	无棱镜平距 D_r(m)	平距差 ΔD(m)	相对误差 $1/f$
1	72.626 3	72.628 4	0.002 1	34 584
2	73.672 1	73.670 2	−0.001 9	38 775
3	77.731 2	77.733 7	0.002 5	31 092
4	79.329 8	79.327 6	−0.002 2	36 059
5	98.045 1	98.047 1	0.002 0	49 023

由表1可以看出,拓普康 GPT-3002LN 有棱镜测量的平距与无棱镜测量的平距基本一致,与有棱镜观测数据相比,平距差最大为2.5 mm,相对误差最大为1/49 023,其测量精度满足地形测量的要求。

6 结 语

6.1 拓普康 GPT-3002LN 无棱镜全站仪测量技术的优点

通过对重庆市关景口水库库区地形测量、河道断面测量等工作实践,我们体会到无棱镜测量技术在外业测绘中的应用,解放了生产力,提高了工作效率。若在同一工程中同时采用无棱镜测量技术和有棱镜测量技术,只要在反射介质不符合条件的地方实行有棱镜测量,凡是符合无棱镜测量条件的地方,都可以直接测量,不需要施测人员到达地形特征点放置棱镜,大大节省了人力、物力,同样条件下,平均一天的工作效率可以提高近30%,加快了外业进度,提高了工作效率,降低了外业测量人员的劳动强度,能够快速、准确地为有关专业设计部门提供优质的测量成果,满足用户需求。

综上所述,无棱镜测量技术的主要优点如下:

(1)无棱镜测量适用于测绘人员难以到达的特征点的测量,如陡峭悬崖、湍急宽阔的河流、高温高压地区等。

(2)快速、准确,节省人力、物力,节约时间。

(3)适用于反射介质较好的山区测量、地籍测绘,根据实地情况可以实现单人测量。

6.2 建议

无棱镜测量技术虽然有多方面的优越性和先进性,但不是万能的,特别对野外各种不同的观测条件,仪器不可能改变它,也不可能完全适应。因此,作业人员应充分了解此新技术的特性,采取必要的措施,扬长避短,才能更好地发挥其优势,取得良好的观测成果。我们在边使用、边摸索的过程中认为有以下两点建议值得大家共同探讨:

(1)针对无棱镜测量受障碍物限制,容易造成施测标的物错误的情况,建议在设备上增设无棱镜测距范围的功能,充分利用作业人员的目估能力。如要测400 m处的标的物,设置测距范围为350~420 m,就不会错误地测到200 m处的标的物。

(2)为避免眼睛被激光伤害,建议测量人员在施测过程中不要长时间通过目镜观测目标,以免将眼睛长时间置于激光束中导致受伤。

参 考 文 献

[1] 水利水电规划设计总院. SL 197—97 水利水电工程测量规范(规划设计阶段)[S]. 北京:中国水利水电出版社,1997.

有限元法拟合 GPS 水准高程分析

王春生　杨鲁强

（中水北方勘测设计研究有限责任公司）

摘　要　GPS 高程转换是 GPS 应用研究的热点问题之一，提出应用有限元法进行 GPS 高程转换，通过用有限元法对某测区的高程异常进行了拟合计算，结果表明，此方法正确，计算方法可行，具有一定的应用参考价值。

关键词　GPS 水准　高程异常　有限元法

0　引　言

GPS 测量经过平差计算处理，所得到的高程是相对于 WGS－84 椭球的大地高 $H_{大地}$，在实际工程应用中使用的是正常高（水准高）$H_{正常}$。因此，在工程应用中应将大地高 $H_{大地}$ 转换为正常高 $H_{正常}$，两者之间的差值称为高程异常 ξ：

$$\xi = H_{大地} - H_{正常} \tag{1}$$

GPS 测量经过平差、转换，如能获得高精度的水准高程值 $H_{正常}$，则可部分地减少工作量及其繁重的水准测量，其经济效益非常可观。目前转换 GPS 高程的方法有很多种，如几何水准法和重力场模型法等。在一般的实际工程单位，由于缺乏足够的重力数据，地球重力场模型法难以达到必要的精度要求，所以在一般的工程单位普遍采用几何水准的方法。几何水准法是用某种纯几何的曲面或若干个几何曲面的复合去逼近高程异常曲面。实际上，高程异常面的变化受到多种因素的影响，很不规则，这就使得几何方法拟合受到限制，在某个测区效果好，而在另一个测区拟合效果并不令人满意。因此，如何确定几何曲面的优选标准是一个值得探讨的课题之一。似大地水准面作为地球重力场，具有其独特的物理特性。因此，如果从似大地水准面的物理特性出发，构造数学物理模型并采用合理的数值逼近方法，就有可能改善目前的成果。本文试图构造数学物理模型，采用有限元法逼近高程异常曲面。

1　有限元法逼近高程异常曲面

有限元法在解算复杂问题的时候，最大的特点就是能够把连续体或物理场分割成许多小单元进行分析或拟合，然后再进行整体叠加，统一解算。只要使用的计算机有足够的容量，这种单元的个数就可以任意多，而且图形愈小，计算的结果就愈接近真值。有限元的基本思想，是把偏微分方程定解问题转化为求等价泛函的极值问题，把问题的连续解离散化为计算网格节点上的近似值。根据变分的原理，求解拉普拉斯方程第一边值问题等价于在边界条件的约束下，求以下泛函的极小值问题，即

$$\begin{cases} J[\zeta(x,y))] = \dfrac{1}{2}\iint\limits_{D}\iiint\left[\left(\dfrac{\delta\zeta(x,y)}{\delta x}\right)^2 + \left(\dfrac{\delta\zeta(x,y)}{\delta y}\right)^2\right]\mathrm{d}x\mathrm{d}y = \min \\ \zeta(x,y)\mid(x,y) \in \varepsilon = \zeta\varepsilon(x,y) \end{cases} \tag{2}$$

为了获得上述问题的最优近似解,有限元法通常以一张三角形网格覆盖在所研究的区域上,为求三角形网格顶点上的数值解需进行离散化,其几何意义则是用一张由若干个三角形元组成的分片片面逼近高程异常曲面,如图1所示。

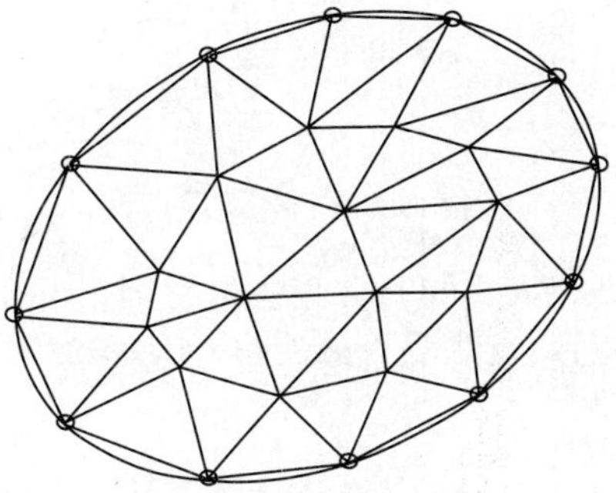

图1 有限元网络

在每个三角形元 e 上,不防假定高程异常函数 $\zeta(x,y)$ 是点位 (x,y) 的线性函数,即

$$\zeta(x,y) = a_1 + a_2x + a_3y \tag{3}$$

式中模型函数 $a_i(i=1,2,3)$ 可由三角形元 e 的三个顶点 i、j、m 形成的线性方程组 $\begin{bmatrix} 1 & x_i & y_i \\ 1 & x_j & y_j \\ 1 & x_m & y_m \end{bmatrix}\begin{bmatrix} a_1 \\ a_2 \\ a_3 \end{bmatrix} = \begin{bmatrix} \zeta(x_i,y_i) \\ \zeta(x_j,y_j) \\ \zeta(x_m,y_m) \end{bmatrix}$ 按克莱姆法则求出。以式(3)代入式(2)后经简单运算可得三角形元 e 上泛函的近似表达式

$$J^{(e)}[\zeta(x,y)] = \frac{1}{2}(\zeta^{(e)})^{\mathrm{T}}K^{(e)}\zeta^{(e)} \tag{4}$$

式中 $(\zeta^{(e)})^{\mathrm{T}} = (\zeta(x_i,y_i) \quad \zeta(x_j,y_j) \quad \zeta(x_m,y_m))^{\mathrm{T}}$;$K^{(e)}$ 是单元刚度矩阵,其表达式为

$$K^{(e)} = \frac{1}{4S_{\Delta e}}\begin{bmatrix} B_i^2 + C_i^2 & B_iB_j + C_iC_j & B_iB_m + C_iC_m \\ B_jB_i + C_jC_i & B_j^2 + C_j^2 & B_jB_m + C_jC_m \\ B_mB_i + C_mC_i & B_mB_j + C_mC_j & B_m^2 + C_m^2 \end{bmatrix} \tag{5}$$

且有 $B_i = y_j - y_m$, $B_j = y_m - y_i$, $B_m = y_i - y_j$, $C_i = x_j - x_m$, $C_j = x_m - x_i$, $C_m = x_i - x_j$,而 $S_{\Delta e} = \frac{1}{2}|C_iB_j - C_jB_i|$ 为三角形元 e 的面积。

将三角形元 e 的编号式(4)叠加可得整个测区上的泛函近似表达式为

$$J[\zeta(x,y)] = \frac{1}{2}\sum_{e=1}^{k}(\zeta^{(e)})^{\mathrm{T}}K^{(e)}\zeta^{(e)}$$

或者可以简写为

$$J[\zeta(x,y)] = \frac{1}{2}\zeta^{\mathrm{T}}K\zeta \tag{6}$$

式中,ζ 为 $n+p$ 维高程异常向量;K 为 $n+p$ 阶刚度矩阵;n 为测区内的网格顶点数,即GPS点数;p 为测区边界上的水准点数。

为求泛函的极小值,对式(6)求导,并令其结果等于0,即

$$\frac{\delta J[\zeta(x,y)]}{\delta\zeta_i} = 0, \quad i = 1,2,\cdots,n+p \tag{7}$$

由此可得代数方程组

$$\sum_{j=1}^{n+p} K_{i,j}\zeta_j = 0, \quad i = 1,2,\cdots,n+p$$

顾及边界上 p 个水准点的已知高程异常值 ζ_{sj} $(j=n+1,n+2,\cdots,n+p)$，则上式可改写成

$$\sum_{j=1}^{n} K_{i,j}\zeta_j + \sum_{j=n+1}^{n+p} K_{i,j}\zeta_{sj} = 0, \quad i = 1,2,\cdots,n+p \tag{8}$$

令

$$G_i = -\sum_{j=n+1}^{n+p} K_{i,j}\zeta_{sj}, \quad i = 1,2,\cdots,n+p \tag{9}$$

以此代入式(8)，并划去最后多余的 p 个边界方程，即得计算测区内各三角形元顶点（即 GPS 点）高程异常的有限元方程组

$$\sum_{j=1}^{n} K_{i,j},\zeta_j = G_i, \quad i = 1,2,\cdots,n \tag{10}$$

可以证明，刚度矩阵为一对称正定矩阵，因此方程组(10)有唯一解。

2 实例分析

某沿海地区地形平缓区域控制网，如图 2 所示，平均边长约 1 km，区域面积约为 10 km，按国家 GPS 网 B 级要求施测。GPS 观测采用 3 台 Trimble5800GPS 接收机进行。作业方式采用静态相对定位模式。GPS 网共 19 个点的平差成果和二等水准测量成果由于论文的篇幅所限，在此省略。

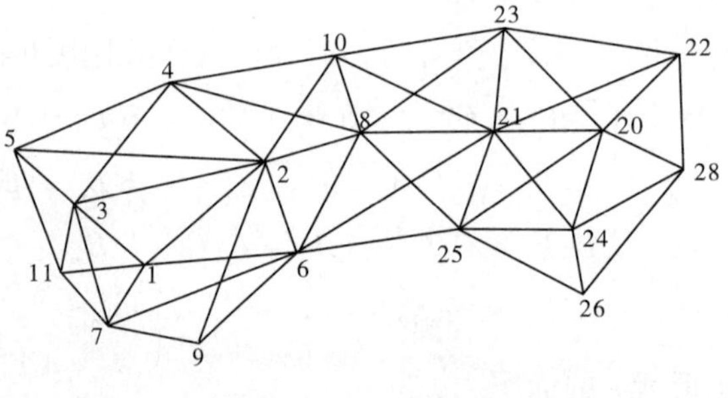

图 2 GPS 控制网图

为了验证有限元方法拟合高程异常的正确性，对上述 GPS 试验网高程异常曲面进行了有限元内插研究。由于 24、25 号点含粗差，因此全网 17 个 GPS 点参与计算。计算按两种方案实施。

方案一：选用 11 个边界点为已知高程异常点，由边界点（已知点）和内点（待求点）构成 21 个有限元三角形网格，如图 3 示。

共有 21 个有限元网络，17 个结点。单元和结点均编上号码，其中结点的整体编码由 1 至 17，以及各单元的结点局部编码 i、j、m，如表 1 所示。

表 1 中 i、j、m 在三角形中必须逆时针方向旋转，对于每个单元，由于结点的局部编码与整体编码的对应关系已经确定，可以列出每个单元内的关系，限于篇幅，本文不在此详细列出，只列出其中的 3 个单元。

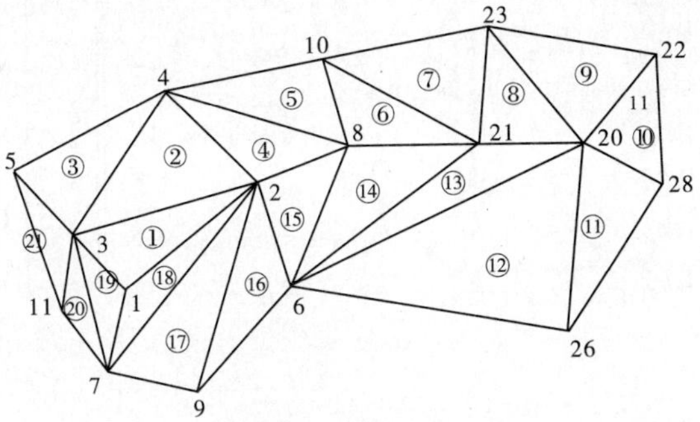

图3 有限元三角形网络(方案一)

表1 单元和结点对应关系表

单元号	一	二	三	四	…
局部编码	整体编码				
i	1	2	3	2	
j	2	4	4	8	
m	3	3	5	4	

单元一

$$\begin{array}{llll} F_1 & K_{1,1} & K_{1,2} & K_{1,3} \\ F_2 & K_{2,1} & K_{2,2} & K_{2,3} \\ F_3 & K_{3,1} & K_{3,2} & K_{3,3} \\ & \zeta_1 & \zeta_2 & \zeta_3 \end{array}$$

单元二

$$\begin{array}{llll} F_2 & K_{2,2} & K_{2,4} & K_{2,3} \\ F_4 & K_{4,2} & K_{4,4} & K_{4,3} \\ F_3 & K_{3,2} & K_{3,4} & K_{3,3} \\ & \zeta_2 & \zeta_4 & \zeta_3 \end{array}$$

单元三

$$\begin{array}{llll} F_3 & K_{3,3} & K_{3,4} & K_{3,5} \\ F_4 & K_{4,3} & K_{4,4} & K_{4,5} \\ F_5 & K_{5,3} & K_{5,4} & K_{5,5} \\ & \zeta_3 & \zeta_4 & \zeta_5 \end{array}$$

根据式(10)$\sum_{j=1}^{n} K_{i,j}\zeta_j = G_i$ 可以写成 $K_{6,6}\zeta_6 = K_{6,11}\zeta_{11}$,即

$$\begin{bmatrix} k_{1,1} & k_{1,2} & k_{1,3} & k_{1,8} & k_{1,20} & k_{1,21} \\ k_{2,1} & k_{2,2} & k_{2,3} & k_{2,8} & k_{2,20} & k_{2,21} \\ k_{3,1} & k_{3,2} & k_{3,3} & k_{3,8} & k_{3,20} & k_{3,21} \\ k_{8,1} & k_{8,2} & k_{8,3} & k_{8,8} & k_{8,20} & k_{8,21} \\ k_{20,1} & k_{20,2} & k_{20,3} & k_{20,8} & k_{20,20} & k_{20,21} \\ k_{21,1} & k_{21,2} & k_{21,3} & k_{21,8} & k_{21,20} & k_{21,21} \end{bmatrix} \begin{bmatrix} \zeta_1 \\ \zeta_2 \\ \zeta_3 \\ \zeta_8 \\ \zeta_{20} \\ \zeta_{21} \end{bmatrix} =$$

$$\begin{bmatrix} k_{1,5} & k_{1,4} & k_{1,10} & k_{1,23} & k_{1,22} & k_{1,28} & k_{1,26} & k_{1,6} & k_{1,9} & k_{1,7} & k_{1,11} \\ k_{2,5} & k_{2,4} & k_{2,10} & k_{2,23} & k_{2,22} & k_{2,28} & k_{2,26} & k_{2,6} & k_{2,9} & k_{2,7} & k_{2,11} \\ k_{3,5} & k_{3,4} & k_{3,10} & k_{3,23} & k_{3,22} & k_{3,28} & k_{3,26} & k_{3,6} & k_{3,9} & k_{3,7} & k_{3,11} \\ k_{8,5} & k_{8,4} & k_{8,10} & k_{8,23} & k_{8,22} & k_{8,28} & k_{8,26} & k_{8,6} & k_{8,9} & k_{8,7} & k_{8,11} \\ k_{20,5} & k_{20,4} & k_{20,10} & k_{20,23} & k_{20,22} & k_{20,28} & k_{20,26} & k_{20,6} & k_{20,9} & k_{20,7} & k_{20,11} \\ k_{21,5} & k_{21,4} & k_{21,10} & k_{21,23} & k_{21,22} & k_{21,28} & k_{21,26} & k_{21,6} & k_{21,9} & k_{21,7} & k_{21,11} \end{bmatrix} \begin{bmatrix} \zeta_5 \\ \zeta_4 \\ \zeta_{10} \\ \zeta_{23} \\ \zeta_{22} \\ \zeta_{28} \\ \zeta_{26} \\ \zeta_6 \\ \zeta_9 \\ \zeta_7 \\ \zeta_{11} \end{bmatrix}$$

由于结点 3 与结点 2 在结构中是通过一、二两个单元相联系的，因而$[K_{2,3}]$应该是单元一的$[k_{2,3}]$与单元二的$[k_{2,3}]$之和。因此，$[K]$中的$[K_{2,3}]$应该是单元一的单元刚度矩阵中的$[k_{2,3}]$和单元二中的单元刚度矩阵中的$[k_{2,3}]$之和。换句话说，单元一的$[k_{2,3}]$及单元二的$[k_{2,3}]$都应叠加到$[K]$中的$[K_{2,3}]$的位置上去。同样，不难找到各个单元刚度矩阵中所有的子矩阵在整体矩阵$[K]$中的具体位置。

因此，可以分别列出式(10)中的矩阵$K_{6,6}$和矩阵$K_{6,11}$，求得

$$[\zeta_1 \quad \zeta_2 \quad \zeta_3 \quad \zeta_8 \quad \zeta_{20} \quad \zeta_{21}]^T =$$

$$[21.0771 \quad 21.0455 \quad 21.0635 \quad 21.0324 \quad 21.0141 \quad 21.0335]^T$$

方案二：选用 5、7、22、26 共 4 个边界点为已知点，在已知点之间线性内插 $C_1, C_2, \cdots, C_{12}$ 共 12 个内插点，组成 26 个有限元三角形网格，如图 4 所示。

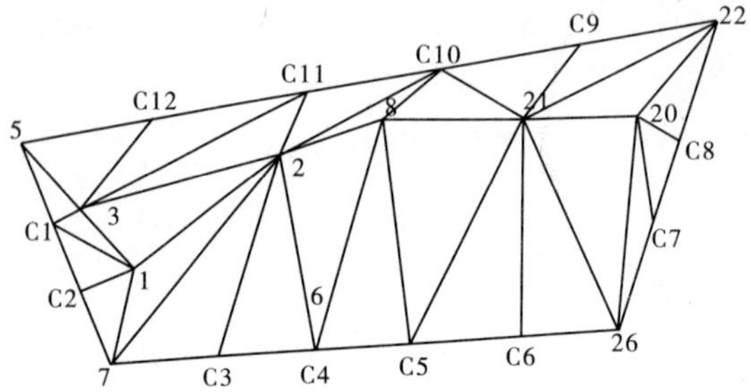

图 4 有限元三角形网格(方案二)

可用如上所示的方法求解出：

$$[\zeta_1 \quad \zeta_2 \quad \zeta_3 \quad \zeta_8 \quad \zeta_{20} \quad \zeta_{21}]^T =$$

$$[21.0763 \quad 21.0452 \quad 21.0668 \quad 21.0333 \quad 21.0185 \quad 21.0355]^T$$

由表 2 可以看出，有限元方案一的拟合中误差为 ±2.94 mm，而有限元方案二的拟合中误差为 ±1.89 mm。比较可得，方案一拟合精度略低于多项式曲面与多面函数的拟合精度，方案二拟合精度略高于多项式曲面与多面函数的拟合精度，并且拟合的结果相当稳定，这说明有限元法拟合高程异常曲面是可行的。同时也可以看出，适当提取边界点有利于提高拟合精度。

表 2　有限元高程异常内插计算及比较结果

点号	水准点高程异常值(m)	有限元方案一拟合结果(m)	残差(mm)	有限元方案二拟合结果(m)	残差(mm)	多面函数拟合结果(m)	残差(mm)	多项式拟合结果(m)	残差(mm)
1	21.074 4	21.077 1	-2.7	21.076 3	-1.9	21.075 7	-1.3	21.075 1	-1.0
2	21.043 2	21.045 5	2.3	21.045 2	2.0	21.041 5	1.7	21.041 9	1.3
3	21.065 4	21.063 5	1.9	21.066 8	-1.4	21.065 2	0.2	21.065 3	0.1
8	21.034 6	21.032 4	2.2	21.033 3	1.3	21.034 4	0	21.034 3	0.1
20	21.017 0	21.014 1	2.9	21.018 5	-1.5	21.016 4	0.6	21.018 7	-1.7
21	21.037 3	21.033 5	3.8	21.035 5	1.8	21.023 6	3.7	21.026 1	1.2
拟合中误差			±2.94		±1.89		±2.34		±2.75

3　结　语

本文从数学的角度研究高程异常内插问题，即将区域划分成三角形格网，根据对每个三角形的分析拟合，进行统一叠加，将这些分片逼近高程异常曲面。通过实例分析，得出应用有限元法拟合高程异常曲面效果良好，两种方案拟合中误差分别为 ±2.94 mm 和 ±1.89 mm。但是，应用有限元法拟合高程异常，水准点应包围整个测区，且分布合理。在地形起伏地区应适当增大密度，因为水准点的密度、分布及精度直接影响拟合结果，在使用有限元解算时，对于测区内未知点的布设较稀疏的地方，组成的三角形单元形状较差的地方，可适当增加内插点来组成三角形网格，这样可大大改善未知点的精度。

参 考 文 献

[1] 徐绍铨. GPS 测量原理及应用[M]. 武汉：武汉测绘科技大学出版社，1998.
[2] 乔仰文，王晓辉. GPS 高程拟合的几种常用方法[J]. 东北测绘，1992，22(2)：10-11.
[3] 成伟. GPS 高程拟合的若干问题研究[J]. 地矿测绘，2003，19(4)：10-12.
[4] 刘大杰，陶本藻. 实用测量数据处理方法[M]. 北京：测绘出版社，1998.
[5] 徐芝纶. 弹性力学简明教程[M]. 北京：高等教育出版社，1980.

某水库库岸线坍塌面积统计测量方法研究与实践

惠武权　李德安　张振洲

（中水北方勘测设计研究有限责任公司）

摘　要　某水库建成蓄水运行以来，发挥了巨大的防洪效益以及一定的灌溉作用。但库区塌岸的长期存在，造成库区周边居民耕地日益减少，为了加强库岸治理，并对已造成的经济损失进行合理补偿，需要对水库建成以来所造成的坍塌面积进行详细统计。本文主要根据已收集及新测的测绘资料和成果，从平面控制测量及高程控制测量的转换关系出发，对已有资料进行平面及高程控制系统的统一，进而详细统计出坍塌面积。

关键词　坐标转换　高程转换　面积统计

1　工程概述

某水库位于河北省磁县与河南省安阳县交界处，是漳河上一个主要控制性工程，控制流域面积 18 100 km^2，占漳河流域面积的 99.4%，水库总库容为 13.0 亿 m^3，是一座防洪、灌溉、供水且兼顾发电的综合利用的大(1)型水库。水库枢纽由拦河坝（主坝 1 座，副坝 4 座）、泄洪洞、溢洪道、电站、灌渠渠首组成。

水库建成蓄水运行 40 余年以来，发挥了巨大的防洪效益以及一定的灌溉作用。但投入运用后也出现了一些不利影响，库区塌岸的长期存在，造成库区周边居民耕地日益减少，致使当地居民生活贫困，对整个环库经济及当地居民安定造成了严重影响。

为了加强库岸治理，并对已造成的经济损失进行合理补偿，需要对水库建成以来所造成的坍塌面积进行详细统计。

2　统计方法的确定

欲对水库库岸坍塌面积进行详细统计，需要的测绘资料至少包括水库建成前的地形资料、水库现状地形资料、统计区域内行政界线位置资料（土地利用现状图）。已收集到的资料有 1959 年由原水利电力部北京勘测设计院勘测总队所测的 1∶10 000 地形图、从河北省磁县国土局和河南省安阳县国土局收集的相关区域内土地利用现状图，为了使统计结果与现状相符，根据设计需要及公司安排，需要对所收集的地形图资料进行数字化处理，同时安排水库周边 1∶5 000 地形图测绘。将上述地形图资料进行叠加处理，对不同时期的地形图征地高程控制线进行比较，从而计算坍塌部分的总面积。

确定了基本统计方法以后，在具体实施的过程中，还需要解决坐标系统的统一问题。

在水库建设初期，由于国家基础控制测量还没有完成，所以当时的测绘资料全部采用独立坐标系，为了勘测设计工作的延续性，后期的诸多工作所采用的坐标系统均采用此独立坐标系，被称做某水库独立坐标系。但是所收集的土地利用现状图资料均为1954年北京坐标系，需要将其转换成某水库独立坐标系，于是我们又将独立坐标系的平面测量控制点与附近的国家三角点进行了连测，从而求取两者之间的转换关系。

3 控制测量的实施

3.1 平面控制测量

平面控制测量所采用的坐标系统沿用独立坐标系。但为了与1954年北京坐标系建立联系，本次测量工作把独立坐标系与国家三角点进行了连测，1954年北京坐标系成果采用高斯正形投影，3°带，中央子午线114°。

基本平面控制测量采用静态观测方法，数台接收机同步观测，四等GPS网每个时段长不少于45 min，卫星截止高度角≥15°，接收机连续同步跟踪卫星数（颗）≥4，天线标志线指北，对中误差及仪器高的量取均至1 mm，外业采样数据剔除率必须小于5% 。

采用Trimble geomatic office v1.6等商业软件进行数据处理，GPS数据采样、基线解算、整体平差和坐标转换均应按规范中有关条款执行。四等GPS控制网最弱相邻点边长相对中误差精度见表1。

表1 四等GPS控制网最弱相邻点边长相对中误差精度统计

边名	边长(m)	最弱相邻点边长中误差(m)	最弱相邻点边长相对中误差	规范允许边长相对中误差
02－03	3 101.685	0.002 3	1/1 374 281	1/40 000

3.2 高程控制测量

所采用的坐标系统沿用以往的高程系统即大沽高程系。但本次测量我们也把用于起算点的大沽高程与1985国家高程基准的水准点进行了连测，并分析了二者在本区域的关系。四等水准精度统计见表2、五年水准精度统计见表3。

表2 四等水准精度统计表

线名	等级	距离(km)	闭合差(mm)	允许闭合差(mm)	备注
Ⅲ1＋600～ⅢCC	Ⅳ	32.218	55	±114	
ⅢCC～Ⅲ1＋600	Ⅳ	48.474	74	±139	

4 平面与高程转换

4.1 坐标系统的转换关系计算

将测区内原有平面控制点用GPS连测组成控制网，然后与国家三角点进行连测，这样，测区内原有的控制点有两套坐标成果，即某水库独立坐标系和1954年北京坐标体系的成果。根据这两套坐标成果计算坐标转换参数，利用这套转换参数，可以把本水库所有测量控制点及地形图、断面图进行坐标转换，从而可以在同一套坐标系统下进行各项统计计算工作。

表3 五等水准精度统计

线名	等级	距离(km)	闭合差(mm)	允许闭合差(mm)	备注
06 - 01	V	14.864	-35	±116	
01 - 02	V	6.328	-18	±75	
02 - 03	V	5.857	-12	±73	
03 - 04	V	9.512	23	±93	
04 - 10	V	9.930	11	±95	

4.2 高程控制与国家高程的连测与分析

以国家水准点Ⅰ12 为起算点，推算了Ⅳ732、ⅢSX36、Ⅲ1 +600 的高程，并对国家水准点Ⅰ14 ~ Ⅰ12 布设了检测水准测段，经检测合格。高程转换关系推算见表4。

表4 高程转换关系

序号	点名	H(新测，1985)	H(收集，1985)	H(收集，1956)	H(收集，大沽)	$H_{大沽}-H_{56}$	$H_{大沽}-H_{85}$
1	Ⅰ12(起算点)	87.020	87.020				
2	L1	85.424					
3	L2	91.953					
4	Ⅳ732	95.316	95.358				
5	L3	93.130					
6	L4	99.505					
7	L5	108.812					
8	ⅢSX36	121.624		121.681	122.532	0.851	0.908
9	Ⅲ1 +600	159.240			160.147		0.907

根据ⅢSX36 的高程分析得出：

根据1987 年资料推算，$H_{大沽}-H_{56}=0.851$(m)，但是根据新测高程资料推算，$H_{大沽}-H_{85}=0.908$(m)，因 $H_{56}-H_{85}=0.029$(m)，所以根据新测数据推算，$H_{大沽}-H_{56}=0.879$(m)。两次计算得到的换算关系之差为：0.879 - 0.851 = 0.028(m)，分析认为主要是由高程起算点的不均匀沉降引起的，对塌岸面积统计结果不会产生影响。

Ⅳ732 新测高程(85)与原来高程比较，差值为 -0.042 m(新测高程低)，分析认为是由地面及此控制点沉降引起的，对塌岸面积统计结果不会产生影响。

5 塌岸面积统计

5.1 塌岸面积统计方法

本次塌岸面积统计的控制高程为149 m(大沽高程),用2009年新测的1:5 000地形图与1959年由原水利电力部北京勘测设计院勘测总队所测的1:10 000地形图进行比较,大部分区域149高程线的位置向库外方向移动,这说明在某水库库岸位置附近多处存在塌岸现象。

为了对每个村的塌岸面积进行较为详细的统计,需要将1959年测绘的地形图和2009年测绘的地形图与土地利用现状图进行叠加,为了保持坐标系统的一致性,把土地利用现状图按照已算得的转换关系转换至某水库独立坐标系。

塌岸面积统计工作流程:

(1)2009年新测的1:5 000地形图与1959年由原水利电力部北京勘测设计院勘测总队所测的1:10 000地形图叠加,绘制出库区坍岸图,通过拓扑重建,计算坍岸面积。

(2)从土地利用现状图提取村等行政区划信息,绘制库区行政区划界线图。

(3)通过坐标转换,保证两类图坐标系统一致。各村坍岸面积统计:将库区坍岸图与行政区划界线图叠加,通过分析,将坍岸区域按照行政区划进行划分并统计,输出统计表格。

5.2 塌岸面积统计结果

在叠加好的电子版地形图上,逐一统计周边各村的塌岸面积,详细统计数据见表5。

表5 塌岸面积统计结果

村名	塌岸面积(m^2)	塌岸面积(亩)
某村1	25 892	38.838 3
某村2	70 778	106.166 6
某村3	41 137	61.704 9
某村4	2 855	4.283 1
某村5	23 808	35.712 0
某村6	79 052	118.577 6
某村7	5 650	8.474 5
某村8	46 571	69.856 9
某村9	112 423	168.634 9
某村10	13 078	19.617 5
某村11	61 266	91.898 9
某村12	0	0
某村13	3 592	5.388 2

续表 5

村名	塌岸面积(m^2)	塌岸面积(亩)
某村 14	32 291	48.436 4
某村 15	6 498	9.747 7
某村 16	58 685	88.027 7
某村 17	49 904	74.856 2
某村 18	0	0
某村 19	50 986	76.478 3
某村 20	10 447	15.670 2
某村 21	30 759	46.138 4
某村 22	406 152	609.227 5
某村 23	46 124	69.186 6
某村 24	48 450	72.675 3
合计	1 226 399	1 839.597 8

6　结　语

对一定区域进行坍塌面积统计时需要把不同时期的地形图数据进行比对,为了保证统计结果的正确性,必须要把所有资料的平面控制系统、高程系统进行统一化处理,同时为了尽量提高统计精度,新测地形图的比例尺不得小于原有地形图的比例尺,在将统计地形图进行输出时,为了避免相互叠加,可以关闭不相关图层,突出重点,在新建图层上注记附加信息。

浅谈三维激光扫描测量技术在测绘领域的应用

余宣兴[1] 杨贵崇[1] 李月亮[2]

(1. 中水北方勘测设计研究有限责任公司;
2. 天津市金帆工程建设监理有限公司)

摘 要 三维激光扫描技术是近年来发展起来的一门新技术,其被誉为“继 GPS 技术以来测绘领域的又一次技术革命”。该技术作为获取空间数据的有效手段,以其快速、精确、无接触测量等优势在众多领域发挥着越来越重要的作用。特别对于测绘领域来说,伴随三维激光技术的不断完善与发展,以及三维控制信息需求的增加,作为一种新的空间数据采集手段,三维空间技术将和现代经典测量技术相互融合,三维激光扫描技术将具有广阔的发展空间,成为一种普遍在测绘领域应用的新技术。

关键词 空间数据 三维激光扫描技术 点云数据 三维激光扫描测量系统

1 三维激光扫描技术发展

激光雷达是利用激光测距原理确定目标空间位置的新型测量仪器,通过逐点测定激光器发射信号与目标反射信号的相位(时间)差来获取激光器到目标的直线距离,再根据发射激光信号的方向和激光器的空间位置来获得目标点的空间位置。通过激光器对物体表面的密集扫描,可获得物体的三维表面模型。三维激光扫描测绘技术的测量内容是高精度测量目标的整体三维结构及空间三维特性,并为所有基于三维模型的技术应用而服务;传统三维测量技术的测量内容是高精度测量目标的某一个或多个离散定位点的三维坐标数据及该点三维特性。前者可以重建目标模型及分析结构特性,并且进行全面的后处理测绘及测绘目标结构的复杂几何内容,如几何尺寸、长度、距离、体积、面积、重心、结构形变、结构位移及变化关系,复制、分析各种结构特性等;而后者仅能测量定位点数据并且测绘不同定位点间的简单几何尺寸,如长度、距离、点位形变、点位移等。

2 三维激光扫描测量技术的特点

2.1 主动发射扫描光源

三维激光扫描技术采用主动发射扫描光源(激光),通过探测自身发射的激光回波信号来获取目标物体的数据信息,因此在扫描过程中,可以实现不受扫描环境的时间和空间的约束。

2.2 非接触测量

三维激光扫描技术采用非接触扫描目标的方式进行测量,无需反射棱镜,对扫描目标物体不需进行任何表面处理，直接采集物体表面的三维数据，所采集的数据完全真实可靠。可以用于解决危险目标、环境（或柔性目标）及人员难以企及的情况，具有传统测量方式难以完成的技术优势。

2.3　高分辨率、高精度

三维激光扫描技术可以快速、高精度获取海量点云数据，可以对扫描目标进行高密度的三维数据采集，从而达到高分辨率的目的。

2.4　数据采样率高

目前，采用脉冲激光或时间激光的三维激光扫描仪采样点速率可达到数千点每秒，而采用相位激光方法测量的三维激光扫描仪甚至可以达到数十万点每秒。可见，采样速率是传统测量方式难以比拟的。

3　三维激光扫描技术的数据处理

利用三维激光扫描仪获取的点云数据构建实体三维几何模型时，不同的应用对象、不同点云数据的特性，三维激光扫描数据处理的过程和方法也不尽相同。概括地讲，整个数据处理过程包括数据采集、数据预处理、几何模型重建和模型可视化。数据采集是模型重建的前提，数据预处理为模型重建提供可靠精选的点云数据，降低模型重建的复杂度，提高模型重构的精确度和速度。数据预处理阶段涉及的内容有点云数据的滤波、点云数据的平滑、点云数据的缩减、点云数据的分割、不同站点扫描数据的配准及融合等；模型重建阶段涉及的内容有三维模型的重建、模型重建后的平滑、残缺数据的处理、模型简化和纹理映射等。实际应用中，应根据三维激光扫描数据的特点及建模需求，选用相应的数据处理策略和方法。

4　三维激光扫描测量技术在测绘中的应用

三维激光扫描测量技术在测绘领域有着广泛的应用。激光扫描技术与惯性导航系统（INS）、全球定位系统（GPS）、电荷耦合（CCD）等技术相结合，在大范围数字高程模型（DTM）的高精度实时获取、城市三维模型重建、局部区域的地理信息获取等方面表现出强劲的优势，成为摄影测量与遥感技术的一个重要补充。

4.1　立体模型的建立

立体模型的建立是三维激光扫描技术的强项，主要用于物体立体模型的建立（房屋、桥梁、城堡、厂区设备等）、考古与文物保护、工业设备计测、三维数字地面模型建立、三维城市漫游建立，满足未来 3D 数据采集等方面。

4.2　变形监测

传统变形监测方式是通过全站仪或 GPS 以及其他形式监测方式，在易发生变形的地方设置监测点，通过连续和定期观测，对多次观测的数据的对比分析，完成对工程安全性的确定，此种方式只是对离散监测点位移变化分析，做出安全与否判断，结果可能存在瑕疵。而三维激光扫描技术，可以高精度、高密集对监测对象进行立体空间面状扫描，获取监测体的整体数据，通过定期或周期对监测体的扫描数据对比分析，作出对监测对象的正确评估。

4.3 滑坡监测

对滑坡定期进行扫描,将前、后两次扫描点云数据叠加在一起,然后由处理软件分析前、后两次点云数据的差别,从而得出滑坡的变形趋势和量级。这种监测方法具有无须事先埋设监测设备,无接触测量,监测速度快,能够反映坡体的总体变形趋势等优点,但较传统监测方法精度较低,更适合大变形滑坡的监测应用。

4.4 地面、水下测量

借助机载和船载激光扫描设备可以完成水下和地面地形测量。另外,三维激光扫描技术在森林树种统计与覆盖情况、空间与大气监测、南极与北极和高山冰雪融化监测、高山与峡谷测图、矿山测量、矿产储量分析、天然洞库考察等方面都会发挥重要作用,同时丰富和完善了测绘信息的获取手段和表现形式。

5 结 语

三维激光扫描测量技术在测绘领域有着广泛的应用。激光扫描技术与惯性导航系统、全球定位系统、电荷耦合等技术相结合,在大范围数字高程模型的高精度实时获取、城市三维模型重建、局部区域的地理信息获取等方面表现出强大的优势,成为摄影测量与遥感技术的一个重要补充。现在在工程、环境检测和城市建设方面等均有成功的应用实例,如断面三维测绘、绘制大比例尺地形图、灾害评估、建立3D城市模型、复杂建筑物施工、大型建筑的变形监测等。随着三维激光扫描测量技术、三维建模的研究以及计算机硬件环境的不断发展,其应用领域日益广泛,如制造业、文物保护、逆向工程、电脑游戏业、电影特技等,逐步从科学研究发展到进入人们日常生活的领域。三维激光扫描技术的介入促进了应用领域的发展,三维激光扫描测量技术应用领域广泛,但相关的理论与方法研究仍有待完善。

参 考 文 献

[1] 李清泉,杨必胜,史文中,等. 三维空间数据的实时获取、建模与可视化[M]. 武汉:武汉大学出版社,2003.

[2] 毛房儒,王磊. 三维激光扫描测量技术[J]. 宇航计测技术,2005,25(2):1-6.

[3] 袁夏. 三维激光扫描点云数据处理及应用技术[D]. 南京:南京理工大学,2006.

[4] 徐晓雄,刘松林,李白. 三维激光扫描测量技术及其在测绘领域的应用[J]. 中国测绘,2009(2).

浅谈新三角高程测量法

孙亚贤　甄宝林　赵淑屏

(中水北方勘测设计研究有限责任公司)

摘　要　在工程的施工过程中,常常涉及高程测量。传统的测量方法是水准测量、三角高程测量。两种方法虽然各有特色,但都存在着不足。水准测量是一种直接测高法,测定高差的精度较高,但水准测量受地形起伏的限制,外业工作量大,施测速度较慢。三角高程测量是一种间接测高法,它不受地形起伏的限制,且施测速度较快,在大比例地形图测绘、线型工程、管网工程等工程测量中广泛应用,但精度较低,且每次测量都得量取仪器高和棱镜高,增加了误差来源。

关键词　新三角高程测量法　三角高程　测量　高差　高程

1　引　言

在工程的施工过程中,常常涉及高程测量。传统的测量方法是水准测量、三角高程测量。两种方法虽然各有特色,但都存在着不足。水准测量是一种直接测高法,测定高差的精度是较高的,但水准测量受地形起伏的限制,外业工作量大,施测速度较慢。三角高程测量是一种间接测高法,它不受地形起伏的限制,且施测速度较快,在大比例地形图测绘、线型工程、管网工程等工程测量中广泛应用,但精度较低,且每次测量都得量取仪器高和棱镜高,麻烦,而且增加了误差来源。

随着全站仪的广泛使用,使用跟踪杆配合全站仪测量高程的方法越来越普及,使用传统的三角高程测量方法已经显示出了它的局限性。经过长期摸索,总结出一种新的方法进行三角高程测量。这种方法既结合了水准测量的任意置站的特点,又减少了三角高程的误差来源,同时每次测量时还不必量取仪器高、棱镜高,使三角高程测量精度进一步提高,施测速度更快。

2　三角高程测量的传统方法

如图1所示,设A、B为地面上高度不同的两点。已知A点高程H_A,只要知道A点对B点的高差h_{AB},即可由$H_B = H_A + h_{AB}$得到B点的高程H_B。

图1中:D为A、B两点间的水平距离;α为在A点观测B点时的垂直角;i为测站点的仪器高;t为棱镜高;H_A为A点高程;H_B为B点高程;V为全站仪望远镜和棱镜之间的高差($V = D\tan\alpha$)。

首先我们假设A、B两点相距不太远,可以将水平面看成水准面,也不考虑大气折光的影响。为了确定高差h_{AB},可在A点架设全站仪,在B点竖立跟踪杆,观测垂直角α,并

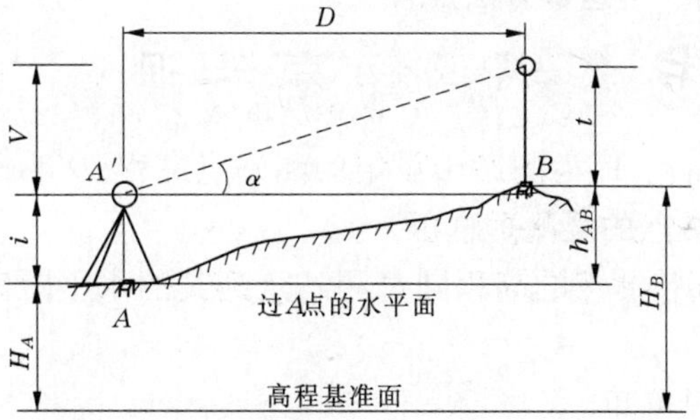

图1

直接量取仪器高 i 和棱镜高 t，若 A、B 两点间的水平距离为 D，则 $h_{AB}=V+i-t$，故

$$H_B = H_A + D\tan\alpha + i - t \tag{1}$$

这就是三角高程测量的基本公式，但它是以水平面为基准面和视线成直线为前提的。因此，只有当 A、B 两点间的距离很短时，才比较准确。当 A、B 两点距离较远时，就必须考虑地球弯曲和大气折光的影响了。这里不叙述如何进行球差和气差的改正，只就三角高程测量新法的一般原理进行阐述。从传统的三角高程测量方法中可以看出，它具备以下两个特点：

（1）全站仪必须架设在已知高程点上；

（2）要测出待测点的高程，必须量取仪器高和棱镜高。

3 三角高程测量的新方法

如果能将全站仪像水准仪一样任意置点，而不是将它置在已知高程点上，同时又在不量取仪器高和棱镜高的情况下，利用三角高程测量原理测出待测点的高程，那么施测的速度将更快。如图1所示，假设 B 点的高程已知，A 点的高程未知，这里要通过全站仪测定其他待测点的高程。首先由式（1）可知

$$H_A = H_B - (D\tan\alpha + i - t) \tag{2}$$

式（2）除 $D\tan\alpha$ 即 V 的值可以用仪器直接测出外，i、t 都是未知的。但有一点可以确定，即仪器一旦置好，i 值也将随之不变，同时选取跟踪杆作为反射棱镜，假定 t 值也固定不变。从式（2）可知

$$H_A + i - t = H_B - D\tan\alpha = W \tag{3}$$

由式（3）可知，基于上面的假设，H_A+i-t 在任意测站上也是固定不变的，而且可以计算出它的 W 值。

这一新方法的操作过程如下：

（1）仪器任意置点，但所选点位要求能和已知高程点通视。

（2）用仪器照准已知高程点，测出 V 的值，并算出 W 的值。（此时与仪器高程测定有关的常数，如测站点高程、仪器高、棱镜高均为任意值。施测前不必设定）

（3）将仪器测站点高程重新设定为 W，仪器高和棱镜高设为0即可。

（4）照准待测点测出其高程。

下面从理论上分析一下这种方法是否正确。

结合式(1)、式(3)

$$H'_B = W + D'\tan\alpha' \tag{4}$$

式中:H'_B 为待测点的高程;W 为测站中设定的测站点高程;D' 为测站点到待测点的水平距离;α' 为测站点到待测点的观测垂直角。

从式(4)可知,不同待测点的高程随着测站点到其的水平距离或观测垂直角的变化而改变。

将式(3)代入式(4)可知

$$H'_B = H_A + i - t + D'\tan\alpha' \tag{5}$$

按三角高程测量原理可知

$$H'_B = W + D'\tan\alpha' + i' - t' \tag{6}$$

将式(3)代入式(6)可知

$$H'_B = H_A + i - t + D'\tan\alpha' + i' - t' \tag{7}$$

这里 i'、t' 为 0,所以

$$H'_B = H_A + i - t + D'\tan\alpha' \tag{8}$$

由式(5)、式(8)可知,两种方法测出的待测点高程在理论上是一致的。也就是说,采取这种方法进行三角高程测量是正确的。

4 结 语

综上所述,将全站仪任意置点,同时不量取仪器高、棱镜高,仍然可以测出待测点的高程。测出的结果从理论上分析比传统的三角高程测量精度更高,因为它减少了误差来源。整个过程不必用钢尺量取仪器高、棱镜高,也就减少了这方面造成的误差。同时需要指出的是,在实际测量中,棱镜高还可以根据实际情况改变,只要记录下相对于初值 t 增大或减小的数值,就可在测量的基础上计算出待测点的实际高程。

参 考 文 献

[1] 徐绍诠,吴祖仰. 大地测量学[M]. 武汉:武汉测绘科技大学出版社,1996.
[2] 杨松林. 测量学[M]. 北京:中国铁道出版社,2008.

独立坐标系与国家坐标系测绘资料相互转换方法探讨

惠武权　任建文　李德安　张振洲

（中水北方勘测设计研究有限责任公司）

摘　要　在某些工程测量中，经常会遇到测绘资料的坐标系统不一致的情况，这给工程管理带来不便，所以有时需要将这些测绘资料进行坐标系统的转换。本文以某水库的测绘资料转换为例，对各种测绘资料的转换方法进行探讨。

关键词　坐标系统　坐标转换　独立坐标系　国家坐标系

1　概　述

因历史原因或工作需要，有些工程项目的测绘资料坐标系统采用独立坐标系，这为因工作初期国家控制点难以满足需要的前提下能够尽快开展工作提供了一种切实可行的解决方案，但是也给后续工作中的工程管理带来不便。所以，在条件允许时，可以考虑将其转换到国家坐标系（如 1954 年北京坐标系、1980 西安坐标系、2000 国家大地坐标系等）。转换工作包括转换关系的求取、控制点坐标的转换、AutoCAD 电子地形图的坐标转换等。

2　转换方法简介

通常独立坐标系与国家坐标系之间所采用的椭球参数不同，而在不同的椭球之间进行坐标转换是不严密的，因为它们是两个不同的椭球基准。相对比较精确的转换方法是用七参数布尔莎模型，即 X 平移、Y 平移、Z 平移、X 旋转（ω_x）、Y 旋转（ω_y）、Z 旋转（ω_z）、尺度变化（D_m）。欲求得七参数就需要在一个地区三个以上的已知点（同时具有两套坐标系坐标的点）。

当需要坐标转换的区域范围不大，即最远点间的距离不大于 30 km（经验值）时，可以用三参数法进行转换时，即 X 平移、Y 平移、Z 平移，当 X 旋转、Y 旋转、Z 旋转，尺度变化较小时，可以视其为 0。三参数法转换在一个地区只需要一个已知点（同时具有两套坐标系坐标的点）。

如果需要进行坐标转换的区域范围不大，同时三参数法又无法满足转换精度要求，即当旋转参数、尺度参数都不可忽略时，还有一种较为精确的转换方法，即四参数法：X 平移（dx）、Y 平移（dy）、旋转参数（θ）、变换比例（m）。本方法一般需要至少两个同时具有两套平面坐标的已知点，一般所选取的两个点尽量分布在测区两端。相比七参数转换法，四参数转换法不需三个以上的已知点，因其转换过程是在平面下进行的，当已知点的高程值未知或高程系统不一致时,四参数法是最好的选择。同时进行图面转换时此方法有较为容易的可操作性,而本文主要以四参数法为例进行深入探讨。

3　四参数转换方法详述

现假设点1和点2为已知点,即已知此两点在坐标系 $a(Xa0aYa)$ 下的坐标值 $(Xa1, Ya1)$、$(Xa2, Ya2)$ 和在坐标系 $b(Xb0bYb)$ 下的坐标值 $(Xb1, Yb1)$、$(Xb2, Yb2)$,如图1所示。根据这两个点的已知坐标可以推算出由任意点的坐标从坐标系 $a(Xa0aYa)$ 转换到坐标系 $b(Xb0bYb)$ 的转换参数。

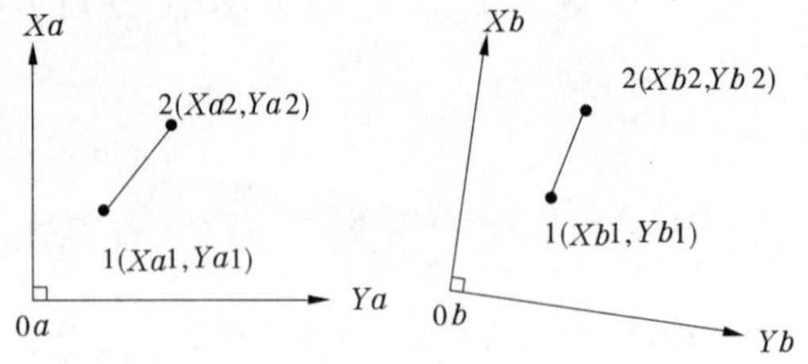

图1

下面介绍的四参数转换的三个步骤:

第一步,以点1为基点进行平移,平移量为 $dx = Xb1 - Xa1$, $dy = Yb1 - Ya1$;

第二步,以点1为基点进行旋转,设点1至点2的方位角在两个坐标系统下分别为 Ta、Tb,则旋转角为 $\theta = Tb - Ta$。

第三步,以点1为基点进行缩放,设点1至点2的平面距离在两个坐标系统下分别为 Sa、Sb,则变换比例(缩放系数)为 $m = Sb/Sa$。

4　四参数坐标转换

通过两个已知点用上述方法计算出了四个参数:dx、dy、θ、m,则本区域内的任意点可以通过这四个参数从坐标系 a(如独立坐标系)转换至坐标系 b(如国家坐标系)。根据这个算法,可以用VB设计一个计算机程序,进行批量转换,提高工作效率。以下程序在Windows XP系统、Visual Basic 6.0环境下调试通过。

四参数计算的程序主要代码如下:

```
Open file1 For Input As  1
   Input  #1, Str1, Ya1, Xa1, Yb1, Xb1
   Input  #1, Str2, Ya2, Xa2, Yb2, Xb2
   DX = Xb1 - Xa1
   DY = Yb1 - Ya1
   ArcTA = Xy2T(Xa2 - Xa1, Ya2 - Ya1)
   ArcTB = Xy2T(Xb2 - Xb1, Yb2 - Yb1)
   ArcDT = ArcTB - ArcTA
   If ArcDT < 0 Then
```

```
      ArcDT = ArcDT + 2 * PI
    End If
    If ArcDT > 2 * PI Then
      ArcDT = ArcDT - 2 * PI
    End If
    DegDT = ArcDT * 180  /PI#
    DmsDT = ToDms(DegDT)
    m = dist(Xb1, Yb1, Xb2, Yb2) / dist(Xa1, Ya1, Xa2, Ya2)
  Close  #1
```

注:程序中的 DmsDT 为旋转角为 θ(单位为:度.分分秒秒);ToDms(　)为自定义函数,其功能是将"度.度度度度"的角度格式转换为"度.分分秒秒",代码如下:

```
Public Function ToDms(g As Double) As Double
    Dim a As Long, b As Long
    Dim c As Double, m As Double, dms As Double
    Dim fh As Long
    fh = Sgn(g)
    g = Abs(g)
    m = g
    m = m + 0.0000000001
    a = Int(m)
    b = Int((m - a) * 60)
    c = (m - a - b / 60) * 3600
    dms = a + b / 100 + c / 10000
    ToDms = dms * fh
End Function
```

根据四参数对任意点的坐标($x(i)$,$y(i)$)进行转换,转换后坐标为($xx(i)$,$yy(i)$),主要程序代码如下:

```
YY_1(i) = y(i) + dy
XX_1(i) = x(i) + dx
ArcT(i) = Xy2T(x(i) - Xa1, y(i) - Ya1)
ArcT_1(i) = ArcT(i) + ArcDT
DistA(i) = dist(Xa1, Ya1, x(i), y(i))
DistA_1(i) = DistA(i) * m
YY(i) = Yb1 + DistA_1(i) * Sin(ArcT_1(i))
XX(i) = Xb1 + DistA_1(i) * Cos(ArcT_1(i))
```

其中 dist(　)为自定义函数,其功能是根据两点的坐标求算平距,代码如下:

```
Public Function dist(x1 As Double, y1 As Double, x2 As Double, y2 As Double) As Double
```

```
        Dim s As Double
        s = Sqr((x1 - x2) * (x1 - x2) + (y1 - y2) * (y1 - y2))
        dist = s
    End Function
```

其中 Xy2T( )为自定义函数,其功能是根据两点的坐标求算坐标方位角,代码如下:

```
    Public Function Xy2T(x As Double, y As Double) As Double ´
      Dim T As Double
      T = Atn(y / (x + 0.0000000001)) + (1 - Sgn(x)) * 3.14159265358979 / 2
      If T < 0 Then
        T = T + 3.14159265358979 * 2
      End If
      Xy2T = T
    End Function
```

编程技巧:上述程序中当变量作为分母时,为避免除数为零时触发程序溢出错误,往往采用在不对计算结果产生影响的前提下,将变量加上一个极小数值(如:0.0000000001)。为了在 AutoCAD 中方便利用坐标成果,文本文件中的坐标通常按(东坐标,北坐标)的顺序写入,即按照几何坐标的顺序,而非测量坐标顺序(北坐标,东坐标)。

程序运行界面如图 2 所示。

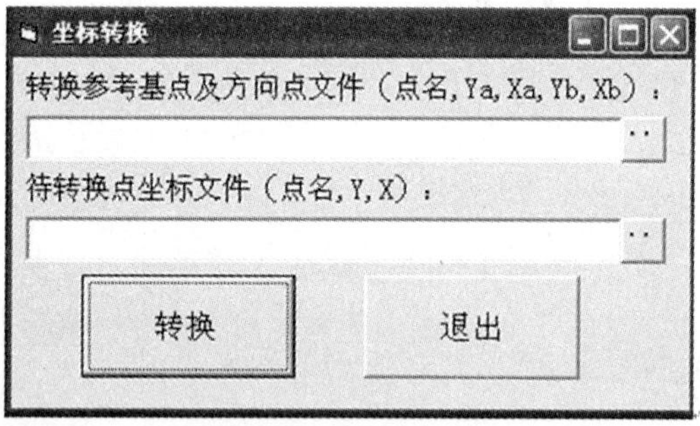

图 2

已知点坐标格式举例如下(独立坐标系转换到国家坐标系):

yzd1,6572.609,6402.343,518638.236,4017316.747

yzd2,-2508.411,12860.477,509544.316,4023754.772

待转换点的坐标格式举例如下(独立坐标系):

YC01,-735.085,7535.391

YC02,-4367.744,10377.871

YC03,-2508.411,12860.477

YC04,2452.594,11188.761

转换后的结果文件如下(转换至国家坐标系):

平移量:dy =512065.627,dx =4010914.404

旋转基点(y,x):518638.236,4017316.747

旋转角(ddd.mmssssssss):dT=359.5238231154(顺时针)

旋转角(ddd.dddddddddd):dT=359.8772864315(顺时针)

缩放基点(y,x):518638.236,4017316.747

缩放比例:0.9998998434

YC01,511328.864,4018434.029

YC02,507690.490,4021268.439

YC03,509544.316,4023754.772

YC04,514508.393,4022093.851

5 四参数图形变换

通过以上坐标参数的计算,可以按此参数对电子版的地形图进行转换,可以采用手动转换的方法,但是为了提高速度、避免人为输入错误,也可以让其自动完成。这里利用了AutoCAD的脚本文件的功能,把要执行的操作写入脚本文件,运行此脚本文件(在AutoCAD的命令行输入Script)即可对电子地形图一次转换成功。注意,在运行脚本文件之前需要将当前电子地形图的所有图层取消“关闭”、“冻结”、“锁定”状态,同时要把当前地形图的角度单位设置好(与计算机程序计算出的旋转参数一致)。现举例说明脚本文件的格式:

AutoCAD 图形坐标转换脚本文件(独立坐标系 to 国家坐标系).scr

```
(setvar "osmode" 0)↵
move ↵
vall ↵
↵
0,0 ↵
@512065.627,4010914.404 ↵
rotate ↵
all ↵
↵
518638.236,4017316.747 ↵
-359.8772864315 ↵
scale ↵
all ↵
↵
518638.236,4017316.747 ↵
0.9998998434 ↵
```

注意:在脚本文件中,回车换行符和空格字符不可省略,另外也不可随意增加空格字符。

6 结 语

本文对独立坐标系转换到国家坐标系的方法进行了探讨,并以四参数转换为例,通过转换实例翔实地介绍了转换方法及计算机程序的实现过程。在 AutoCAD 的操作中,如果经常遇到大量重复而有规律的操作,就可以通过手工编写或用计算机程序自动生成脚本文件来解决。善于利用计算机程序的开发可以把工作过程批量完成,提高工作效率,减少人为错误,给工作带来极大的方便。

辐射投影在齐热哈塔尔水电站工程施工控制网中的应用

刘永波　鲁志文

（中水北方勘测设计研究有限责任公司）

摘　要　本文结合齐热哈塔尔水电站工程实例，详细介绍了GPS控制网的布设方案，辐射投影的具体计算过程，并和另外几种高程提升方法做了比较和分析。总结了辐射投影方法在高海拔地区建立施工控制网所具有的优越性。

关键词　施工控制网　辐射投影　高程

1　工程概况

齐热哈塔尔水电站工程位于新疆维吾尔自治区喀什市塔什库尔干塔吉克自治县境内，距县城56 km，距喀什市322 km。工程坝址位于在建的下坂地水利枢纽电站厂房下游1.9 km处，厂房位于下坂地水利枢纽电站厂房下游约24 km处，为塔什库尔干河中下游河段水电梯级开发的第二级水电站。

齐热哈塔尔水电站坝顶高程为2 730 m，厂房机组安装高程为2 359 m，两端平均高程为2 545 m。因此，将施工控制网投影面高程设为2 545 m。

按照水利水电工程测量规范和水利水电施工测量规范的共同规定，控制点的相邻点点位中误差不大于10 mm，最弱相邻点边长相对中误差不应大于1/150 000，即GPS测量的精度等级不低于水利水电规范的二等。

2　GPS数据处理

新疆塔什库尔干河齐热哈塔尔水电站施工控制网采用GPS静态相对定位测量方法，七台GPS同步进行观测，以边连接的方式构网；经过基线处理、三维无约束平差和二维平差后，最终得到25个二等GPS施工控制点的坐标成果。然后将控制点坐标归算到平均高程面上，边长投影按辐射投影近似公式进行，控制网边长投影后，和现场高精度测距仪测定的边长（经过改正）在平均高程面上进行比较，其限差不超过GPS网相邻点间边长中误差$\sigma = \sqrt{a^2 + (b \times D)^2}$（$a$、$b$分别为二等GPS网的固定误差和比例误差，$D$为两点间距离）的2倍。

3　高程面提升

在工程建设中，尤其是大型工程，为了高精度施工放样的需要，需要建立专门的施工控制网,对于施工控制网,有着不同于规划设计或者可行性研究阶段常规测量控制网的特点,除要求高精度、实测边长与控制点坐标反算边长一致外,最好还与规划设计阶段的坐标系统保持一致。

3.1 常用的投影变形方法

3.1.1 抵偿高程面方法

通过提高高程投影面,选择测区平均高程面作为投影面,由于高斯投影中,从椭球面投影到高斯面上,存在一定量的长度变形,该变形总是变长的,为了抵消掉高斯投影的变形,需要将投影面高程降低一个数值,该高度变化值 ΔH 引起的长度变形值正好能够抵消掉高斯投影引起的长度变形。这就是抵偿投影面的高斯正形投影。

高程变化值

$$\Delta H = \frac{y_m^2}{2R} \tag{1}$$

投影面高为

$$H_{投} = H_m - \Delta H \tag{2}$$

3.1.2 移动中央子午线方法

这种方法不改变投影高程面,而是根据高程面归算引起的长度变形,采取移动高斯投影中央子午线的方法,使其长度变形值正好与高程面归算引起的长度变形相等。该中央子午线与测区中央的距离采取以下公式计算:

$$y = \sqrt{2R_m H_m} \tag{3}$$

采用这种方法建立的施工控制网,由于不采用国家标准的3°带或6°带投影,其控制网坐标成果与规划设计阶段不一致,因而在实际工程建设中较少采用。

3.2 辐射投影方法

3.2.1 计算方法和原理

辐射投影计算原理为,先计算投影起算点到各个控制点的方向和距离,该方向和距离计算都是在高斯平面上进行的,而后经过方向改化和距离改化化算到椭球面上,方向和距离改化方法按下面公式进行,这是高斯投影中椭球面改化到高斯面的逆过程。方向和距离都改化到椭球面后,再将距离按大地高比例放大到归算高程面上。以上计算步骤所需要的计算参数为投影面高程、大地水准面差距、中心纬度、投影起算点平面坐标。按照以下步骤,可以推算施工面上的坐标。

方向改化公式为

$$W = \sqrt{1 - e^2\sin^2 B} \tag{4}$$

$$V = \sqrt{1 + e^2\cos^2 B} \tag{5}$$

$$M = \frac{a(1 - e^2)}{W^3} \tag{6}$$

$$N = \frac{a}{W} \tag{7}$$

$$R_m = \frac{a\sqrt{1 - e^2}}{W^2} \tag{8}$$

$$R_A = \frac{MN}{N\cos^2 A + M\sin^2 A} \tag{9}$$

$$\alpha'_{12} = \alpha_{12} + \frac{\rho''}{6R_m^2}(x_2 - x_1)\left(2y_1 + y_2 - \frac{y_m^3}{R_m^2}\right) + \frac{\rho''\eta^2 t}{R_m^3}(y_2 - y_1)y_m^2 \tag{10}$$

式中：M 为子午线曲率半径；N 为卯酉圈曲率半径；R_m 为平均曲率半径；R_A 为 P_1、P_2 方向上法截弧曲率半径。

距离改化公式为

第一步：
$$S_1 = \frac{D}{1 + \frac{y_m^2}{2R_m^2} + \frac{\Delta y^2}{24R_m^2} + \frac{y_m^4}{24R_m^4}}$$

第二步：
$$S = \frac{S_1(R_A + h + \varepsilon)}{R_A}$$

施工面上的坐标计算采用坐标正算公式

$$\begin{cases} x_{2p} = x_1 + S\cos\alpha'_{12} \\ y_{2p} = y_1 + S\sin\alpha'_{12} \end{cases}$$

上面公式中：(x_1, y_1)、(x_2, y_2) 分别为投影起算点的平面坐标和待计算控制点的平面坐标；R_m、R_A 分别为平均曲率半径和法截线曲率半径；y_m 为投影起算点和待计算控制点连线中点的东坐标；α_{12}、α'_{12}分别为投影起算点到待计算控制点在高斯面和经过方向改化后在椭球面上的方位角；D、S_1 分别为投影起算点和待计算控制点在高斯面和经过距离改化后在椭球面上的距离；h 为投影面高程；ε 为大地水准面差距；S 为经过椭球膨胀法提升后在施工面上的距离。

3.2.2 齐热哈塔尔水电站坐标归算

齐热哈塔尔水电站施工控制网在经过 GPS 基线解算、三维平差、二维平差并投影在高斯面上之后，采用辐射投影公式归算至测区平均高程面。根据归算后的控制点坐标成果反算其边长，然后采用高精度全站仪进行边长检核，对每条检测边均采用对向观测，并现场量取测站及棱镜的气压和干湿温度，并由干湿温度换算出湿度，再对边长进行气压、温度和湿度的改正，将自然表面上测量的边长归算到椭球面上，最后提升至施工面，得到施工面上的边长并与坐标反算边长做比较。比较结果如表 1 所示。

表 1 控制点反算边长与全站仪归算后实测边长比较

序号	S_G(m)	$S_{测}$(m)	差值(m)
1	542.633	542.639	0.006
2	370.945	370.937	-0.008
3	483.546	483.547	0.001
4	297.818	297.819	0.001
5	1 185.482	1 185.474	-0.008
6	842.061	842.059	-0.002
7	366.960	366.961	0.001

7 条边的平均较差为$\frac{\sum |d|}{n}=3.85$ mm，且较差有正有负，没有明显的尺度误差，精度较好。

4 结 语

在大中型水电站施工控制网测量中，采用辐射投影公式来提升控制网高程面，具有计算简便、精度较高的特点，可以用于建立高精度的施工控制网，使施工控制网的边长和施工放样中的传统测量方法保持尺度上的一致性。其计算成果完全能够满足大中型水电站施工放样的需要。

参 考 文 献

[1] 孔祥元，梅是义. 控制测量学[M]. 武汉：武汉大学出版社，2002.
[2] 李征航，黄劲松. GPS 测量与数据处理[M]. 武汉：武汉大学出版社，2005.
[3] 孙达，蒲英霞. 地图投影[M]. 南京：南京大学出版社，2005.

送电线路中悬高测量的探讨

刘永波 杨鲁强

(中水北方勘测设计研究有限责任公司)

摘 要 送电线路测量中,当设计线路与既有送电线路相交时,就需要测量既有线路在跨越点的线高,传统的悬高测量需要在线下由跑尺人员立棱镜,然后测量出仪器至棱镜的水平距离,然后全站仪照准需要测量的悬高位置测量弧垂点的垂直角或天顶距,然后用三角函数计算出悬高。

关键词 悬高棱镜 天顶距

1 悬高测量的常规方法

1.1 三角高程法

传统的悬高测量方法是,跑尺人员在需要测量的悬高点线下立棱镜后测量仪器至棱镜的水平距离,然后全站仪照准悬高点测量垂直角或天顶距。用三角函数计算出悬高点至架站点的高差,进而求出悬高点的高程。见图1。

首先求出水平距离 D

$$D = S_1\cos\alpha_1 \tag{1}$$

然后即可求出弧垂点的高程

$$H = H_{P1} + D\tan\alpha_2 + i + (1 - 0.14)\frac{D^2}{2R}(\text{这里 } R \text{ 取地球平均半径}) \tag{2}$$

1.2 手持测距仪直接测量法

随着科学技术的发展,出现了手持式的测距仪,这种仪器价格便宜、测程较短,一般在50 m以内,能够达到厘米级测距精度。另外,操作简便,不需要像传统测距仪一样需要架设脚架,可以直接照准目标实施距离测量。基于以上特点,便携式测距仪已经广泛地用于悬高测量。但是这种便携式仪器有其固有的局限性,操作时必须保持稳定照准目标,否则不容易测量出距离,见图2。

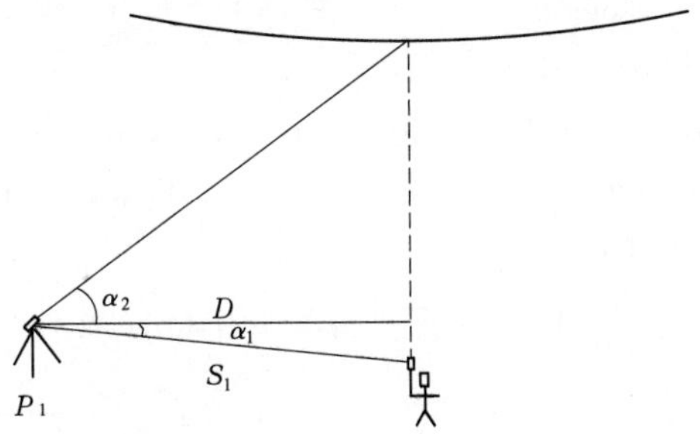

图1

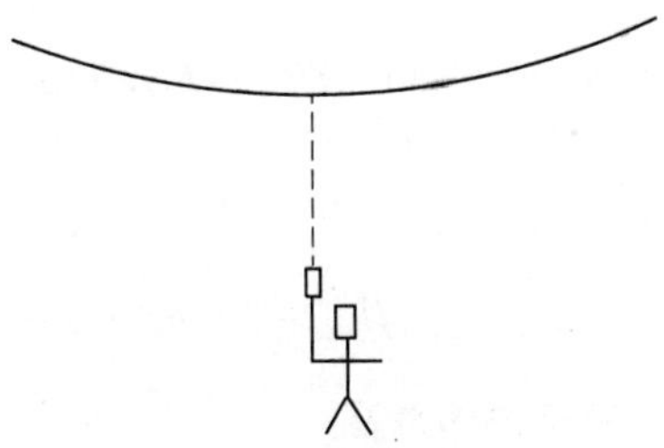

图2

2　悬高测量的其他方法

第一部分叙述的是悬高测量的常规方法，在工作中经常还会遇到投影处无法安置反射棱镜（如悬空线路跨水塘）的情况。这时可以采取其他方法来间接获取仪器指弧垂点的水平距离，这里介绍以下两种测量悬高的间接方法。

2.1　线路交会法

2.1.1　操作原理

三角高程法测量弧垂从理论上容易理解，但是立尺人员由于位于线路下方，在仰视的情况下，尤其线路较高时，不容易寻找弧垂点的天底位置，这里采取一种新的方法，不在线路下方立棱镜，而是通过间接方法，求出架站点至弧垂点的水平距离。图 3 中 P_1 和 P_2 分别为弧垂点前后方向上的两级塔位中心，其坐标都是已知的，分别为 $P_1(x_1, y_1)$ 和 $P_2(x_2, y_2)$。P_3 为架站点，其坐标为(x_3, y_3)。高程为 H_{P_3}。

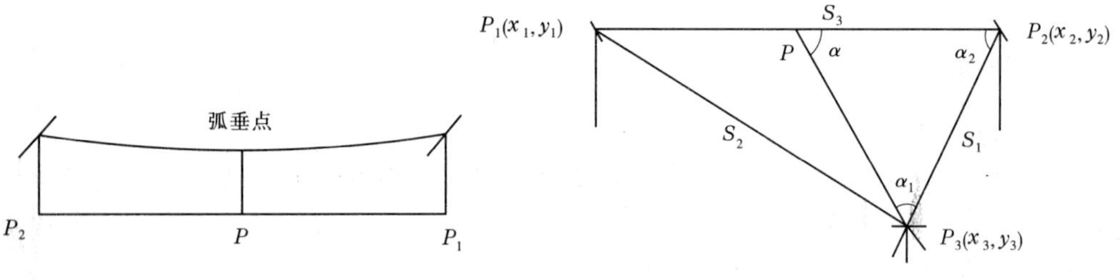

图 3

2.1.2　操作步骤

先在 P_3 处架设全站仪，把全站仪照准下一级杆塔中心 P_2，把全站仪水平度盘置零，然后照准线路弧垂点 P，记下此时的水平角读数 α_1 和垂直角读数 δ，这里已经完成全部观测步骤。

2.1.3　计算过程

首先通过坐标反算计算出 P_1、P_2、P_3 对应的边长分别为 S_1、S_2、S_3。这里的 S_1、S_2、S_3 等指的都是水平距离。

$$\cos\alpha_2 = \frac{S_1^2 + S_3^2 - S_2^2}{2S_1S_3}$$

$$\sin\alpha_2 = \sqrt{1 - \cos^2\alpha_2}$$

$$\alpha = 180° - (\alpha_1 + \alpha_2)$$

$$\sin\alpha = \sin[180° - (\alpha_1 + \alpha_2)] = \sin(\alpha_1 + \alpha_2) = \sin\alpha_1\cos\alpha_2 + \cos\alpha_1\sin\alpha_2$$

$$D = \frac{S_1\sin\alpha_2}{\sin\alpha}$$

$$H = H_{P3} + D\tan\delta + i + (1 - 0.14)\frac{D^2}{2R}\text{（这里 } R \text{ 取地球平均半径）}$$

2.2　间接法测悬高

2.2.1　操作原理

线路交会法是建立在已知弧垂两端杆塔挂点和架站点坐标的情况下的。但是很多情况下这三点的坐标并不都是已知的，尤其是架站点的坐标。这就需要一种间接的方法来求出这三点的相对位置，从而求出架站点至弧垂点的水平距离。然后再根据垂直角求出弧垂。

2.2.2 操作步骤

先在 P_3 处架设全站仪，然后在 P_1 处立棱镜，全站仪照准 P_1，把全站仪水平度盘置零，测量出 P_3 至 P_1 处的水平距离 S_1，然后照准线路弧垂点 P，记下此时水平角度数 α_1 和垂直角度数 δ，再立棱镜于 P_2 点，全站仪照准 P_2，记下此时水平角度数 α_2，并测出 P_3 至 P_2 的水平距离 S_2，这里已经完成全部观测步骤。见图4。

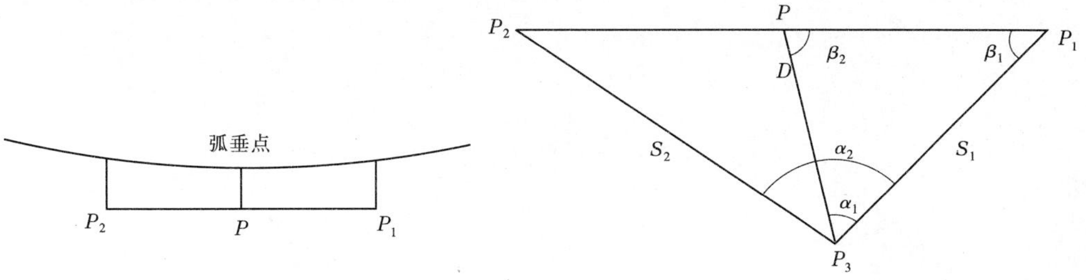

图4

2.2.3 计算过程

$$S_{P1P2} = \sqrt{S_1^2 + S_2^2 - 2S_1S_2\cos\alpha_2}$$

$$\beta_1 = \arccos\left(\frac{S_1^2 + S_{P1P2}^2 - S_2^2}{2S_1S_{P1P2}}\right) \quad (0 < \beta_1 < 180°)$$

$$\beta_2 = 180° - (\alpha_1 + \beta_1)$$

$$D = \frac{S_1\sin\beta_1}{\sin\beta_2}$$

$$H = H_{P3} + D\tan\delta + i + (1 - 0.14)\frac{D^2}{2R}(\text{这里 } R \text{ 取地球平均半径})$$

上述公式中，S_1、S_2、S 指的均是水平距离。另外，这里架站点 P_3 的平面和高程都是未知的，还需要从其他高程已知的点来引测 P_3 的高程。

3 结　语

线路交会法和间接法测量送电线路悬高，是一种相对于传统的在弧垂点下方立棱镜的悬高测量方法，这两种方法解决了送电线路测量中的一些难题。但是相对于在线路下方直接安置棱镜的方法，这两种方法计算上相对复杂。建议采用 Excel 中编写公式进行计算。或者编写针对这两种测量方法的应用程序。

参 考 文 献

[1] 程新文. 测量与工程测量[M]. 北京:中国地质大学出版社,2004.
[2] 李青岳,陈永奇. 工程测量学[M]. 2 版. 北京:测绘出版社,1995.
[3] 唐云岩. 送电线路测量[M]. 北京:中国电力出版社,2005.

摄影测量与遥感

GeoEye－1 卫星影像立体像对测图精度测试

杜桂英　吴　越　黄志环　许　健　李小冬　顾　菁

（中水北方勘测设计研究有限责任公司）

摘　要　本文介绍了在全数字摄影测量工作站 VirtuoZo Series(3.75)上,运用 VirtouZo RPC 模块操作流程对 GeoEye－1 卫星影像数据进行 RPC 单模型参数定向,测试精度统计,并测绘 1/5 000 地形图。

关键词　GeoEye－1 卫星影像　高分辨率　RPC 参数定向　数字测图

1　引　言

影像分辨率是决定影像精度的一个重要指标,影像精度要满足相应比例尺地图更新及影像识别能力和成图精度要求,若分辨率达不到一定要求,细小的地物就无法判读、像片控制点精度得不到保证,特别是大比例尺地形图满足不了成图精度要求。Ikonos、LandsatETM、SPOT、CBERS、SPIN、Radarsat 等各种高分辨率卫星影像已广泛应用于各个领域,这样的分辨率还不能满足更高精度的需求。GeoEye－1 卫星影像相对于前面的卫星影像具有更高的空间分辨率,细微地物的解译与判读等方面优势突出。为水利水电测绘大比例尺地形图提供了更广阔的空间。此次测试工作是在全数字摄影测量工作站 VirtuoZo Series(3.75)上,采用 GeoEye－1 卫星影像数据进行 RPC 单模型参数定向,精度测试统计及 1/5 000 地形图的全要素测绘,对将来可靠地投入实际应用很有意义。

2　GeoEye－1　卫星影像特点

世界上规模最大的商业卫星遥感公司美国 GeoEye 于 2008 年 9 月 6 日成功发射了迄今技术最先进、分辨率最高的商业对地成像卫星——GeoEye－1。该卫星为太阳同步轨道,卫星高度为 681 km,运行速度为 7.5 km/s,通过特定位置的当地时间为 10 时 30 分。GeoEye－1 采集全色影像的速度极快,每天采集近 70 万 km^2 的全色影像数据,多光谱影像数据每天采集近 35 万 km^2。GeoEye－1 可以在轨旋转,在一次通过时对同一目标多次成像,建立立体像对,为数字摄影测量提供了可能。其采集影像的分辨率为全色(黑白)0.41 m,多光谱 1.65 m。

3　测试数据

测试数据:GeoEye－1 卫星影像 2 景,带 RPC 参数,构成立体像对;坐标系统 WGS 84,

Zone Number 为 55；空间分辨率为 0.41 m；像片控制点 126 个。

4　测试要求

采用 RPC 单模型定向，统计定向点精度；立体测图，根据 1/5 000 比例尺的成图要求提取建筑物、道路、等高线等全要素矢量图，根据多余像片控制点进行精度统计。

5　测试流程

在全数字摄影测量工作站 VirtuoZo Series（3.75）上，采用 VirtouZo RPC 模块，对 GeoEye－1卫星影像进行 RPC 单模型参数定向，统计定向点精度；IGS 数字化测图比例尺为 1/5 000，等高距 5 m，因 GeoEye－1 卫星影像数据重叠区域大，故选取地形要素多样的地区作为测试区。

定向时采用以下 4 种不同的控制点布设方式进行测试：

（1）采用全部 126 个三维坐标点作为控制点进行定向；

（2）采用 22 个均匀分布在测试区域的三维坐标点作为控制点，其余作为检查点进行定向；

（3）采用 11 个均匀分布在测试区域的三维坐标点作为控制点，其余作为检查点进行定向；

（4）采用 4 个分布在测试区域四个角的三维坐标点作为控制点，其余作为检查点进行定向。

6　精度统计

以下是 4 种不同的控制点布设方式进行 RPC 参数定向的结果：

（1）采用 126 个控制点和 22 个控制点进行 RPC 参数定向，由于点数太多就不再逐个列出其残差值，在表 1 中列出了 126 个控制点和 22 个控制点的定向中误差。

表 1　　（单位：m）

控制点数量（个）	*X* 中误差	*Y* 中误差	*Z* 中误差
126	0.651 3	0.490 2	0.732 8
22	0.175 1	0.208 5	0.337 9

（2）采用 11 个控制点定向结果见表 2。

表 2　　（单位 m）

控制点点号	*X* 残差值	*Y* 残差值	*Z* 残差值
1001	－0.326 591	0.126 562	－0.138 846
1202	－0.356 726	0.213 936	－0.817 096
1706	－0.477 121	－0.101 117	－1.024 057
1811	－0.198 396	0.353 667	0.279 390

续表 2

控制点点号	X 残差值	Y 残差值	Z 残差值
1211	-0.507 759	-0.354 128	0.095 838
1107	-0.085 391	0.098 851	0.111 352
1109	-0.383 854	-0.036 511	0.209 975
1602	-0.569 684	0.248 159	-0.040 815
1301	0.480 640	-0.182 627	0.375 385
1520	0.082 096	-0.067 674	0.750 108
1815	-0.235 746	-0.291 223	0.199 110
中误差	0.373 028	0.216 990	0.488 433

(3)采用 4 个控制点定向结果见表 3。

表 3 (单位:m)

控制点点号	X 残差值	Y 残差值	Z 残差值
1001	-0.175 663	0.057 064	0.059 977
1706	-0.292 773	-0.057 838	-0.061 771
1811	-0.167 636	0.067 408	0.069 006
1211	-0.300 088	-0.063 432	0.067 188
中误差	0.242 244	0.061 581	0.064 593

以上多组定向结果可以看出:

(1)采用全部 126 个三维坐标点作为控制点进行定向,由于点太多,本次只是测试,对精度提高没有帮助。

(2)采用 22 个三维坐标点作为控制点,其他作为检查点进行定向,定向精度略好。

(3)采用 11 个三维坐标点作为控制点,其他作为检查点进行定向,定向精度高。

(4)采用 4 个三维坐标点作为控制点,其他作为检查点进行定向,定向精度很高。

使用 4 个以上像控点时控制点误差比较小,再增加控制点的数量没有明显效果。同样控制点的分布对精度影响也不大。

7 IGS 数字化测图精度统计

在全数字摄影测量工作站 VirtuoZo Series(3.75),采用 4 个定向点结果在立体影像上进行地物、地貌要素的采集,包括居民地、道路、水系、沟渠、独立地物、管线、高程点以及等高线等数据的采集,然后将多余像控点导入作为检查点,检查测图精度。地形图精度统计结果见表 4。

精度统计结果表明,GeoEye-1 卫星影像数据利用 RPC 参数定向可满足 1/5 000 的测图要求。

表 4

点号	平面(mm)		高程(m)
	ΔX	ΔY	ΔZ
1202	-0.306	-0.352	0.113
1107	0.255	-0.079	0.228
1109	-0.332	0.152	0.115
1113	0.162	-0.063	0.003
1215	0.057	-0.115	-0.012
1301	-0.107	-0.289	0.131
1401	0.212	0.036	0.211
1406	-0.135	0.121	-0.005
1520	-0.302	0.149	0.302
1602	0.163	0.101	0.221
1610	0.033	-0.056	0.126
1701	-0.133	-0.101	-0.127
1801	-0.206	-0.118	0.152
1805	0.063	0.157	0.062
1815	-0.159	0.062	0.063

8　测试结论

使用较少的控制点，建议采用五个以上控制点，多余点作为检查点，运用 VirtouZo RPC 模块操作流程对 GeoEye - 1 卫星影像数据进行 RPC 参数定向，其定向精度指标能够满足 1/5000 地形图测绘精度的要求。利用 GeoEye - 1 卫星影像数据从事地形图的测绘，不仅影像覆盖面积较大，分辨率高，细微地物的解译与判读等方面的优势突出，资料更新速度快，生产周期短，能够解决控制点布设困难区域的成图，在一定程度上减少了外业控制测量及测绘工作难度，大大提高了外业人员在野外工作的安全性。同时内业处理数据时定向作业过程相对简单，节省时间，提高了生产效率。给测绘工作带来便利。GeoEye - 1 卫星影像高分辨率的突出优势，将会成为今后水利水电测绘工作的一个很好的影像数据选择。

参 考 文 献

[1] 水利水电规划设计总院 . SL 197—97　水利水电工程测量规范(规划设计阶段)[S]. 北京:中国水利水电出版社,1998.

[2] 国家测绘局测绘标准化研究所 . GB/T 13990—1992　1∶5 000、1∶10 000 地形图航空摄影测量内业规范[S]. 北京:中国标准出版社,1993.

[3] 国家基本比例尺地图图式 . GB/T 20257.2—2006　国家基本比例尺地图图式[S]. 北京:中国标准出版社,2006.

Ikonos 卫星影像在中小比例尺地形图测量中的应用

李小冬

（中水北方勘测设计研究有限责任公司）

摘　要　采用传统的航空摄影测量技术成图，由于受航摄条件的限制，生产周期长，往往在成果提交的时限上难以满足需要。而采用高分辨率的卫星影像代替航空影像，在满足工程勘察设计需要的同时，克服了许多限制所带来的不便。

关键词　Ikonos　VirtuoZo　地形图

Ikonos 卫星影像是美国 Space Imaging 公司发射的世界第一颗提供 1 m 地面分辨率的卫星所拍摄的影像。

自 1999 年 9 月 Ikonos 高清晰度卫星影像诞生，我国的测绘技术也已经从传统的航空摄影测量迈入了新领域。

依据《1∶5 000　1∶10 000 地形图航空摄影测量内业规范》（GB/T 13990—1992）及《水利水电工程测量规范》（SL 197—97）（规划设计阶段），利用 Ikonos 卫星影像对某项目进行 1∶10 000 地形图的测量。

1　项目简介

西部地区大部分是 1∶10 000 地形图的空白区，该地区山势险峻，岩石裸露，如果采用常规航空摄影测量方法测图，野外要做大量的工作，这对于高山地区来说比较困难。而且传统的航空摄影测量技术生产周期长，通常受到空管的限制，难以满足快速提供成果资料的需要。加之工程紧任务急，为此该项目采用卫星影像来完成。

本项目测区测量面积 30 km^2，比例尺为 1∶10 000，等高距为 10 m。影像类型为 Ikonos 卫星影像，2 个像对。

2　精度要求

（1）定向精度见表 1。

表 1　相对定向绝对定向精度

相对定向点残余（上下）视差限差（mm）	绝对定向点平面位置的残差限差（图上 mm）	绝对定向高程位置的残差限差（m）
0.005	±0.3	±2.25

(2)成图精度见表2。

表2 地形图精度

地物平面位置中误差(图上 mm)	高程注记点高程中误差(m)	等高线高程中误差(m)
±0.75	±4.0	±5.0

(3)相邻像对地形图接边精度见表3。

表3 像对接边精度

地物平面位置残差限差(图上 mm)	等高线残差限差(m)
±1.5	±10

3 工作流程

工作流程图表示如图1所示。

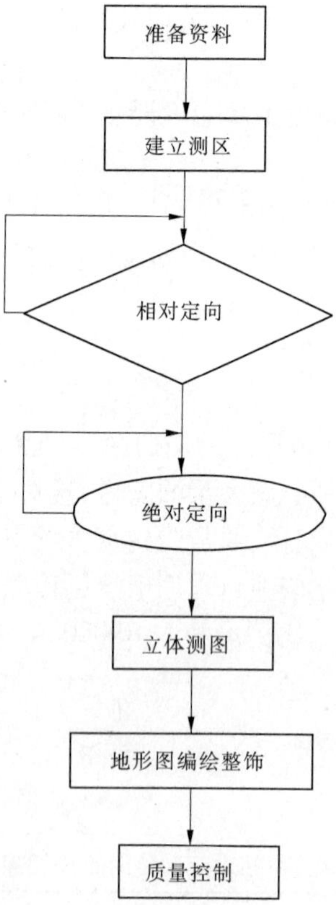

图1 工作流程图

3.1 准备资料

本项目采用的是2006年10月拍摄的Ikonos影像,2个像对。影像地面分辨率为1 m。

原始的影像类型为16 bit的.tiff格式文件,测图前要将其影像格式进行转换才能引用。因此,先在Photoshop软件下将原始影像文件转换成8 bit的.tiff格式文件,然后在VirtuoZo测图工作站上将其转换成*.VZ格式。

3.2 建立测区

使用全数字摄影测量系统VirtuoZo Series模块,建立"某项目.blk"测区文件。

3.3 相对定向

卫星影像的立体像对不需做内定向,故创建模型后直接进行相对定向。经相对定向计算,提取的同名点残余上下视差残差大于0.005 mm限差的,则重新做相对定向。本项目相对定向点残余上下视差的最大残差为0.003 mm,符合规范要求。

3.4 绝对定向

本项目采用全野外布点。

根据外业提供的像控点刺点点位略图和点位说明,在立体模型上对像控点点位进行人工量测精确切准,进行解算,其结果有大于定向精度的像控点,则重新做绝对定向,直至符合定向精度的要求。精度要求见表1。绝对定向的残差结果见表4。

表4 像片控制点绝对定向的残差结果

像对编号	像控点数量(个)	东坐标 x(m)	北坐标 y(m)	高程 h(m)
50001-40001	9	0.658 0	0.893 8	0.660 9
40000-30000	9	0.444 9	0.808 1	0.562 6

从定向残差结果中可以看出,在各像对绝对定向中,像控点的平面精度及高程精度均符合精度要求。

3.5 立体测图

本项目成图比例尺为1:10 000,等高距为10 m。

3.5.1 地物部分

测区内地物在测图工作中采用内业判读测绘法进行测绘。

由于地物类型较少,河道一侧有一条主要的公路、过河桥梁、零星耕地和比较散落的居民地等,这些地物都具有方位意义,故根据图式详细表示。

村庄详细判读,并特别注意了散列房屋按图式表示。

线状地物(如道路、沟渠),植被的性质(如旱地、林地等)均以影像判读。

对于地性线(包括台、沟、坎、水涯线等),依照规范和图式要求进行综合取舍,地物符号使用恰当,水涯线以摄影时为准。

3.5.2 地貌部分

本测区属高山区,其河谷为典型的V字形,非常陡峭,在影像上有很多地方的投影差非常大,因此测绘时一般仔细用测标切准地表,在投影差很大的影像区域利用多次测标切准方式进行采集。避免造成过大的测图误差,提高测图精度。

测绘等高线时用测标准确切准模型,以准确表达地形特征。对土质要素均逐一准确绘出。由于本测区影像的阴影部分较多,在测图时采取单片调光(亮度)处理。对复杂、破碎的地貌适当增测了地形点的密度，以求表达真实地貌情况。

地形图的地物平面位置中误差最大（图上）0.3 mm，高程注记点高程中误差最大 1.2 m，等高线高程中误差最大 2.5 m。精度要求见表 2。均在成图精度范围之内。

特殊困难地区地物点的平面位置中误差，高程注记点高程中误差按表 2 相应放宽 0.5 倍。

相邻像对地形图的地物接边差最大（图上）0.4 mm，等高线接边差最大 3 m。精度要求见表 3。均在相邻像对地形图接边精度范围之内。

3.6 地形图编绘整饰

按图式规定进行图面整饰以达到地物地貌表示正确，取舍合理，符号运用恰当，各项注记清楚。各要素及相应的注记均符合 CASS7.0 属性标准。

3.7 质量控制

从定向成果看，像控点残差没有超出规定允许的范围。定向结果是可靠的。

通过以上的数据在中小比例地形图测量中其精度符合技术规范要求。

4 结 语

卫星影像立体像对测量在中小比例尺地形图测绘中实用性较强，精度满足要求，覆盖面积广，生产速度快，生产成本低，而且减轻了劳动强度。为今后航测事业的发展开辟了一条新路，为测绘产品的应用提供了广阔前景。

参 考 文 献

[1] 国家质量技术监督局. GB/T 13990—1992　1:5 000　1:10 000 地形图航空摄影测量内业规范[S]. 北京：中国标准出版社，1993.

[2] 水利水电规划设计总院. SL 197—97　水利水电工程测量规范（规划设计阶段）[S]. 北京：中国水利水电出版社，1998.

Lensphoto 多基线数字近景摄影测量相机的野外检校

杜桂英 吴 越 黄志环 许 健 李小冬 顾 菁

（中水北方勘测设计研究有限责任公司）

摘 要 本文介绍了 Lensphoto 多基线数字近景摄影测量系统的一个重要步骤——相机的野外检校。

关键词 多基线数 近景摄影测量 相机检校

1 近景摄影测量的发展与应用

早期的近景摄影测量是采用专业的光学量测相机，如过去使用 WILD 公司的 P31 陆摄仪，获取光学影像后在测图仪上进行摄影测量处理，这种作业方式无论外业还是内业操作均比较烦琐。近年来 CCD 数码技术、数字摄影技术、图像处理技术、地理信息系统技术、计算机视觉、三维重建等技术的迅速发展，使数字近景摄影测量技术在信息记录、处理、数据存储和管理方面发生了根本性的变化。随着数字摄影测量软件的出现，可将光学影像通过数字扫描后转化成数字影像，然后在数字近景摄影测量软件中进行摄影测量处理。多基线数字近景摄影测量系统（Lensphoto）是属于测绘科学技术领域最新近景摄影测量的应用软件。这是一种以少量点的空间坐标与摄影测量丰富的影像信息结合在一起，建立高精度的被摄物数字立体模型的技术。它使近景摄影测量技术发生了质的飞跃，并为其打开了巨大的应用空间。数字近景摄影测量技术正在广泛地应用于水利水电勘测设计、地质、城市区域规划、建筑工程、结构变形、文物保护、地理信息系统、交通、房产、环保等领域，其发展前景十分广阔。

2 Lensphoto 多基线近景摄影测量系统概述

数字摄影测量是基于数字影像与摄影测量的基本原理，应用计算机技术、数字图像处理、影像匹配、模式识别等多学科的理论和方法，提取所摄对象用数字方式表达的几何与物理信息的摄影测量学。Lensphoto 多基线数字近景摄影测量系统利用张祖勋院士提出的计算机视觉代替人眼的“短基线、多影像摄影测量”原理，将少量全站仪测量的高精度点位坐标与摄影测量丰富的影像信息结合起来，建立高精度的地形数字化模型。Lensphoto 多基线数字近景摄影测量系统由相机检校、空中三角测量、控制点量测、影像匹配、立体编辑、DEM 编辑、数字测图等七个子系统组成。相机检校是 Lensphoto 系统的一个重要步骤。

3　Lensphoto 多基线数字近景摄影测量的技术特点

(1)可用普通数码单反相机(像素要求在 1 200 万像素以上)。

(2)能按区域对所摄影像进行整体处理,而不再像传统的近景摄影测量,按单模型进行处理。

(3)空中三角测量不分相对定向、模型连接,而由软件全部自动完成自由网平差。

(4)区域网平差必须引入自检校参数平差,在获得平差结果的同时,获得相机内方位元素和畸变差的精确值。

(5)新的系统不采用核线,这对于多基线摄影测量尤为重要:测图时可以对"多片"原始影像进行任意组合来构成立体像对;而且避免了核线影像变形对测图的影响。

(6)外业工作简单方便。原则上只需 4 个控制点便可控制一个区域的精度。

4　Lensphoto 多基线数字近景摄影测量中的相机检校

4.1　相机检校条件

(1)相机检校的目的是为了使多基线数码影像满足近景摄影测量的要求,对相机进行标定,解算出相机的内方位元素:相机主距 f,像主点坐标 x_0、y_0,畸变参数 k_1、k_2、p_1、p_2。pixelsize——像素大小一般由相机说明书处取得(CCD 大小/像幅大小),当相机参数未知时,可通过相机检校模块标定出相机的内方位元素。相机参数的格式为 *. cam。

(2)近景摄影测量工作需使用高分辨率(像素要求在 1 200 万像素以上)的单反数码相机(定焦镜头)。

定焦镜头的焦段,根据被拍摄物体之特点和拍摄距离选择合适相机镜头。

标准定焦镜头　EF50mm F/1.4 USM　100 ~ 250 m

中远摄定焦镜头　EF85mm F/1.8 USM　250 ~ 450 m

远摄定焦镜头　EF135mm F/2L USM　800 ~ 1 500 m

(3)依照现场情况决定拍摄方式。两种摄影方式:一种是多基线平行摄影,另一种是多基线旋转摄影。以下采用平行摄影进行相机检校。平行摄影适用于近距离,且拍摄条件好的地方。

①根据所拍摄的目标物,须尽可能充满整幅影像的情况下(占满幅的 80% 以上),由目标物之间的距离来决定摄站与合适的镜头。

②依照相同距离平行目标物,视现场情况尽可能架设多个摄站,摄站间距大致为摄距的 1/12,如图 1 所示。每个摄站只拍摄一张影像。摄站的个数和基线长度根据现场情况而定;保证交会角不小于 5°,所拍摄的一系列影像即为测量的数据源。采用全站仪测少量的像控点,作为用影像进行摄影测量的初始数据。

③每张影像重叠度至少须大于 80% 以上。

④尽量减少树木的遮蔽,以免降低匹配成果。

(4)对相机检校摄影要求:

①将镜头上定焦距离调整至无穷远(∞)(此步骤主要是确保与外业拍摄时有相同的定焦距离)。

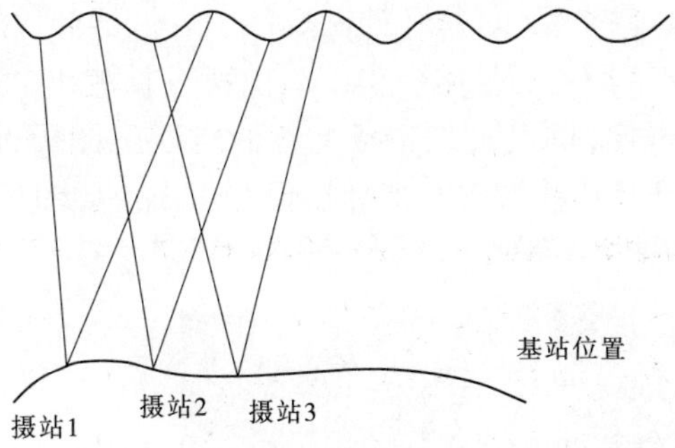

图1　平行摄影示意图

②将光圈调至最小,可增加景深,相对的为了获得清晰的影像则需将快门调慢以增加曝光量。

③安装至三脚架,以确保影像拍摄时,避免因手震晃动而降低影像质量。

④摄站点位一般不少于3个,类似等边三角形。但是架设五个摄站可以提高检校精度。

4.2　野外相机检校

下面是我们在新疆一工作区进行的定焦镜头50 mm的相机检校。

(1)选择野外工作区拍摄。

①制作控制点标示牌。

选择拍摄条件比较好,而且比较平整的被摄面,共布设了13个十字形固定控制点标志。使用标示牌的尺寸具体计算方式如下:

$$\frac{\text{像素大小}}{\text{焦距}} \cong \frac{\text{地面分辨率}(GSD)}{\text{拍摄距离}}$$

②利用全站仪对每个控制点测量,计算出相应点位的三维坐标和高程。

③用平行摄影模式,布设8个摄站平行被摄物连续进行拍摄,保证前后影像重叠度在80%左右。

(2)进入Lensphoto多基线数字近景摄影测量系统。

①单击主界面工程管理,弹出工程管理对话框,再点击新建工程,即弹出工程数据录入对话框,导入影像(影像格式为:*.JPG *.BMP *.TIF)。这时影像名会自动显示在测区航片数据空白处。填写“总航带数”,再选择“当前航带号”,最后在左边影像文件列表中选中影像文件;点击“加到当前航带”按钮,可以把左边列表中选中的影像文件加到右边当前航带号的影像文件列表中,同时去掉左边列表中该影像文件,并且“当前航片数”记录了右边当前航带号的所有影像数。

②进行空三匹配,首先需要人工给定航带内立体像对的种子点和航带间相应影像的种子点,目的是给定匹配像对两张影像间的概略偏移量。依次添加航带内影像种子点和航带间影像种子点,进行全自动空三匹配。

③控制点量测。

单击主界面,弹出设置控制点量测信息对话框,点击编辑控制点文件,弹出控制点数据编辑对话框,点击右侧增点按钮,再输入从全站仪导出的外业三维控制点坐标数据。

量测控制点的精确影像坐标:对每个控制点逐一进行精准量测。

点击列表下的控制点列表(列表中列出了当前所有预测出的控制点名称),双击某个控制点列表下其中一张影像,再点击工具条上控制点匹配图标,即可进入控制点匹配窗口。选定一张片作为基准片依次调整其他片后保存退出。如图 2 所示。

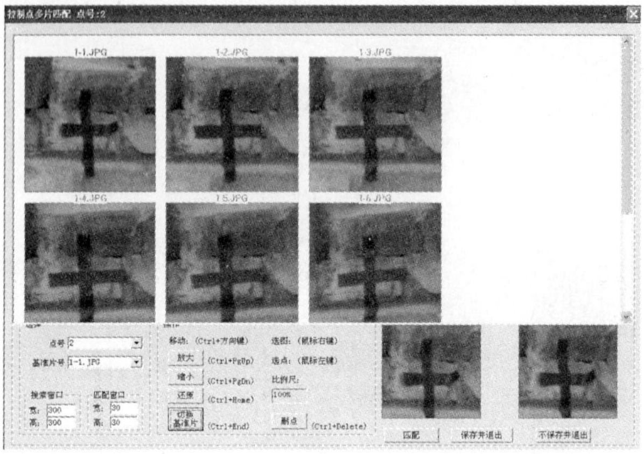

图 2

依次对全部像控点精确量测后进行整体平差。平差结果如图 3 所示。

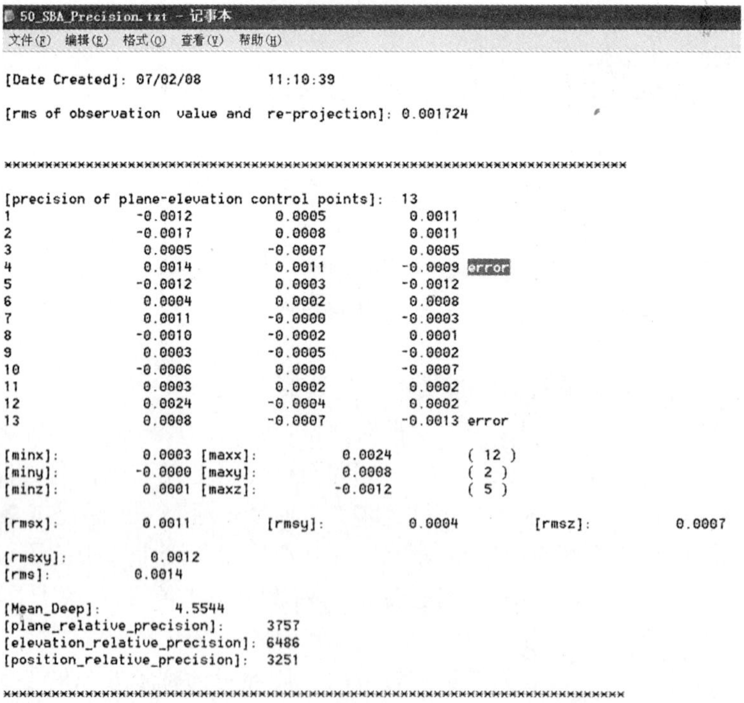

```
50_SBA_Precision.txt - 记事本
文件(F)  编辑(E)  格式(O)  查看(V)  帮助(H)

[Date Created]: 07/02/08        11:10:39

[rms of observation  value and  re-projection]: 0.001724


****************************************************************************

[precision of plane-elevation control points]:  13
1               -0.0012         0.0005          0.0011
2               -0.0017         0.0008          0.0011
3                0.0005        -0.0007          0.0005
4                0.0014         0.0011         -0.0009 error
5               -0.0012         0.0003         -0.0012
6                0.0004         0.0002          0.0008
7                0.0011        -0.0000         -0.0003
8               -0.0010        -0.0002          0.0001
9                0.0003        -0.0005         -0.0002
10              -0.0006         0.0000         -0.0007
11               0.0003         0.0002          0.0002
12               0.0024        -0.0004          0.0002
13               0.0008        -0.0007         -0.0013 error

[minx]:          0.0003 [maxx]:          0.0024        ( 12 )
[miny]:         -0.0000 [maxy]:          0.0008        ( 2 )
[minz]:          0.0001 [maxz]:         -0.0012        ( 5 )

[rmsx]:          0.0011        [rmsy]:          0.0004        [rmsz]:          0.0007

[rmsxy]:          0.0012
[rms]:           0.0014

[Mean_Deep]:            4.5544
[plane_relative_precision]:      3757
[elevation_relative_precision]:  6486
[position_relative_precision]:   3251

****************************************************************************
```

图 3

上图表中显示了平差精度。

相机参数文件转换:进入主界面中相机检校,点击相机参数文件转换,导入相机标定参数文件(* . sbacmr),也就是平差后相机参数文件(50_SBA_Cammera_Result. sbacmr),

添加影像像幅(高和宽),指定相机参数文件(＊.cam)输出路径,保存后输出:得出50. cam:0.008。

(3)依照同样方法可检校出中远摄定焦镜头 85 mm、远摄定焦镜头 135 mm 的相机参数。

5 结 语

Lensphoto 多基线数字近景摄影测量系统中相机参数是区域网平差的重要参数。相机参数需通过室内建立稳定的高精度平面、三维控制场严格检校获得,但是在野外作业不具备室内检校场地时,也可以使用 Lensphoto 多基线数字近景摄影测量系统提供的检校软件在野外选择拍摄条件较好的场地实时检校,从而获得相机参数,生成相机参数文件(＊.cam)。为获取精确数据提供可靠保证。Lensphoto 多基线数字近景摄影测量系统通过计算机直接从数码相机上读取像片,并在计算机上进行像片量测及数据处理,因此作业自动化程度高,信息处理周期短,对于高山深谷悬崖峭壁等环境复杂地区具有很强的机动灵活性。大大减少外业测量人员的工作难度,是一种高技术带来的简便、精确、可信的测量新手段。

参 考 文 献

[1] 陈新玺. 多基线普通数码影像近景摄影测量技术研究[D]. 南京:河海大学,2006.

[2] 苗红杰,赵文吉,刘先林. 数码相机检校和摄像测量的部分问题探讨[J]. 首都师范大学学报:自然科学版,2005,26(1):117-120.

[3] 杨林,李浩,閆国年. 数码相机的一种检校方法[J]. 测绘通报,2004(8):50-52.

[4] 常本义. 关于非量测数字相机内方位元素和像差的测定与改正[J]. 解放军测绘研究所学报,1999(2):9-13.

Lensphoto 多基线数字近景摄影测量的实际应用

孙亚贤[1]　赵淑屏[1]　颜炳军[2]

(1. 中水北方勘测设计研究有限责任公司；
2. 天津铁道职业技术学院)

摘　要　Lensphoto 多基线数字近景摄影测量系统是根据“短基线、多影像摄影测量”的特点，按要求拍摄大量有较短基线和不同交会角的序列影像，通过少量的控制点，经过影像匹配和空中三角测量，得到所摄目标的密集点云。通过点云进而可以生成 DEM、正摄影像和三维景观图，并能生成等高线。

关键词　Lensphoto　多基线　数字摄影测量　近景摄影测量

1　相机检校

相机检校的目的是对相机进行标定，解算出相机的内方位元素：相机主距 f，像主点坐标 x_0、y_0，畸变参数 k_1、k_2、p_1、p_2。当相机参数未知时，像素大小需要已知，可通过相机检校模块标定出相机的内方位元素。相机参数的格式为 *. cam。

2　建立工程文件

(1)工程管理主要建立管理工程文件，测区内要建立多个工程文件，通过对这些工程文件逐个进行空三匹配、立体量测、加密平差以及进行拼接和最后的平差，形成测区的一个总体的工程，最后根据这个总体的工程建立整个测区的 DEM 和正摄影像。

(2)工程建立后需要导入测区影像，工程文件所接受的影像格式为 *. JPG 、*. BMP、*. TIF。影像根据摄站和航带数加以正确区分。测区范围内的所有需要拼接的工程所需要的影像必须放在同一个目录下，而且不能有重复，一旦出现文件重复，会导致无法进行测区拼接。

(3)在每个单个工程里的相机参数要根据实际参数来进行选取，特别是相机进行了旋转的情况下，必须要弄清相机旋转的方向并修改相机参数，改变像主点坐标和像幅的宽、高；否则空三匹配时会出现问题。

(4)在新建的一个工程里，空三网格的经验值为 50 ~ 90，加密网格的经验值为 200 ~ 900。

3　空三匹配及自由网平差

3.1　空三匹配

(1)空三匹配用于寻找不同影像上的同名点，进行点的加密和传递。匹配前需要人工给定航带内立体像对的种子点和航带间影像的种子点,给出影像间的概略偏移量,确定影像间的大致位置关系。每对影像分别只需要一个种子点。航带内和航带间都需要添加种子点,这个种子点只需大致位置。

(2)种子点的选取如下述。

①种子点的位置尽量靠近影像公共部分的中间,而且在两张影像间都比较突出、有代表性的地方。

②种子点选取的顺序分别为航带内影像和航带间影像添加种子点,添加完一对影像再添加下一对影像,依次进行,这样添加不会出现遗漏。

(3)种子点添加完成后,进行全自动空三匹配。航带内和航带间的相邻影像上会出现自动匹配的许多同名点,不同影像同名点的范围大、点均匀,说明影像的重叠度高、匹配效果好。不同影像的同名点很少,而且分布不均匀,说明影像重叠度低、影像拍摄角度大、匹配效果差。一旦出现不同影像没有同名点,就说明影像的重叠度不够,拍摄角度偏大,此类影像属于不合格影像应该剔除,或者重新补拍影像。

(4)同名点的密度是和空三匹配格网数值有关,格网的间隔数值越大同名点密度越高,格网的间隔数值越小,同名点密度越低。

3.2 自由网平差

(1)自由网平差是对影像进行概略平差,确定相对的空间位置。

(2)全自动空三匹配后,必须进行自由网平差。自由网平差后,在相应工程文件 *.prj下自动生成了一个 Status - flag - new. txt 的文件,这个文件是一个自由网平差报告,特别关注这个文件的倒数第 3 列的数值,数值越小越好,限差应小于 0.1。如果符合限差,并提示自由网平差成功的前提下,才能继续下面的工作。

(3)空三匹配后平差失败,常见问题及排除方法。

①照片必须从左到右的顺序排列,摄站也是。

②文件夹名称和路径中有空格会导致错误,且不要放在桌面上。

③观看 Status - flag - new. txt 文件,如果较好平差仍然失败,可能是摄站间距过短,请增加一个摄站,用于增加总基线长度。

④相机参数不正确,检查是否引入正确,或相片旋转后相机参数没有相应的改变。

如果不符合限差,则要回到前面寻找问题,看一看影像的重叠度、拍摄角度、清晰度、色差、摄站数,这些因素都影响到平差精度。

4 控制点量测及整体平差

4.1 控制点量测

控制点量测的目的是量测控制点的精确影像坐标。通过控制点的量测,工程文件 *.prj里的所有影像也都得到了实际的空间位置。

(1)控制点的引入。

工程较小时,控制点可以直接引入,逐个将控制点的数据添加进来,控制点输入完成后,数据自动保存在工程所在的文件夹 controlpoint 目录下。

工程比较大,工程数量比较多,需要拼接工程时,就要先导出外业测量的三维控制点数据，把导出控制点整理成符合文件识别的格式，后缀名为 *. ctl 的控制点文件。引入已经编辑好的控制点坐标文件 *. ctl 即可。

(2)控制点的量测。

引入控制点时，我们要创建影像缩略图，根据缩略图，对照外业拍摄的控制点的影像位置图，在影像图上找到相应控制点的位置，进行量取，并输入控制点的名称。量测时首先要量测整个工程四个角点的控制点，这样整个测区就被控制点控制住了。然后再选择预测控制点，可以预测出影像上其余控制点的像点坐标。这样可以缩短控制点量测的时间。在每次预测其余控制点之前，需要做一次自由网整体平差。但在实际工作中，预测的控制点往往不是很理想，需要我们手工依次添加。

(3)控制点添加完成后，需要进一步匹配。在缩略图的点列表中列出了所有已被预测出的控制点名称。双击控制点列表下的其中一张影像，点击控制点匹配图标即可进入控制点匹配窗口。再选中一张为基准片，用 ctrl + 方向键进行上、下、左、右的调节。据外业的影像图上的位置，进行精确调节。基本片调节好以后，其他影像再根据基本片进行匹配。

(4)为了更精确地量测像控点，还可以进行立体量测，在闪屏立体模式下，利用立体眼镜，从立体角度来调节像控点，使像控点更精确。

4.2 整体平差

(1)整体平差是利用空中三角测量原理，解算影像方位元素和控制点空间坐标，并能够进行自检校和控制点加权。自检校利用光束法平差，同时解算影像的内、外方位元素。控制点加权是当控制点的外业精度不同等或控制点的量测存在误差时，对控制点进行加权平差。

(2)控制点平差后在工程文件下 adjustment 文件里会生成一个平差精度报告sanxia - SBA - Precision. txt。

①相对定向精度小于 0.008 mm(8 μ)。

②绝对定向 Dosition - relative - precision 大于 4 000。

③量测的控制点后边出现 error 的属于偏大的，后面计算不用，出现 * 的根本没有参加运算。

(3)控制点量测后平差成功说明该工程影像拍摄无误，如果导入控制点后平差失败，那么可以确定问题出现在以下几点：

①测区四个角点没有控制好，导致绝对定向失败。

② *. ctl 格式不对，或者非右手坐标。

③部分点的坐标不对，或没有在图上正确标出。在实际操作中，由于部分控制点坐标位置不对，导致平差失败，且找不到原因。在做的过程中采取不用自检校的方法，使其把平差报告生成，根据平差报告，把坐标差异大的控制点删除，再重新进行平差。这样做能很快找到哪些控制点的坐标或图上位置有问题。

④有的控制点只在一张相片上找到了，导致平差失败出错。

5 测区拼接

测区拼接是将同一坐标系下的多个工程进行拼接。如果测区间有公共控制点,可以重新对拼接后的工程再进行一次平差计算。

(1)创建工程管理文件 *. blm,路径应放在新建拼接文件夹里。

(2)逐个添加测区内已经完成控制点量测和整体平差的工程文件。

(3)工程合并,对测区工程进行拼接。

(4)拼接完成后,拼接文件夹里自动生成 *. sbapts, *. sbapt, *. sbacmr 与合并后的工程文件 *. blkprj。

6 测区整体平差

测区平差是要对测区合并完成后的模型点文件 *. sbapts 进行测区整体平差。平差后会输出模型点文件 *. sbapts。

7 立体编辑

(1)新建特征点文件 *. ptr,引入经过平差后的平差点文件 *. sbapts,打开与其相对应的工程文件。生成点云图,若点云图不在中心位置,可使用 ctrl + R 使其居中并使坐标轴回归初始位置。

(2)设置 DEM 平面。

①设置截平面的方向,*X/Y/Z* 根据实际情况选择。

②phi/omega/kaka 三个按钮分别控制截平面的 *Y*、*X*、*Z* 轴旋转,一般情况下 kaka 角不予转到。

③deg 的旋转角度默认为 1。

④设置为 DEM 平面:将当前截平面方位设置为 DEM 平面。

⑤DEM 平面→截平面:将当前 DEM 平面方位设置为 DEM 平面。

⑥引入 DEM 平面:需要引入其他工程的 DEM 平面,则选择工程文件下的 *. dat 文件。

(3)对生成的点云图可以进行剔除粗差。对点云图中的飞点可以利用三维窗口,用不同的观察方向,对测区边缘及远处的飞点进行删除。

(4)立体编辑模式。

在立体模式下对三维点进行编辑和修改,并能自动生成等高线。同时在该模式下可设置 DEM、正摄影像参数、游览三维模型、离散模型、生成 DEM、正摄影像、三维景观图等。

①模型列表里显示影像、摄站和立体模型信息。立体模型需要手工建立,立体模型片号的选择要跳一个摄站来组成像对,这样角度大,更精确。

②立体模型建立型后,选择闪屏立体模式,在立体情况下打开立体像对,依次观察点云是否贴在立体表面。如果贴的很好,说明精度好,可以进行下面的工作了。

8　生成 DEM、正摄影像

(1)在生成 DEM、正摄影像之前,一定要做畸变差的改正。畸变差改正可利用检校好的相机参数对影像检校改正,消除影像的畸变差。改正后的影像才能生成 TIN 景观、DEM 以及正摄影像。

(2)参数设置:根据成图比例尺和实际要求设置等高线,DEM 和正摄影像分辨率的参数。DEM 间距和正摄影像分辨率越小,出来的效果则越好,但需要的时间越长。建议放大一些做,看一看有没有问题和需要修改的地方,然后再设小一些省时省力。

(3)直接生成 DEM,再根据 DEM 生成正摄影像。

(4)下面是几种正摄影像出现问题的情况及解决方法。

①正摄影像出现空洞:由于外业影像少,拼接时没有覆盖住,在立体模式下,在空洞处加点。

②山顶与蓝天接壤处出现不完整现象,在立体模式下,在山顶处加几排整齐的点或特征线。

③出现拉伸的情况,在立体模式下,在拉伸的地方选择删点、加点。

9　结　语

Lensphoto 多基线数字近景摄影测量系统广泛应用于桥梁、大坝、古建筑等,利用计算机实现近景测量的自动化工作,可以提高生产效率,降低野外工作人员的劳动强度,是今后发展的趋势。

Quick Bird遥感影像在海渤湾水利枢纽移民工程中的应用

庞清艳

（中水北方勘测设计研究有限责任公司）

摘 要 本文针对黄河海渤湾水利枢纽移民工程，提出了Quick Bird遥感影像处理的一般方法，并结合该项目介绍了利用Erdas Imagine遥感图像处理系统对Quick Bird遥感影像处理的过程。

关键词 Quick Bird遥感影像 几何校正 Erdas Imagine

1 概 述

遥感影像与其所反映的地表真实景像之间产生的光谱特性和几何特性方面的误差即辐射误差和几何误差。前者表现为影像在灰度上的失真，后者表现为几何关系上的变形。影像畸变原因分为两大类：①系统畸变，又称内部畸变。指成像系统（包括传感器及其运载工具）内部变化所引起的畸变。如传感器结构不严密、性能不稳定、工作状态不良，以及运载工具的位置和姿态变化等。②非系统畸变，又称外部畸变。由外部环境因素变化造成的畸变。如太阳位置变化、大气对电磁波辐射的影响、地球曲率、地球自转和地形起伏等。影像畸变性质和大小成像方式受遥感方式（主动式或被动式）、平台高度、传感器类型（静态摄影或动态扫描）、工作波段、大气状况、地表形态等诸多因素的综合影响。大部分系统畸变可通过传感器系统参数或姿态参数测定来确定，大部分非系统畸变往往是随机的。影像畸变是检验遥感影像判读与制图性能的重要标志。不了解影像畸变性质及其程度而使用未经校正的有畸变的遥感影像，不可能获得正确的应用效果，甚至适得其反。故遥感影像原始数据，通常要进行辐射校正和几何校正。

我们平时遇到最多的是几何畸变，所以重点阐述影像的几何校正过程。

2 遥感图像几何校正步骤

图像的几何校正（geometric correction）是指从具有几何畸变的影像中消除畸变的过程，也可以说是定量地确定图像坐标与地图坐标的对应关系。其基本原理是利用地面控制点GCP（Ground Control Point，简称GCP）进行的。通过GCP数据对原始卫星图像的几何畸变过程进行数学模拟，建立原始的畸变图像空间与地理制图用的标准空间的某种关系，然后利用这种关系把畸变图像空间中的全部元素变换到校正图像空间中去，从而实现几何校正。其步骤如下：

(1)确定高程控制,一般是 DEM 作为高程参考数据。

(2)确定地面控制点(GCP),即在原始畸变图像空间与标准空间寻找控制点对。地面控制点在图像上有明显清晰的定位识别标志,地面控制点上的地物不随时间而变化,地面控制点均匀分布在整幅图像内,地面控制点的数量、分布和精度直接影响几何校正的效果。

(3)地面控制点确定后,要在图像与地图上分别读出各个控制点在图像上的像元坐标(x,y)及其标准地图上的坐标(X,Y)。

(4)选择合适的坐标变换函数(即几何校正数学模型),建立图像坐标(x,y)与其参考坐标(X,Y)之间的关系式。利用地面控制点对数据求出模型的未知参数,然后利用此模型对原始图像进行几何精校正。

(5)几何精校正的精度分析利用几何校正数学模型计算校正之后的图像误差。

(6)确定每一点的亮度值。根据输出图像上各像元在输入图像中的位置,对原始图像按一定规则重新采样,进行亮度值的插值计算,建立新的图像矩阵。

3 Quick Bird 遥感影像数据处理

海渤湾水利枢纽位于内蒙古自治区境内的黄河干流上。枢纽坝址距乌海市区 3 km,水库左岸为乌兰布和沙漠,右岸为内蒙古乌海市。乌海市水务局已于 2006 年完成库、坝区移民征地的实物统计工作,但于 2009 年复核时,发现新增建设用地、耕地、林地等较多,该问题是目前全国已建、在建各种工程普遍存在,且难以处理的社会问题。为了客观、真实地反映移民征地情况,做好征地补偿和移民安置工作,乌海市水务局委托中水北方勘测设计院,采用高分辨率卫星影像调查移民征地情况,为决策层提供科学依据。

经研究决定,采用 Quick Bird 遥感影像作为该工程的主要数据。该工程的主要任务就是对乌海市范围内的 8 景 Quick Bird 遥感影像(4 景是 2006 年的影像,4 景是 2009 年的影像)进行纠正,纠正完成后在 Erdas Imagine 软件中作动态数据叠加,为乌海市移民办提供满足人机交互式判读要求的遥感数字影像。

该工程中纠正 2006 年影像所需要的控制点是从乌海市 1:10 000 地形图上获取,并利用乌海市 1:10 000 矢量地形图生成的 DEM 作为高程控制的参考数据。

3.1 **Quick Bird 遥感影像处理流程图**

Quick Bird 遥感影像处理流程图见图 1。

3.2 **Quick Bird 遥感影像数据处理**

Quick Bird 影像纠正分为两部分:2006 年的影像纠正和 2009 年的影像纠正。

3.2.1 2006 年 Quick Bird 影像纠正

2006 年的影像所需要的控制点是从乌海市 1:10 000 地形图上获取的,并利用乌海市 1:10 000 矢量地形图生成的 DEM 作为高程控制的参考数据。

投影参数为:高斯 - 克吕格投影,克拉索夫斯基椭球体,中央经线为 108°。

其具体实施步骤如下:

在 Erdas Imagine 的几何纠正模块中选择 Quick Bird RPC 模型(快鸟卫星图像校正模型),这样 Quick Bird 的物理模型参数就自动加载进来,物理模型参数包括星历参数、传感

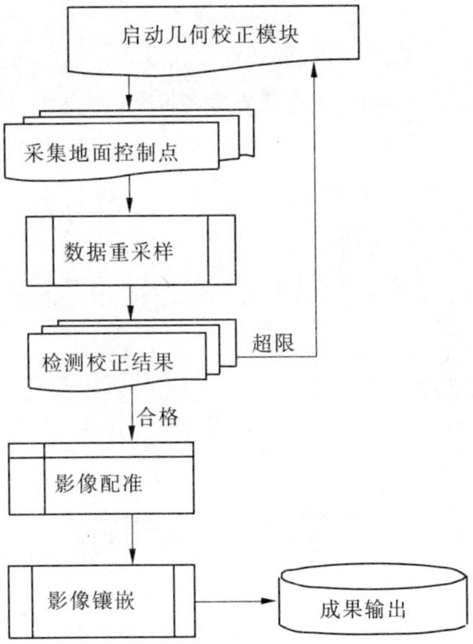

图1

器参数、图像参数、卫星姿态、卫星轨道、高度、坐标等。实际上这些参数就是卫星影像的内定向参数,将卫星影像的物理模型加载完成后,卫星影像的内定向就自动完成了。

内定向完成后,开始作平面控制。首先在图像上选点,选取控制点,按照一般规律,我们选取房屋的墙角点或者是地物交叉点,这样特征比较明显。然后根据控制点到相应的地形图中找对应点,把对应的坐标输入。一般是先做四个角点再在中间区域选点,这样可以先对影像图粗略的纠正。因为是三项式纠正,根据计算公式每景 Quick Bird 卫星影像最少需要的控制点个数为$((t+1)\cdot(t+2))/2$(t为次方数),即 10 个控制点。所以选取 10 个点之后,就能自动计算出影像误差来。因为有的点是算法根据误差自己找的点,所以有时可能发生“跑点”的现象,这时要进行调整,最后精度控制在 2 个像素之内。精度达到要求后进行重采样。

重采样之后在新图上选取 12 个检测点进行检测,检验是否达到精度要求。精度指标:检查点残差为平坦地区小于 2 个像元,山区小于 3 个像元。

3.2.2 2009 年 Quick Bird 影像纠正

2009 年 Quick Bird 影像纠正过程与 2006 年 Quick Bird 影像纠正过程相同,只是平面控制的参考影像采用已经纠正完的 2006 年 Quick Bird 影像成果。

精度指标:所有检查点的误差都小于 2 个像元。

3.2.3 影像配准

对于纠正后的影像按三次立方卷积的方法进行重采样,生成新的影像,则该影像可以作为测区的正射影像,同时记录下该影像相关数据信息。包括影像各角点地理坐标(X_1,Y_1),影像行(row)和列(column)数;影像每个像素代表的实地距离即分辨率(resolution),有了这组数据,影像就可以进行配准了。检查配准精度,配准残差平坦地区小于 0.5个像元,山区小于 1.5 个像元。

3.2.4 影像镶嵌

由于影像纠正过程中,控制点的误差、数字高程模型的误差、重采样的误差等,造成了同一地物在不同影像上有不同的地面量测坐标;同时由于成像时太阳高度角及大气环境的不同以及成像时间的差别,使相邻影像呈现不同的辐射特征。因此,影像镶嵌时除要保证满足镶嵌线上相邻影像细节在几何位置要一一对接外,还要满足相邻影像色调的一致。

几何接边精度指标:同一条带连续拍摄的影像接边残差小于 0.5 个像元,不同条带影像接边残差小于 1.5 个像元。

色调:接边处相邻影像的色调保持一致,没有明显的镶嵌线,以肉眼分辨不出来为标准。

3.2.5 成果输出

影像纠正完成之后,按图像最大范围作矩形输出影像。

3.3 数据叠加显示

所有 2006 年、2009 年的 Quick Bird 影像纠正、镶嵌完成后,在 Erdas Imagine 软件中利用卷帘显示工具,通过一条位于视窗中部可实时控制和移动的过渡线,将视窗中 2006 年的影像数据与 2009 年的影像数据分为透明和不透明两部分,移动过渡线就可以同时显示上下两层的数据文件,查看 2009 年新增的地物部分既方便又直观。

4 结 语

本文讨论了 Quick Bird 遥感影像处理的一般方法,并结合具体项目介绍了利用Erdas Imagine 遥感图像处理系统对 Quick Bird 遥感影像处理的过程。Erdas Imagine 操作简单,易于上手,而且软件中包含了 Quick Bird 严格的物理模型,纠正精度非常理想。

参 考 文 献

[1] 杨凯,卢健. 遥感图像处理原理和方法[M]. 北京:测绘出版社,1988.
[2] 朱述龙,张占睦. 遥感图像获取与分析[M]. 北京:科学出版社,2000.
[3] 党安荣,贾海峰,陈晓峰,等. 遥感图像处理教程[M]. 北京:清华大学出版社,2010.
[4] 水利水电规划设计总院. SL 197—97 水利水电工程测量规范(规划设计阶段)[S]. 北京:中国水利水电出版社,1998.

VirtuoZo3.75 1∶5 000 新符号库的测试

吴 越 杜桂英 黄志环 顾 菁 许 健 李小冬

(中水北方勘测设计研究有限责任公司)

摘 要 本文基于1∶5 000地形图最新国标图式,对VirtuoZo3.75新符号库进行了测试。

关键词 地形图图式 分类与代码 新符号库 测试

随着时代的发展、科技的创新,实施了近20年的地形图图式国家标准,已经难以满足国民经济建设和测绘生产的需求。为了更好地适应数字化测绘生产的需要,国家调整了地形图图式的标准,建立了新的地形图数据生产与运用标准体系。适普软件公司为此在VirtuoZo3.75立体测图软件上开发了1∶5 000比例尺地形图新符号库。

1 新符号库与旧符号库的分析与对比

地形图就是按照一定的投影方法、比例关系和规定图式符号及颜色,把地球表面的自然和社会现象,有选择地缩绘在平面图纸上的图形。

地形图图式就是国家标准规定的地形图上表示各种地物、地貌要素的符号、颜色和注记字体的等级、规格,以及使用这些符号的原则、要求和基本方法。

新符号库是建立在VirtuoZo3.75上的六位码IGS数字化测图符号库的简称。

旧符号库是建立在VirtuoZo3.75上的四位码IGS数字化测图符号库的简称。

分类与代码就是用以标识数字形式的基础地理信息要素类型。同一要素在各级比例尺基础地理信息数据库中有一致的分类和唯一的代码。

1.1 符号的变化

比照国家标准1993-04-24发布的《1∶5 000 1∶10 000地形图图式》(GB/T 5791—93)与2006-05-24发布的《国家基本比例尺地图图式第2部分:1∶5 000 1∶10 000地形图图式》(GB/T 20257.2—2006),符号有如下变化:

(1)居民地形图不绘晕线,改为普染面色;

(2)公路等级按行政等级赋予相应符号;

(3)增加了卫星定位连续运行站点、卫星定位等级点、扬水站、倒虹吸、体育馆、科学试验站、放空火炬、海上平台、垃圾场、环境监测站、磁浮铁轨、轻轨线路、地铁、中国公路零公里标志、水运港客运站、特别行政区界限等符号;

(4)对船闸、高速公路、高架路、输水渡槽、地热井、温室、医院、城墙、收费站、林地等符号进行了改动,改变了沟堑、干沟、输水渡槽,防波堤、码头等符号的颜色,并对多数符号的尺寸进行了调整。

1.2　新分类与新代码的特点

新分类代码采用六位数字码，具有科学性、体系一致性、稳定性、适用性、完整性和可扩展性等特点。通过要素的分类和代码，确定了类型、等级明确的代码结构，最终形成我国统一和协调一致的基础地理信息要素分类代码标准文本，满足了我国当前大、中、小不同比例尺基础地理信息数据的采集、建库以及数据交换、应用等需求。

1.3　制定新符号库的必要性

基于以上新国标图式及新分类代码的变化，VirtuoZo3.75 立体测图软件 1∶5 000 新符号库对旧符号库做了相应的调整和改进。

2　测试 VirtuoZo3.75 新符号库的内容及依据

2.1　测试内容

需要在 VirtuoZo3.75 立体测图软件上对 1∶5 000 新符号库中表示各种地物、地貌要素符号的规格、形状及对应的分类与代码一一进行测试。

2.2　测试依据

测试新符号库的理论依据：参考 2006-05-24 发布的《国家基本比例尺地图图式第 2 部分：1∶5 000　1∶10 000 地形图图式》（GB/T 20257.2—2006）；新符号库代码参考 2006-05-24 发布的《基础地理信息要素分类与代码》（GB/T 13923—2006）。

尽管新国标规定代码是六位数的。但在实际的要素分类中，有些子类码会出现一个六位代码包括多个地图符号形状的现象。适普公司根据《基础地理信息要素分类与代码》（GB/T 13923—2006）中"分类与代码扩充原则"要求，制定了扩充代码。具体如表 1 所示。

表 1　扩充代码表

子类代码（最后两位）		6 位代码后两位	子类代码（最后两位）		6 位代码后两位
00	修改为→	20 ~ 24	08	修改为→	60 ~ 64
01		25 ~ 29	09		65 ~ 69
02		30 ~ 34	10		70 ~ 74
03		35 ~ 39	11		75 ~ 79
04		40 ~ 44	12		80 ~ 84
05		45 ~ 49	13		85 ~ 89
06		50 ~ 54	14		90 ~ 95
07		55 ~ 59			

3　新符号库的测试

3.1　测试前的准备

新符号库测试前，首先应在 VirtuoZo3.75 下，按照《VirtuoZo 新符号库补丁使用文档》的说明，对适普公司提供的补丁包进行安装与检测。

3.1.1 补丁包的安装

安装补丁包以前,为避免造成损失,应先将原符号库备份。即将原程序安装目录:C:\VirtuoZo\SymLib\5000下的所有文件进行备份。

(1)打开 IGS 数字化测图 1:5 000 新符号库 1:5 000 文件夹。将原来的 1:5 000 文件夹备份后删除,将压缩包内的 1:5 000 目录拷贝到原来的位置。

(2)将六位码 DXF 格式转换工具 ModefydxfFCode. exe,拷贝到 Bin 目录下。

(3)将 VirtuoZo 工具管理器配置文件 ToolsMgr. ini,拷贝到 Bin 目录下。

3.1.2 补丁包的检测

(1)检测新符号库是否安装成功。

进入 IGS 数字化测图模块,打开符号库,符号库已更新。但是任选一个符号,左下角却并没有出现六位码提示,依旧是四位码提示,这与《VirtuoZo 新符号库补丁使用文档》的说明不符。

(2)转换工具是否安装成功。

在 VirtuoZo3. 75 中,选择工具→工具管理器菜单项,工具名称下方有:六位码 DXF 格式转换工具,则说明转换工具安装成功。

3.2 符号的绘制及绘制中出现的问题

在 IGS 数字化测图中新建一幅图(. xyz 格式),设置比例尺后,对 1:5 000 新符号库的所有符号一一进行绘制。但当绘制到第 7 个子菜单的"陡崖侧光面"时出现"Bug"现象,更换计算机测试依然如此。其现象为当点击符号时就出现"死机"情况,这种情况涉及 26 种符号,导致"陡崖侧光面"等符号不能绘制和测试。

3.3 新符号的输出与转换

3.3.1 输出

测得 XYZ 矢量数据后,选择文件→导出→DXF 文件,设置好输出目标,将 XYZ 文件转换成 DXF,此文件依然是四位码 DXF 文件。

3.3.2 转换

在 VirtuoZo3. 75 中,选择工具→工具管理器菜单项,选择 DXF 转换程序——六位码 DXF 格式转换工具,点击运行;在 IGS 符号库路径中选择 VirtuoZo 安装路径下的符号库目录, C: \VirtuoZo3. 75\SymLib,输入地形图比例尺 1:5 000,并在 Windows 资源管理器中,将需要转换的 DXF 拖到工具 DXF 文件窗口中,点击处理,生成新的六位码 DXF 文件。文件表示如图 1 所示。

Test. dxf	四位码 DXF 文件
Test. xyz	新符号库的绘制文件 XYZ
Test. new. dxf	四位码转换成六位码后的 DXF 文件

图 1

使用 DXF 转换程序,将四位码的 DXF 文件生成新的六位码的 DXF 文件,转换成功。

4 经测试新符号库存在的问题

在 AutoCAD 下打开六位码的 DXF 文件,显示为各个符号的六位代码。每个符号在经过与新图式及国标代码进行对比,发现 VirtuoZo3.75 中,六位代码与新国标分类代码多处不符;VirtuoZo3.75 中的亭桥、廊桥没按图式表示,并多出两个分类代码;在 AutoCAD 下对符号尺寸进行量测,发现 VirtuoZo3.75 新符号库中的符号在尺寸上大部分不符合国标符号要求,而且所有面状植被地物均未转出植被符号;VirtuoZo3.75 符号与国标符号形状上基本一致,但个别处有差异;VirtuoZo3.75 中有缆桥溜索桥头但新图式上并没有该符号;VirtuoZo3.75 符号中缺少依比例尺的斜坡及堤;IGS 数字化测图中,"陡崖侧光面"等 26 种符号不能绘制,说明软件上有问题,需改进,因此这些符号无法测试。具体测试结果如下述。

4.1 VirtuoZo3.75 新符号库,存在的问题

根据 2006-05-24 发布、2006-10-01 实施的《国家基本比例尺地图图式第 2 部分:1:5 000 1:10 000 地形图图式》(GB/T 20257.2—2006),新符号库存在的问题。

4.1.1 缺少的符号

新符号库共缺少 17 项。其主要有:不固定水涯线,高于地面支渠,贮草场、贮煤场、水泥预制场、饲养场、打谷场少不依比例尺的,低于地面干渠,国道建成,国道建筑中,省道建成,省道建筑中,专用公路建成,专用公路建筑中,县道、乡道及其他公路建成,县道、乡道及其他公路建筑中,街区主干道,街区次干道,土质、石质的陡崖、陡坎,陡石山背光面,陡石山侧光面等。

4.1.2 IGS 下绘出的符号不正确

新符号库不正确的符号共 27 项。主要有:所有测量控制点都没有用分数形式来表示控制点的点名和高程;单线时令河:线宽没渐变;干堤(依比例尺):没有表示出坡宽;依比例尺能通车的拦水坝:没有表示出坡宽;有滩的加固岸:水边线与加固岸没有分开;有防洪墙的加固岸:水边线与有防洪墙的加固岸没有分开;依比例尺的完好城墙:线宽不够;依比例尺的损坏城墙:线宽不够。坎儿井、地下渠道、暗渠,标准轨铁路复线标准轨 1:5 000,快速路,高架路快速路,高架路引道,双层桥、铁索桥、溜索桥、缆桥、藤桥、绳桥、级面桥、人行拱桥依比例尺的,栈桥,隧道、明峒,缆车道,火车渡,汽车渡,水下高程注记水下高程,水下高程注记水深,水下高程注记干出高度,依比例尺探槽等符号均与图式不符。

4.1.3 IGS 绘图时出现"Bug"现象的符号

由于"Bug"现象,造成以下 25 项符号无法绘出:露岩地、岩墙、沙地地貌平沙地、沙地地貌灌丛沙堆、月形沙丘及沙丘链、垄状沙丘、窝状沙地、雪山粒雪原、雪山冰川、雪山冰裂隙、雪山冰陡崖、雪山冰碛、冰塔、冰塔丛、冰斗湖、雪山范围线、沙土崩崖、石崩崖、滑坡、泥石流、熔岩流、梯田坎(人工陡坎)、石垄、岸垄、土垄。

4.2 将四位 DXF 代码文件转换为六位后存在的问题

4.2.1 在 IGS 下绘制正确,而 DXF 图形文件中范围线和符号均未转出的符号

新符号库的此类问题共 20 项。其主要有:地面河流岸滩,漫流干河,沙滩,砂砾滩、

砾石滩,沙泥滩,淤泥滩,红树林滩,贝类养殖滩,危险岸区,沙洲,岸滩沙泥滩,岸滩砂砾滩,岸滩沙滩,岸滩泥滩,水中滩沙滩,水中滩石滩,水中滩砂砾滩,水中滩沙泥滩,沼泽、湿地能通行,沼泽、湿地不能通行。

4.2.2　在 IGS 下绘制正确,而 DXF 图形文件中只转出范围线,符号未转出的符号

新符号库的此类问题共 36 项。其主要有:成群分布的温室、大棚,粮仓(库)、粮仓群,依比例尺的厕所,依比例尺的坟地、公墓,依比例尺的独立大坟,依比例尺的钟楼、鼓楼、城楼、古关塞,依比例尺的清真寺、依比例尺的教堂,依比例尺的宝塔、经塔、纪念塔,依比例尺的变电站室,稻田,旱地,菜地,水生作物地,依比例尺的经济林,成林针叶林,成林阔叶林,成林针阔混交林,幼林、苗圃,密集灌木林,稀疏灌木林,大面积竹林,疏林,迹地,高草地(芦苇),天然草地,人工草地,半荒草地,荒草地,花圃、花坛,盐碱地,小草丘地,龟裂地,砂砾地、戈壁滩,沙泥地,石块地,残丘地。

4.3　DXF 文件,四位码转六位码存在的问题

4.3.1　转出代码与国标中分类代码及扩充代码不符合

以下新符号库的代码与国标中分类代码及扩充代码不符:共有 46 项。

湖泊、池塘,水库拦水坝,水库堤坝,无滩的加固岸,有滩的加固岸,街区高层房屋区,不依比例尺的单幢房屋,半依比例尺的单幢房屋,依比例尺的单幢房屋,依比例尺的棚房,高层或突出的单幢房屋,不依比例尺的棚房,堆式窑群,完好城墙城楼、古关塞,标准轨铁路复线标准轨 1:5 000,车站及其附属设施天桥,建筑中的高速公路,高架路快速路,地面上的管道,人工绿地等。

4.3.2　VirtuoZo3.75 生成的六位代码在新国标中并不存在

新符号库的此类问题共 32 项。其主要有:珊瑚礁,土质的有滩陡岸,石质的有滩陡岸,防波堤、制水坝,街区空地,街区超高层房屋区,开采的小矿井,成群分布的温室、大棚,医疗点,移动通信塔、微波传送塔,立交桥匝道,非常年积水的水生作物地,土地庙,建筑物下通道、门洞、下跨道等。

4.3.3　转成六位代码后,出现相同的代码

新符号库的此类问题 4 项。其主要有:

(1)水井、机井(依比例尺)与水井、机井(不依比例尺)均为 260800。

(2)温室、大棚总代码与温室、大棚依比例尺的代码均为 330400。

(3)积肥池的总代码与积肥池不依比例尺的代码均为 330606。

(4)体育馆、科技馆、博物馆、展览馆与医疗点代码相同, 均为 340103。

4.4　其他问题

(1)新符号库的居民地未采用普染方式表达,仍以晕线表示。

(2)国标新图式中不存在(渠首)端头线,而在 VirtuoZo3.75 新符号库多出此符号。

(3)人行桥、亭桥、廊桥、时令桥国标新图式均为同个符号,而在 VirtuoZo3.75 新符号库中人行桥与其他符号不一致。

(4)溜索桥与缆索桥国标新图式均为同一个符号,而在 VirtuoZo3.75 新符号库中它们符号不一致。

5　结　语

以上测试结果表明,使用 VirtuoZo3.75 这套 1∶5 000 新符号库还存在诸多问题,应进一步地完善,以便更快、更好地满足数字化测绘的需要。

参考文献

[1] 国家测绘局标准化研究所. GB/T 20257.2—2006　国家基本比例尺地图图式第 2 部分:1∶5 000　1∶10 000地形图图式[S]. 北京:中国标准出版社,1993.

[2] 中国国家标准化管理委员会. GB/T 13923—2006　基础地理信息要素分类与代码[S]. 北京:中国标准出版社,2006.

[3] 国家测绘局标准化研究所. GB/T 5791—93　1∶5 000　1∶10 000 地形图图式[S]. 北京:中国标准出版社,1993.

卫星影像区域网平差的试验研究

李小冬　刘永强　杜桂英

（中水北方勘测设计研究有限责任公司）

摘　要　本文通过试验，成功采用卫星影像进行区域网平差，解决了困难地区中、小比例尺地形图测图关键难题，具有一定的推广应用价值。

关键词　区域网平差　像控点　Ikonos　RPC　立体测图

1　引　言

Ikonos 卫星影像立体测图技术应用开始于21 世纪之初，中水北方勘测设计研究有限责任公司曾在某国外水电工程库区 1∶5 000 地形图测量、国内某水电工程库区 1∶5 000 地形图测量中都采用 Ikonos 卫星影像立体像对进行测绘，像控点的布设采用全野外布点方案，每个立体像对至少布设了 4 个像控点，但这种方法对于非常困难的地区，如人员难以到达或是地表成像纹理信息非常少的情况下，全野外布点则非常困难，也没有好的解决方案。2006 年李德仁院士等从理论上推导出了 RPC 模型的解算公式，从而解决了卫星影像区域网平差的关键技术难题，大大推动了卫星影像在测绘中应用的广度与深度。

2009 年，中水北方勘测设计研究有限责任公司在某水电工程中对卫星影像采用区域网平差技术进行了试验，通过布设少量像控点，完成了 5 个 Ikonos 立体像对的区域网平差，在短时间内完成了测绘任务，不仅取得了明显的经济效益，同时缩短了任务的生产周期，为水电工程项目的顺利完成提供了保障。本文对本次试验工作从技术方案到总结进行了阐述。

2　项目概况

工程区地处深山峡谷，山势险峻，交通不便，岩石裸露且表面风化严重，造成山体表面几乎没有明显的地物纹理信息，给外业像控点的联刺造成了极大的困难。如果采用常规航空摄影测量方法测绘，不仅需要外业做大量地面工作，而且有的像对几乎无法布设像控点，很难满足测图要求；同时布设山上像控点时，人员及仪器设备的安全也无法得到充分的保证。为减少外业工作，尝试利用卫星影像且采用区域网平差技术进行试验，以期完成本次测绘工作。

3　技术方案

3.1　数据源

Ikonos 卫星影像数据立体像对 5 个，地面分辨率 1 m，带 RPC 参数。

3.2　布点方案

采用区域网平高布点的方法进行布点，以 GPS 快速静态方法联刺像控点，并布设一定量的检查点。

本项目区山体陡峭，阴影部分较多，为确保像控点的准确性，选点在避开阴影的同时，应尽可能选在立体观测清晰、通行方便的点位。鉴于卫星影像带 RPC 参数，本测区共选择 5 个控制点作为基本定向点，其中 4 个布在测区四角，1 个布在测区当中；因本次工作是对 Ikonos 卫星影像带 RPC 参数的数据做区域网平差方法的试验研究，所以同时布设了 26 个多余控制点，以检查绝对定向精度。

3.3　区域网平差计算

区域网平差计算采用全数字摄影测量系统 VirtuoZo Series 模块。绝对定向点残差和多余点残差情况见表 1 和表 2。

注：本文表格坐标属非实际坐标。

表 1　绝对定向控制点残差统计情况　　（单位：m）

点号	东坐标 *X*	北坐标 *Y*	高程 *Z*	残差		
				东坐标 *DX*	北坐标 *DY*	高程 *DZ*
1001	1 374.166	88 176.902	2 462.155	-0.600	-0.325	-0.936
1002	1 756.739	91 205.070	2 409.756	0.285	-0.793	-0.365
1005	3 241.086	91 047.272	2 027.451	-0.663	-0.547	-0.340
1003	5 866.500	85 668.934	1 878.607	0.502	-0.786	-0.025
1004	6 099.421	92 440.046	1 810.413	-0.602	-0.194	-0.313

表 2　绝对定向多余点残差统计情况　　（单位：m）

点号	东坐标 *X*	北坐标 *Y*	高程 *Z*	残差		
				东坐标 *DX*	北坐标 *DY*	高程 *DZ*
10001	5 532.161	92 588.131	2 365.159	-0.516	-0.055	0.985
10002	5 144.703	90 328.459	2 156.753	-0.225	-0.406	0.245
10003	7 233.913	90 175.652	2 106.456	-1.078	-1.273	-0.370
10004	6 518.008	87 634.591	2 452.810	0.625	-0.415	-0.140
10005	2 795.678	85 914.315	2 644.617	-0.226	0.448	0.470
10006	3 037.865	88 931.628	2 184.956	0.749	1.006	0.924
10007	6 530.904	91 540.042	2 225.297	0.987	1.812	-0.814
10008	9 151.843	91 030.309	2 092.077	0.608	-0.339	-0.177
10009	1 067.766	92 190.016	2 450.973	-0.101	0.978	-0.324
100010	2 991.846	92 828.335	2 192.447	0.639	-0.218	0.729

续表 2

点号	东坐标 X	北坐标 Y	高程 Z	残差		
				东坐标 DX	北坐标 DY	高程 DZ
100011	9 964.494	88 681.230	2 364.399	-0.030	1.078	-0.848
100012	1 549.697	88 277.304	2 797.341	-0.157	-0.410	0.288
100013	8 630.356	86 308.009	2 534.788	-0.284	0.071	-0.205
100014	9 311.269	88 994.368	1 946.321	0.282	0.411	-0.996
100015	8 354.672	89 668.926	1 961.209	-0.196	-0.243	-0.191
100016	7 215.009	88 711.488	2 027.155	-0.419	-0.169	0.555
100017	6 091.372	87 668.250	2 572.280	0.395	-0.018	0.139
100018	6 251.006	92 385.191	2 194.473	0.047	0.082	0.011
100019	6 553.641	87 476.699	1 875.244	0.043	0.881	-0.060
100020	5 866.500	85 668.934	1 878.607	0.502	-0.786	-0.025
100021	2 174.445	85 945.520	2 135.751	-0.351	-0.309	0.843
100022	1 476.620	87 172.792	2 176.436	-0.304	0.625	-0.697
100023	1 142.345	88 485.503	1 920.150	-0.054	-0.240	-0.868
100024	2 476.298	90 048.164	1 849.752	0.332	-0.049	0.741
100025	2 097.909	92 950.527	2 188.622	0.545	-0.783	-0.198
100026	2 110.088	92 056.815	2 036.274	-0.112	0.855	0.577

3.4 精度分析

定向点中误差平面为 $X=0.547$ m、$Y=0.581$ m，小于（图上）±0.375 mm；高程中误差为 $Z=0.495$ m，小于 ±2.0 m，满足国家技术监督局《1∶5 000　1∶10 000 地形图航空摄影测量内业规范》（GB/T 13990—1992）规范成图精度的要求。

多余点中误差平面为 $X=0.468$ m、$Y=0.692$ m，小于（图上）±0.375 mm；高程中误差为 $Z=0.588$ m，小于 ±2.5 m，满足国家技术监督局《1∶5 000　1∶10 000 地形图航空摄影测量内业规范》（GB/T 13990—1992）规范成图精度的要求。

根据绝对定向结果的分析，利用 Ikonos 卫星影像数据，采用区域网平差方法能够达到中小比例尺地形图绝对定向精度的要求。

3.5 地形图测绘

在全数字摄影测量系统 VirtuoZo 3.7 模块进行地物、地貌要素量测。然后导出数据，使用 CASS7.0 进行编辑并整饰。

通过将外业断面点展到图上对比,结果显示立体测图精度能够满足规范要求。具体检查结果见表 3。

表 3　外业检查点统计情况　　（单位:m）

序号	东坐标 X	北坐标 Y	段面高程	图上高程
1	3 390.650	88 868.457	2 178.0	2 179.4
2	3 416.646	88 562.359	2 176.0	2 175.0
3	4 532.941	89 724.561	2 287.9	2 286.1
4	4 665.018	89 562.556	2 154.0	2 155.1
5	6 833.261	90 354.148	2 285.6	2 283.7
6	6 833.647	89 957.775	2 118.5	2 119.5
7	8 461.531	90 373.331	2 219.0	2 217.2
8	1 586.936	90 758.621	2 275.0	2 276.8
9	1 599.267	90 451.119	2 069.0	2 070.1
10	1 602.703	90 342.521	2 079.0	2 080.2
11	1 617.383	89 909.795	2 289.1	2 288.4
12	2 580.994	91 266.616	2 082.1	2 082.8
13	2 471.588	90 620.433	2 046.8	2 047.5
14	5 429.127	90 590.083	2 005.1	2 005.9
15	5 443.796	90 134.367	2 245.1	2 243.0
16	7 016.504	89 573.528	2 282.9	2 281.4
17	6 950.641	89 174.470	1 991.8	1 990.6
18	6 866.336	88 699.479	2 016.6	2 015.4
19	9 587.117	89 537.967	2 262.9	2 261.6
20	9 229.470	88 954.766	1 996.1	1 997.2
21	1 388.308	88 845.059	2 194.0	2 195.5
22	1 199.375	88 194.599	2 075.7	2 077.2
23	3 188.062	87 532.522	2 056.7	2 054.9
24	3 012.269	86 799.178	2 073.1	2 071.5
25	4 868.979	88 130.786	2 296.0	2 294.1
26	4 811.251	87 331.519	1 925.0	1 924.2
27	4 762.386	86 763.488	2 294.1	2 292.0

4 结 语

如果本项目采用全野外布点方案,最少需要布设18个像控点,而采用区域网平差只需布设5个像控点,因此节省了70%以上的外业工作量,同时内业定向也同样节省相同的工作量,大大地提高了工作效率。从定向精度和地形图成果精度来看,区域网平差是可以满足中小比例尺的成图要求的。

但我们也注意到,由于本项目测区较小,因此区域网平差方法是否能解决较大测区成图的要求,还需要进一步的测试验证。

参 考 文 献

[1] 李德仁,等. 卫星遥感影像的区域网平差成图精度[J]. 测绘科学技术学报,2006,23(4):239-241.
[2] 李德仁,周月琴,金为铣. 摄影测量与遥感概论[M]. 北京:测绘出版社,1999.
[3] 水利水电规划设计总院. SL 197—97 水利水电工程测量规范(规划设计阶段)[S]. 北京:中国水利水电出版社,1998.
[4] 国家测绘局测绘标准化研究所. GB/T 13990—1992 1:5 000 1:10 000 地形图航空摄影测量内业规范[S]. 北京:中国标准出版社,1993.

基于遥感影像的土地利用变化监测自动提取方法探索

许 健 吴 越 顾 菁 贾京霞

（中水北方勘测设计研究有限公司）

摘 要 随着城乡建设的加快，土地利用变化监测日益频繁，如何有效快速地提取变化信息显得尤为重要。本文首先介绍利用高分辨率遥感影像提取变化图斑常用的三类方法，然后基于图像差值法进行变化图斑的自动提取，并与常规目视判读方法进行对比分析，为进一步提高工作效率，为大批量变化图斑的自动提取起到抛砖引玉的作用。

关键词 遥感影像 目视判读 图像差值 监督分类 自动提取

1 概 论

随着全球变化研究的深入开展，土地利用变化研究受到越来越高的重视。其中遥感技术经过几十年的发展，已渐趋成熟。土地资源信息的快速获取与集成，是土地动态监测的关键。因此，遥感与地理信息系统（GIS）技术的结合在我国土地利用变化监测中发挥着不可替代的作用。

土地遥感动态监测是对同一区域、运用不同时相的遥感图像，通过研究区的影像进行比较，识别土地利用状态或现象，以获得区域土地利用变化的类型、位置和数量等内容，从而确定研究区的土地变化。

它主要包括以下几种常用的方法：变化信息直接提取法、计算机自动分类法以及目视解译法。

1.1 变化信息直接提取法

变化信息直接提取法是指对两个时相的遥感图像进行点对点的直接运算，经变化特征的发现、分类处理，获取土地利用变化信息。它主要包括：

（1）图像差值法。此法是将一个时相的某一波段光谱灰度值减去另一时相的对应像元的光谱灰度值。这一方法较早应用的是单波段图像差值法，并指出单波段差值图像中难以提取动态信息，当对 MSS7、MSS5、MSS4 差值图像进行彩色合成时，则综合了各个波段的动态信息，并很好地突出了植被变化的信息。

（2）图像比值法。此法是对于两个时相多谱段数据中同名像元的光谱灰度值施以除法运算。比值法可以部分的消除阴影影响，突出某些地物间的反差，具有一定的图像增强作用。一方面，比值图像可供直接判读使用，提取其中的专题信息；另一方面，只要稍加逻辑变换，便可用以直接检测明显变化的环境要素。

(3)植被指数法。此法是综合利用植被在红光的强吸收与在近红外部分的强反射的特点,提取植被动态信息。常见的有比值植被指数、归一化植被指数、垂直植被指数,这些指数尤其在森林资源动态监测中广泛使用。

(4)多时相复合分类法。将两时相或多时相遥感数据复合,通过遥感分类提取变化信息。在这种方法的监督处理过程中,训练区的确定比较困难。

1.2 计算机自动分类法

该方法是在对比多时相的遥感图像前,先进行各时相遥感图像的单独分类。它的优点是能获取各个像元的土地利用转变类型,不仅能获取变化的数量和特点,还能获取变化的类型,并有利于减少不同时相图像的大气和传感器差异产生的误差。但是,这一方法由于受到单独分类所带来的误差影响,可能会夸大变化的程度。

1.3 目视解译法

目视解译法是以土地利用现状调查资料为基础,确定各地类的解译标志,在遥感图像上划出各地类界线,得到遥感分类图,再比较各时相的遥感分类图。目视解译法是我国土地利用遥感监测的主要方法。

土地利用遥感动态监测利用了遥感多传感器、多时相的特点,通过不同时相、同一地区的遥感影像,进行土地利用变化信息的提取。在此过程中,先要对两个时相的遥感影像作点对点的直接运算,再经变化特征的发现、分类处理以及人工辅助判读解译,获取土地利用的变化位置、范围,确定变化类型。

以上三种提取变化信息的方法中,无论哪一种均涉及分类方法。从某种程度上讲,遥感分类方法的提高一直是遥感技术方法研究的重要领域。目视解译的缺点是不同类别土地利用边界的划分不够精确,易受人的主观判断差异影响,但人工目视解译比较灵活方便。两种方法各有优缺点,结合使用,会得到好的结果。接下来笔者将基于图像差值方法对土地利用变化图斑自动提取进行探讨,并与人工目视解译方法进行比较分析。

2 基于图像差值方法进行变化图斑的自动提取试验

2.1 研究背景

利用高分辨率的卫星遥感影像编制大比例尺土地利用图,目前仍以目视判读为主,结合计算机制图的方法。由于该方法工作量大、效率低,计算机自动化程度不高,所以本文将探讨基于图像差值方法进行土地利用变化监测的自动提取方法。

2.2 数据来源

本文采用了某市2005年和2006年两个时相的SPOT-5数据,分别包括10 m多光谱影像和2.5 m全色影像和一些辅助资料。辅助资料包括:1∶10 000土地利用现状图及相关资料,1∶50 000和1∶10 000数字高程模型(DEM)数据。

2.3 影像预处理

影像的预处理过程包括影像的几何纠正、影像配准、影像融合等过程。

几何纠正采用1∶10 000数字地形图进行控制点选择,先对SPOT-5的2.5 m影像进行几何纠正,然后以此为参考影像对相应时相SPOT-5 10 m分辨率影像进行图像配准。数学基础以平面坐标1980年西安坐标系,1985年国家高程为基准。选用国家测绘局提供的 NSDTF 标准格式的 1∶10 000 DEM。采用高斯 - 克吕格投影。

该市土地利用动态遥感监测要求将 SPOT - 5 10 m 多光谱影像与 SPOT - 5 2.5 m 全色影像进行配准。图像配准的操作步骤与几何校正几乎相同。配准误差不超过 1 个像素。

融合影像组合有 2005 年 SPOT - 5 2.5 m + 2005 年 SPOT - 5 10 m、2006 年 SPOT - 5 2.5 m + 2006 年 SPOT - 5 10 m 两幅影像。融合方法选取主分量变换方法；以整景为单元进行融合；融合前进行颜色调整，一是提高全色数据的亮度，增强局部反差，突出纹理细节，尽可能降低噪声；二是对多光谱数据进行色彩增强，拉大不同地物之间的色彩反差，突出其多光谱彩色信息；融合后提取 4 - 1 - 2 波段组合为近似真彩色图像，采用线型拉伸、亮度对比度、色彩平衡、色度、饱和度和明度调整等方法进行色调调整。增强处理有利于突出图像中的某些信息，譬如强化图像高频分量，使图像中物体轮廓清晰、细节明显，并能抑制或去除某些不需要的信息，加强图像的灰调差异，增加目视解译信息，改善目视效果。

本文截取某一块儿地物信息作为试验区进行专项试验。

2.4　试验方法

首先用监督分类的方法对需要监测的土地类型进行遥感图像的单独分类，然后采用分类后图像差值提取方法进行土地利用监测变化地块的提取。该方法的优点是不仅可以获取各个像元的土地利用转变类型、变化的数量和特点，还能获取变化的类型，并有利于减少不同时相图像因大气和传感器差异产生的误差。

2.5　试验步骤

本文研究自动提取的方法分为三个步骤：第一步是基于 ERDAS IMAGINE 8.7 软件进行监督分类；第二步是运用 MATLAB 软件进行编程，对 2005 年和 2006 年分类后的影像进行图像差值处理，得到变化地块，再进行一系列的后处理，最终计算出城市建筑变化的区域面积值；这样处理的主要目的是由于分类过程中经常出现异物同谱和同物异谱的现象，对噪声和误差不能进行针对性的处理，所以本文采用了 MATLAB 进行编程，试图去除由于差值造成的误差和噪声，提高最终面积的精度。第三步与常规目视判读解译方法得出的结论进行对比分析。具体技术流程见下图 1。

2.5.1　监督分类

方法为邻近法(K - Nearest Neighbor)。其步骤主要为：定义分类模板(Classsification signature)、评价分类模板、监督分类、评价分类结果。试验结果见图 2、图 3。

2.5.2　影像差值法

对两个时相的图像，经辐射校正和几何配准等处理后进行差值运算，再经阈值过滤后，得到图像的变化信息，然后对变化信息分类来决定变化的性质。影像差值法的技术流程见图 4。该试验步骤分为以下几个环节：

(1)由于在 MABLAB 中只能显示 TIFF 格式的图像，而且，本文的图像差值法是两张图像同一波段相减，因此把图像转化为 TIFF 格式单波段的图像。

(2)由于两个不同时相的图像的灰度值有差异，即使是相同波段的灰度值都不一样，因此将图像拉伸并转化成 0 - 1 分布的二值图像，即建筑类型地块的像元值为 0，其他类型地块的像元值为 1。当两图像相减时相同的地方和房屋变化的地方的像元值都为 0，所

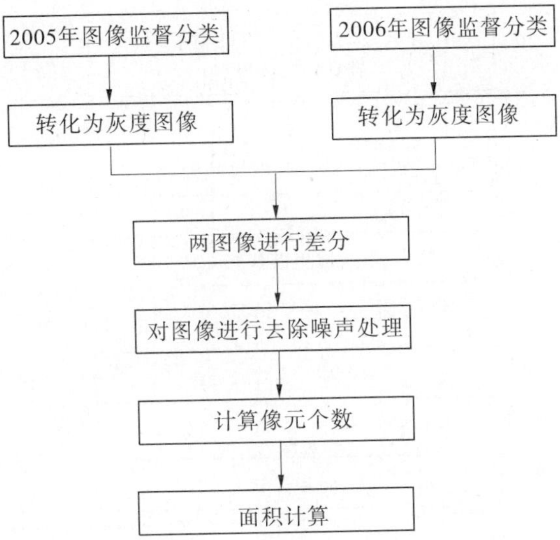

图1 土地利用遥感监测自动提取的技术流程

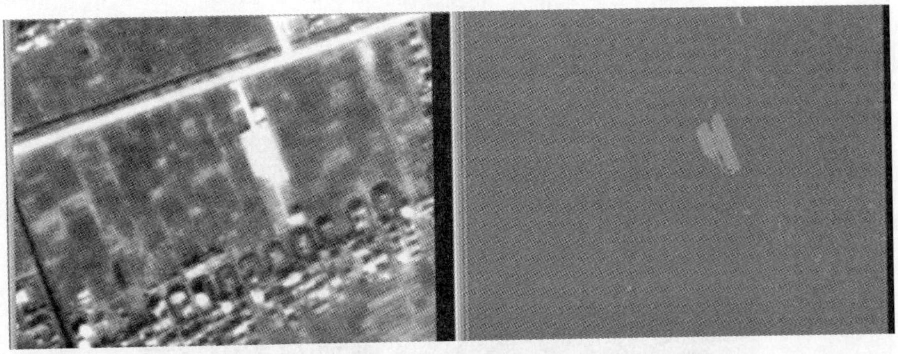

图2 2005 年的影像

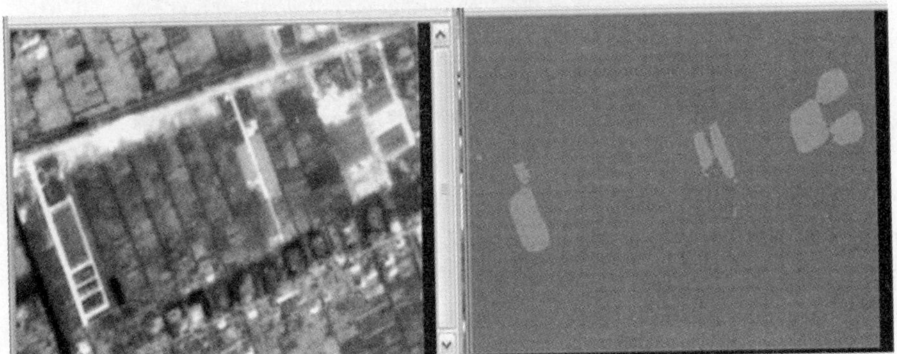

图3 2006 年的影像

以要将两图像进行亮度反转(见图5、图6)。

(3)两幅图像进行相减。土地变化的地方的像元值为0,相同地方的像元值为1,但由于监督分类时的误差,中间部分的房屋边缘依然存在。这将对土地利用变化面积的计算精度产生较大影响,所以我们做了一些技术处理(见图7)。

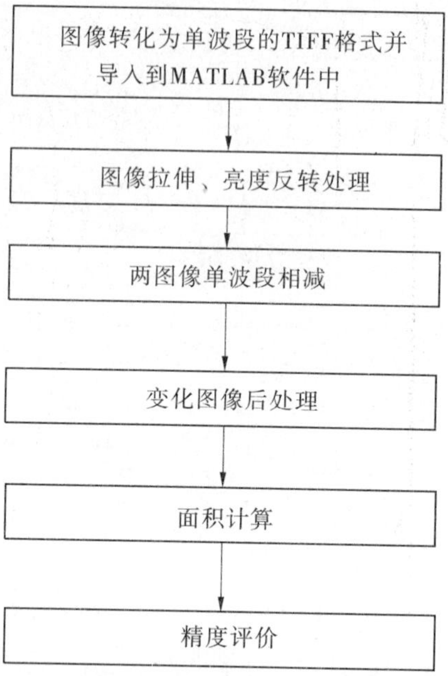

图4　影像差值法的技术流程图

图5　2005年亮度反转后影像(一)

(4)图像处理。由于变化的建筑用地是成片的,像元个数很多。如果中间的像元值为0,并且它周边3×3的矩阵(见图8)的像元值为7或8,则认为该像元是相减后的误差,将该像元赋值为1,不是土地利用变化的地块。

产生结果如下图9所示。

(5)结果发现虽然经过处理,周围的小斑点有所减少,但是中间部分仍然十分明显,因此对中间部分再做进一步处理。其主要步骤是:①将图像分为三列,对每一列的灰度值为0的像元个数进行计算;②经过判断,第二列没有发生土地利用变化,而代表土地利用变化的像元灰度值为0的个数为239,对正确的土地利用变化面积精度产生较大影响,因此试验中将中间像元灰度值定义为1(见图10)。

(6)对土地利用变化地块进行面积计算。首先计算像元值为0的个数。然后用像元

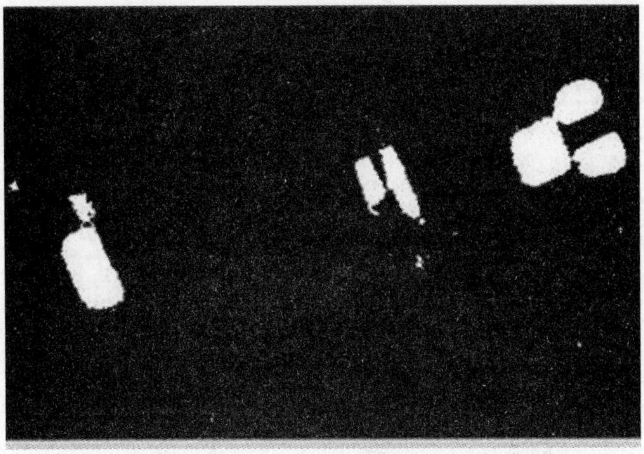

图6 2005年亮度反转后影像(二)

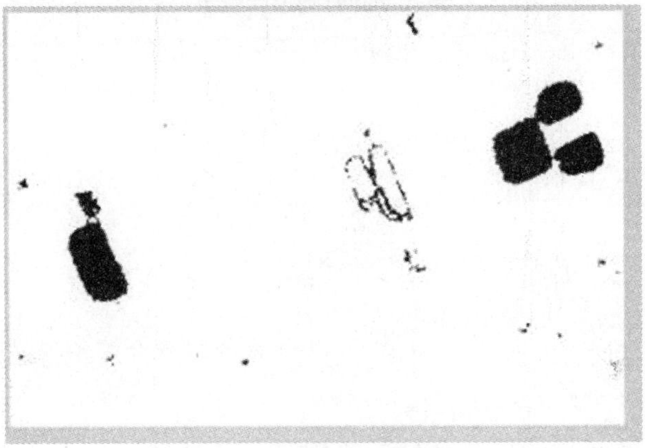

图7 两图像相减后影像

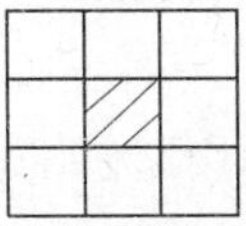

图8 3×3矩阵

图9 处理后的影像

图 10　判断处理后影像

个数 $\times 2.5^2$ 即为土地利用变化地块的面积。计算结果显示,像元个数为 3 001 个,面积为 18 765.25 m^2。

通常,用于评定土地利用遥感监测精度的公式如下

$$R = \frac{\sum_{i=1}^{n} |A_i - B_i|}{\sum_{i=1}^{n} B_i}$$

式中:A_i 为地块判读面积;B_i 为实测面积,以目视解译判读方法获得的土地利用变化地块面积作为实测面积;R 为监测区面积相对误差。

经统计,得出土地利用变化地块的面积为 20 300.51 m^2。

最终计算结果显示,区域变化地块面积误差绝对值之和为 1 535.26 m^2,自动提取的总面积误差为 7.56%。一般认为土地利用遥感监测精度小于 15% 是合理的。试验表明,运用监督分类和图像差值法进行土地利用遥感动态监测的精度较高,因而这种方法是可行的。

2.6　图像差值法与目视解译方法比较

2.6.1　图像差值方法小结

(1)优势。图像差值法可以有针对性地提取感兴趣的专题土地变化信息。该方法的特点是简单、直接,便于解释结果。更重要的是,自动化程度更高,工作量相对较小,工作周期较短,因而较适合土地利用的重点地类变化动态监测。影像差值法是以土地变化的地块数量和位置为监测目标,但它只能用于单一土地类型的监测,如森林砍伐、林火洪水监测等。

(2)劣势。图像差值法通过对各自时相的数据进行土地利用监督分类,再对分类结果进行比较并提取变化信息。该方法的结果精度受各时相数据分类精度的制约。从数学意义上讲,它积累了每次分类的误差,且对影像的全部范围都要进行分类计算,也不管它们是否发生了变化。这样无疑大大增加了变化信息检测的计算量。对于影像相减法而言,单纯相减所得的变化模板中肯定含有大量的假变化信息和噪声信息。如何从这些数

据中剔除假信息,提取真正变化的信息仍是个棘手的问题。不仅如此,由于异物同谱和同物异谱现象的存在,许多真正变化的信息也会因为相减而被漏掉,从而影响了最终变化信息的正确性。所以,自动分类法一般很难达到令人满意的判读精度而无法进入实用阶段。

2.6.2 常规方法——人工目视判读解译方法小结

(1)优势。人工目视判读具有很大的灵活性和适应性。这对于地物光谱特征比较复杂的地区,可以充分发挥作业人员的智慧、知识以及其经验进行有效的分辨和判断。一般来说,此监测的精度较高。这也是为什么该方法仍是国内常用的土地利用变化提取方法之一。

(2)劣势。多时相 SPOT－5 影像的判读解译是人机交互式的,存在着不可避免的系统误差和偶然误差。由于操作者对作业区自然条件的熟悉程度和判读技术熟练程度的不同,所以无法完全正确判别遥感卫星图像上所有的现状地物,因而就不可能在其上逐一实测出各类地物。尽管我们在判读解译过程中尽可能使用技术熟练人员,对于同一作业区不同时相影像的解译也尽可能让同一操作人员完成,但这种人为误差还是存在。这导致了后期进行动态信息提取时产生较多麻烦。因此,如果想得到多期土地利用动态监测信息,则会在多时相影像的解译上花的精力很大。实际上,变化的土地利用类型常常只占少数,绝大多数土地利用类型是没有变化的。所以,遥感影像的解译常常是重复做工,工作量大,效率低,计算机自动化程度也不高,因而是白白浪费了许多的人力、物力和财力。

3 总　结

通过上述试验发现两种方法虽然都可以进行土地利用动态变化监测,但是在土地利用动态信息提取工作上都存在着一些不尽如人意的地方,如何改进技术路线,选取更恰当的工作方法,进一步提高工作的效率,做到更迅速、更准确地提取动态信息,依然是目前工作者在生产中亟待探索与解决的问题。本文认为,在各时相影像数据齐全的情况下,采用两种以上的方法进行变化信息的提取,既可以防止漏判或错判的发生,也可以互相提示检查,提高监测精度。

应该说 RS 和 GIS 集成进行土地利用动态信息提取行之有效。它具有投资省、周期短、精度高、可操作性强、信息更新速度较快等优点。在目前计算机自动分类精度尚不能完全满足工作需要时,将两种方法结合起来仍是土地利用遥感动态监测的重要手段。在今后相当长的时间里,目视解译分类与自动分类两种方法还将并存。

参考文献

[1] 刘洋,等. SPOT－5 数据在县级土地利用动态遥感监测工作中的应用[J]. 黑龙江农业科学,2007(1):74-77.

[2] 廖克,成夕芳,等. 高分辨率卫星遥感影像在土地利用变化动态监测中的应用[J]. 测绘科学,2006,31(6):11-15.

[3] 朱运海,江涛,等. 基于 RS 和 GIS 的县级土地利用动态监测研究[J]. 现代测绘,2003,26(6):16-17.

[4] 徐少立. 辽宁土地利用动态遥感监测分析[J]. 气象与环境学报,2007,23(1):45-51.
[5] 张海玲, 胡宾, 益建芳. 遥感与地理信息系统 GIS 在土地利用动态监测中的应用[J]. 影像技术,2004(2):43-46.
[6] 李海月, 王宏琦. 遥感图像中建筑物自动识别与标绘方法研究[J]. 电子测量技术,2007,30(2):15-20.
[7] 韩文萍, 王金亮. 基于 GIS 的遥感影像土地利用/土地覆盖信息提取研究 ——以滇西北香格里拉县为例[J]. 云南地理环境研究,2007,19(2):98-102.
[8] 杨贵军, 武文波. 土地利用动态遥感监测中变化信息的提取方法. 东北测绘,2003,26(1):18-21.
[9] 李石华, 王金亮. 遥感图像分类方法研究综述[J]. 国土资源遥感,2005,2(64):1-6.
[10] 孙静, 赵伟,赵鲁全. 土地利用遥感动态监测技术方法介绍[J]. 山东国土资源,2005,21(4):38-41.
[11] 张银辉, 赵庚星. 土地利用/土地覆盖遥感分类方法的研究综述[J]. 中国农业资源与区划,2003,23(3):21-25.
[12] 张银辉, 赵庚星. 试论土地利用遥感动态监测技术方法[J]. 国土资源科技管理,2001(18):15-19.
[13] 赵冬泉, 党安荣,等. 监督分类方法在图片资料专题信息提取中的应用研究[J]. 测绘通报,2006(11):32-34.
[14] 莫登奎, 林辉. 基于高分辨率遥感影像的土地覆盖信息提取[J]. 遥感技术与应用,2005,20(4):411-414.
[15] 鲍桂叶. 不同变化信息提取方法在土地利用动态遥感监测中的应用[J]. 测绘通报,2003(8):38-40.
[16] 孙静, 赵伟, 赵鲁全. 土地利用遥感动态监测技术方法介绍[J]. 山东国土资源,2005,21(4):38-41.

大柳树工程SPOT－5卫星影像处理及自动分类解译方法研究

张 锴 崔洪岩 吴 朝

（中水北方勘测设计研究有限责任公司）

摘 要 本文主要阐述了以SPOT－5数字遥感影像为基本信息源，通过应用ERDAS影像处理、分类解译功能；ARCGIS空间分析、分类统计功能、以调查区3景SPOT－5卫星影像和1∶10 000地形图为基础，确定水库淹没区范围，解译水库淹没区土地利用、建筑物、基础设施等现状及其空间分布状况。

关键词 遥感 SPOT－5 影像处理 计算机自动分类 解译

1 工程概况

大柳树水利枢纽水库淹没区包括甘肃省景泰县的草窝滩、五佛、芦阳、中泉4个乡，平川区的水泉乡；靖远县的永新、兴隆、双龙、石门、糜滩、东湾6个乡。库区具体淹没范围为这11个乡范围内地形等高线1 375 m和1 380 m以下的区域，经度104°15′～104° 45′，纬度36°40′～37°18′。

大柳树水库淹没调查已经进行过多次，其中甘肃省境内首次调查是在1989年进行的，由中水北方勘测设计研究有限责任公司承担，采用内业资料分析、遥感图像解译结合现场抽样调查方法完成；宁夏回族自治区境内在1992年进行了实地全面调查。由于该次调查时间据现在已久，库区实物指标已发生了较大变化，为摸清水库淹没现状，2007年5月下旬中水北方勘测设计研究有限责任公司在自治区相关部门的配合下，应用遥感、地理信息系统等高新技术，对大柳树水库淹没实物指标进行了重新核实，目的是为项目前期研究提供基础资料与科学依据。

2 技术方案设计

2.1 根据项目要求制定大柳树水库淹没区遥感综合调查技术路线

此次调查主要从影像宏观研究以确定以下研究成果（技术路线详见图1）：

（1）确定水库淹没区范围。包括1 375 m和1 380 m等高线以下两个设计库容淹没区范围土地面积。

（2）土地利用现状调查。重点包括旱地与水浇地、经果林、大棚蔬菜地、城镇用地与农村居民地等。

（3）各类建筑和构筑物调查。城镇，各类水利、电力、交通、通讯等基础设施、公共设施、地质公园、寺庙文物古迹等。

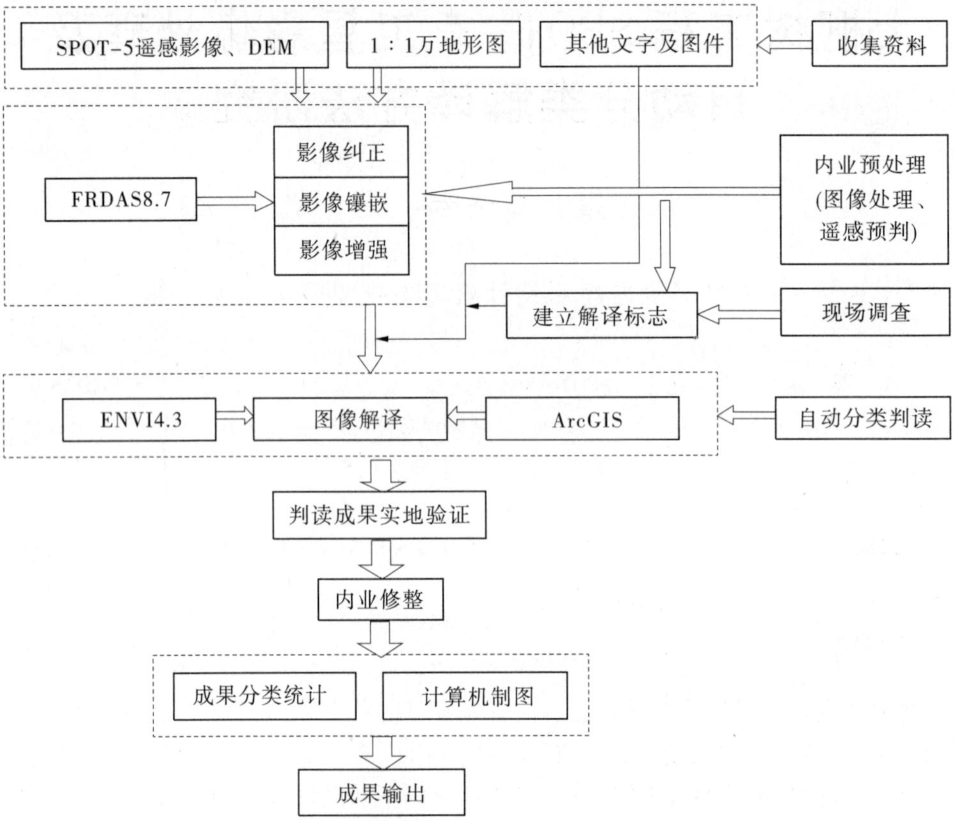

图1　大柳树水库淹没区遥感综合调查技术流程图

2.2　遥感信息源

采用法国 SPOT－5 卫星遥感影像作为大柳树水库淹没区遥感综合调查基础信息源。采购的 SPOT 卫星数据为 1 A 级产品，只做过了探测器的均衡化，未做任何几何校正，图像定位精度高于 50 m。它在最大程度上保留了卫星原图像的所有信息，提供所有星历参数做正射纠正。

SPOT－5 卫星遥感影像为全色波段(0.49～0.69 μm)，影像星下点空间分辨率为 2.5 m。SPOT－5 卫星数据收集情况详见表 1。

表 1　SPOT－5 卫星数据收集情况

K/J	产品级别	像元大小(m)	数据格式	景象	接收日期
258－275	1A	2.5	GEOTIFF	全景	2005-07-25
257－275/8				1/2 景	2004-07-31
258－276/1				1/2 景	2006-10-26

由于遥感地面站 SPOT－5 存档数据中针对调查区域可供选择的数据有限，只能部分满足技术大纲中对 SPOT－5 遥感信息源的时相选择要求。3 景数据时相分别为 2004-07-

31、2005-07-25、2006-10-26。见图2。

2.3 遥感数据处理

地面接收站在出售卫星数据产品前，都已对数据做过辐射校正、传感器校正等预处理。但这种校正往往根据遥感平台、地球、传感器的各种参数进行处理，仍存在卫星成像时受采样角度、成像高度及卫星姿态等客观因素的影响造成原始图像非线性变形。拿到产品后，由于使用目的不同及投影方式的不同，需要作进一步的几何校正，才能满足工作精度要求。

图2 SPOT－5卫星影像索引

卫星遥感影像几何校正一般采用几何模型配合常规控制点法对影像进行精确几何校正。其必须具备两个关键要素，即收集（或制作）该地区的数字高程模型（DEM）和控制点平面坐标，其次将纠正的正射影像做增强处理，以利于下一步遥感判读。SPOT－5遥感影像纠正流程见图3。

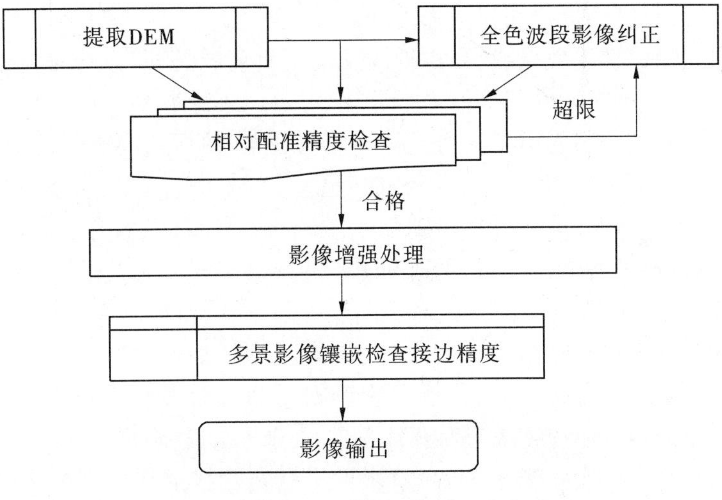

图3 SPOT－5遥感影像纠正流程图

2.3.1 正射纠正

正射纠正是对影像进行几何畸变纠正的一个过程，它将对由地形、相机几何特性以及与传感器相关的误差所造成的明显的几何畸变进行处理。输出的正射纠正影像将是正射的平面真实影像。

在Erdas Imagine 8.7的LPS模块中选择Obital Pushbroom模型，读取SPOT DIMAP格式数据，加载SPOT－5的物理模型参数。物理模型参数包括星历参数、传感器参数、图像参数、卫星姿态、卫星轨道、高度、坐标等，这些参数是卫星影像的内定向参数。卫星影像的物理模型加载完成后，卫星影像的内定向就自动完成并开始正射纠正。正射纠正的平面控制采用转换完的1∶10 000数字地形图，高程控制采用已制作1∶50 000数字高程模型，最少10个以上的控制点。

在校正时利用地面控制点（GCP），通过坐标转换函数，把各控制点从地理空间投影到图像空间上去。几何校正的精度直接取决于地面控制点选取的精度、分布和数量。因此，地面控制点的选择必须满足一定的条件，即：地面控制点应当均匀地分布在图像内；地面控制点应当在图像上有明显的、精确的定位识别标志，如建筑物、公路、铁路交叉点、河流汊口、农田界线等，以保证空间配准的精度；地面控制点要有一定的数量保证。地面控制点选好后，再选择不同的校正算子和插值法进行计算，同时，还对地面控制点（GCP）进行误差分析，使得其精度满足要求为止。最后将校正好的图像与地形图进行对比，比较校正效果。

投影：采用高斯－克吕格投影，中央经线为105°；精度指标：检查点残差（Residuals）小于2个像元（5 m）。当精度指标达到要求后，重采样纠正影像。

在通过DEM进行正射纠正之后，SPOT－5的正射影像具有较好的几何精度和较高的定位精度。

2.3.2　影像增强

影像增强是根据图像数据的灰度、颜色、纹理和形状等特征参数，结合视觉系统特点，选择某种从原始图像到增强图像的变换。

根据人眼的观察特性进行图像增强处理，目的是为了有效地突出有用信息，抑制其他干扰因素，改善图像的视觉效果，提高重现图像的逼真度，增强信息提取与识别能力。如利用像元自身及其周围像元的灰度值进行计算、对单个或每个像元的灰度值进行变换，达到图像增强的目的；利用高光谱工具通过补偿大气对光谱的混淆来增强图像等。

2.3.3　影像镶嵌

调查区涉及3景影像，需要将其连接合并，以生成一幅单一的合成影像，根据工作区的具体情况采用先校正后镶嵌，即基于地理坐标的影像镶嵌。由于相邻图像成像日期、系统处理条件可能有差异，不仅存在几何畸变问题，而且还存在辐射水平差异导致同名地物在相邻图像上的亮度值不一致。如不进行色调调整就把这种图像镶嵌起来，即使几何配准的精度很高，重叠区复合得很好，仍会出现镶嵌后两边的影像色调、接缝线差异明显。这样既不美观，也影响对地物影像与专业信息的分析与识别，降低应用效果。因此，在镶嵌图像时，在距切割线特定距离范围内，对影像进行切割线羽化处理来调和影像的边界线；同时对影像进行色彩均衡化处理，要求镶嵌完的影像色调基本无差异。

2.3.4　分类解译

以SPOT－5遥感影像为基本信息源，对照内业预处理中形成的影像判读成果、根据已建立的解译标志和外业实地调绘成果，去伪存真修改完善预判成果；采用ENVI监督分类方法，通过相关分析解译标志，对影像进行判读，勾绘类型界线，标注地物类别。分类以《土地利用现状分类及含义》（见大柳树水库淹没区（甘肃部分）遥感综合调查技术大纲，下同）为标准，主要地类按要求划分至三级类；小班编号采用《土地利用现状分类及含义》三级类编号。

综合本次调查，分类方法采用监督分类的最大似然法（Maximum Likelihood Parameters）在ENVI软件中实现，具体技术方法和操作过程如下：

（1）选取感兴趣区域建立模版，在ROI tool中选择各类别的感兴趣区，即图像中对应此类别的区域 ，见图4。

(2)感兴趣区域选好后,从 ENVI 主菜单 Classification > Supervised > [method]进行分类。见图5,其原理是假定每个波段中每类的统计都呈正态分布,并计算出给定像元属于特定类别的概率。除非选择一个概率阈值,否则所有像元都将参与分类,每一个像元都被归到概率最大的那一类里。

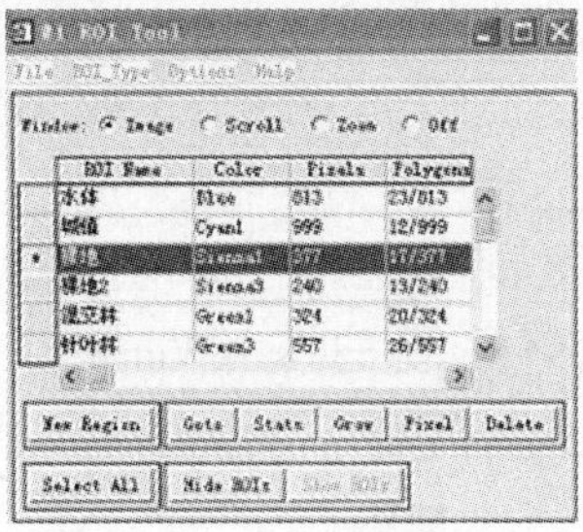

图4　AOI 模版

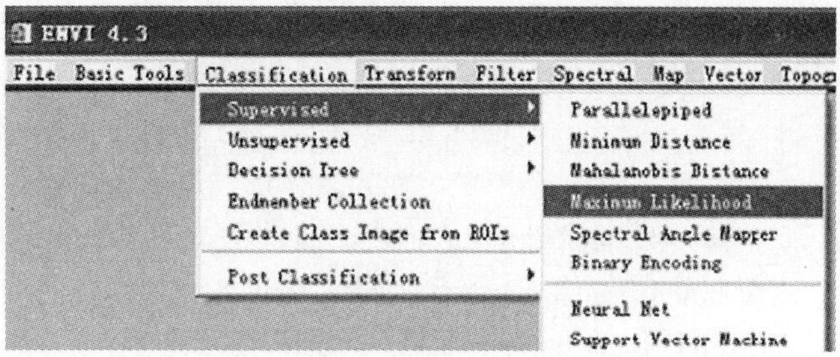

图5　ENVI 分类选项

(3)分类后处理。由于计算机自动分类处理要依赖外业建立解译标志,精度和色差难以得到控制,为满足项目调查精度要求,需要进行合并同类别、去除杂点、更改类别、修改后处理等操作(在 ENVI 和 Photoshop)中完成,具体细节再结合外业调查综合判定。

3　结　语

由于本次调查有较强的针对性,着重于为工程项目前期研究提供基础资料。因此,结合现有资料于不同图像处理方法的 SPOT-5 影像上通过计算机分类解译及人工修改,发现、提取地类信息,并深化细致外业核查与实地调绘工作,对于三级地类的土地利用调查也是可行的,且具有客观、准确、快速和费用相对较低等特点。本文旨在探讨通过制作 SPOT-5 正射影像,以此为信息源,计算机自动分类解译土地利用类型,速度快,提高了生产效率,节约了成本。需要指出的是,自动分类精度不能得到很好的控制,需要后续人工解译进行修改。如何真正做到自动分类解译,还需要进一步研究,加以推广。

无人机数字摄影测量测试实践

童广秀

（中水北方勘测设计研究有限责任公司）

摘　要　本文针对无人机对不同地形较容易获取地面影像资料的特点，初次在 Virtuozo 摄影测量工作站上进行地形图测量的测试实践工作。

关键词　无人机　航空摄影　影像数据　Virtuozo

1　概　述

无人机（unmanned aerial vehicle 或 drone）是一种由无线电遥控设备或自身程序控制装置操纵的无人驾驶飞行器。它最早出现于 20 世纪 20 年代，当时是作为训练用的靶机使用的，军事上使用较多。

随着计算机技术、自动控制技术、数字通信技术、数码相机技术、3S 技术的发展，目前，无人机上加载 GPS 、数码相机等设备后，已应用在航空摄影测量、地球物理勘探、灾情监测、土地利用调查、海岸缉私、毒品种植调查等民用领域，并发挥着重要的作用。

无人机摄影测量技术，以获取高分辨率数字影像为应用目标，以自动驾驶飞机为飞行平台，以高分辨率数码相机为传感器，通过 3S 技术在系统中的集成应用，最终获取小面积、真彩色、大比例尺、现势性强的航测遥感数据。

无人机航空摄影测量系统具有“三高一低”（高机动性、高分辨率、高度集成、低成本）的重要特性，可以避免办理空域申请，机动性强，作业简便，可以在云层下实施航拍，可快速获取成果数据。

用于航空摄影测量的无人机系统组成主要包括：机身及机翼，起飞降落架；发动机及螺旋桨；油箱；机上飞行控制系统；通信天线（地面）；机载 GPS 及天线；地面控制导航和监控系统（笔记本电脑 + 软件系统）；人工控制飞行遥控器；数码相机；地面供电设备；降落伞（装在无人机上应急用）。无人机摄影平台性能指标如表 1 所示。

无人机摄影平台的控制软件包括航线规划软件、质量控制软件。航线规划软件的作用是根据测区范围、航向旁向重叠要求等参数自动完成航线规划方案，实现无人机摄影平台的自主飞行与实时控制；质量控制软件的作用是现场完成对航摄质量的控制，对不合格的航片进行现场补飞，保证航摄质量现场通过验收。

2　资料情况

试验区面积约为 1.5 km^2，像片控制点 13 个，每个控制点有测量成果和刺点说明，以及控制点索引图 1 张。

表1　无人机摄影平台性能指标

无人机性能指标		飞控系统性能指标		
起飞质量	15 ~ 20 kg	航高测控		±5 m
最大任务荷载	6 kg	姿态控制	俯仰扰动	-1.2° ~ 0.7°
续航时间	2 h		滚动扰动	-1.5° ~ 1.5°
起降距离	20 ~ 50 m		偏航范围	-4.0° ~ 8.0°
巡航速度	90 ~ 110 km/h	航线偏移		±2 m
最大抗风能力	6 级	曝光控制		自动控制
最高升限	3 500 m			

6 条相邻航线的航片影像数据，格式为.tif，每条航线有 14 ~ 15 张航片不等，共计 85 张，像素为 6.8 μm。

提供的相机参数为：焦距 45.39 042 mm，像幅尺寸为：7 216 × 5 412(ppi)。

3　测试环境

在自动空中三角测量软件 Virtuozo AAT 3.4 下进行测试，用 PATB 光束法区域网平差程序进行解算。主要由建立测区、自动内定向、确定航线偏移量、自动转点、连接点编辑和测区接边六个模块构成。

4　测试设计方案

根据无人机航摄资料像幅小、像对多、重叠区面积小等特点，为了保证加密精度，此次测试根据像片控制点的分布，只对第二条和第三条航线覆盖的区域进行单航线和双航线空三加密测量的测试工作。

5　第二、三条航线的空三测试

由于未提供相机像主点的检测坐标数据，因此其坐标值视为零。

按照空三加密的过程进行工作，其主要问题有：

(1)将.tif 影像数据转.vz 格式后，在 Virtuozo AAT 3.4 下，发现第三条航线中有 4 张.tif影像数据未转出.vz 格式。

将这 4 张.tif 影像数据放在 VirtuoZo NT 3.5 下能转出.vz 格式，但必须在 Adobe Photoshop 中预先处理旋转 180°。输入影像界面见图 1。

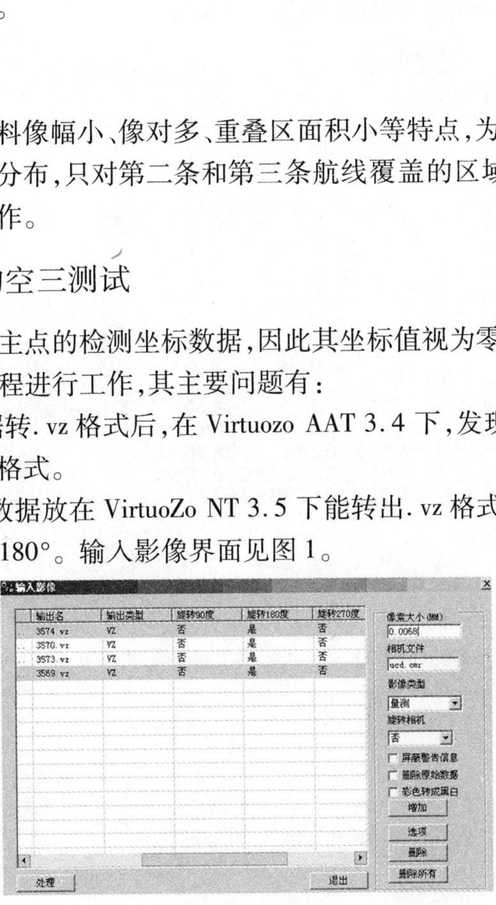

图1　输入影像

(2)相机类型选用的是 ucd. cmr。相机参数的安置如图 2 所示。

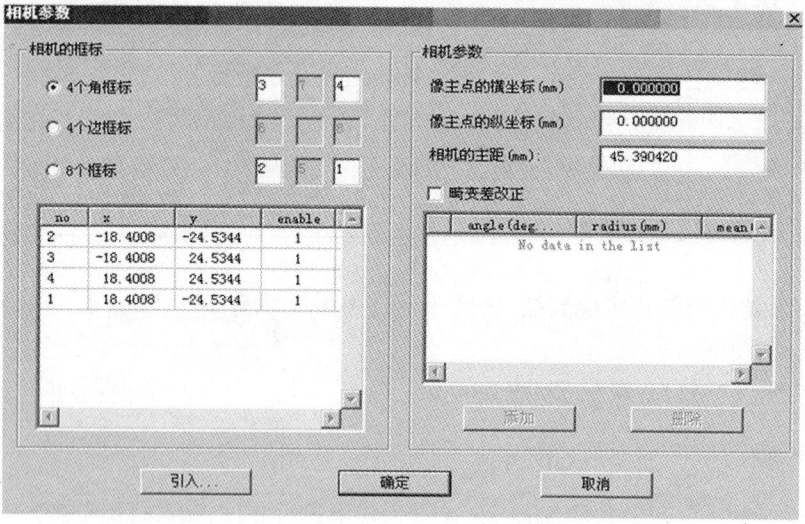

图 2　相机参数

在做内定向时有 5 张航片的内定向误差超限:

```
Check interior orientation:
Total Images: 18
Limit is     0.010 mm
          3532.vz            0.0        0.0     OK
          3531.vz            0.0        0.0     OK
          3530.vz            0.0        0.0     OK
          3529.vz            0.0        0.0     OK
          3528.vz            0.0        0.0     OK
          3527.vz            0.0        0.0     OK
          3526.vz            0.0        0.0     OK
          3525.vz            0.0        0.0     OK
          3524.vz            0.0        0.0     OK
          3567.vz            0.0        0.0     OK
          3568.vz            0.0        0.0     OK
          3569.vz            0.0        0.0     OK
          3570.vz            3.6        0.1     OK
          3571.vz         3581.8       86.3     Over limit
          3572.vz       3581790.3  86304.6    Over limit
          3573.vz       3581790208.0 86304570.3    Over limit
          3574.vz       3581790126080.0 86304568000.0     Over limit
          3575.vz       3581790123982848.0 86304571392000.0     Over limit

5 images over limits
```

由于内定向的误差大于影像分辨率的两个像素值,所以无法进行空三加密。

6　第二条航线的单航线测试

单航线的数据准备和前者相同。

根据提供控制点的相应位置选用了 4 个定向点,在 Virtuozo AAT 3.4 下将. tif 格式影像全部转成. vz 格式。

内定向进展顺利,其误差如下:

```
Check interior orientation:
Total Images: 9
Limit is     0.010 mm
             3532.vz       0.0       0.0     OK
             3531.vz       0.0       0.0     OK
             3530.vz       0.0       0.0     OK
             3529.vz       0.0       0.0     OK
             3528.vz       0.0       0.0     OK
             3527.vz       0.0       0.0     OK
             3526.vz       0.0       0.0     OK
             3525.vz       0.0       0.0     OK
             3524.vz       0.0       0.0     OK

0 images over limits
```

内定向的精度符合要求。

其余按空三加密流程做,其像点、定向点的精度为:

```
ROOT MEAN SQUARE VALUES AND CHECK VALUES OF RESIDUALS OF PHOTOGRAMMETRIC OBSERVATIONS
-------------------------------------------------------------------------------------
                 image system      terrain system        image system

image points
------------
obs x =    243  rms x =      0.63   rms x =    0.009   chv vx =      1.88
obs y =    243  rms y =      0.74   rms y =    0.011   chv vy =      2.22


ROOT MEAN SQUARE VALUES AND CHECK VALUES OF RESIDUALS OF NON-PHOTOGRAMMETRIC OBSERVATIONS
-----------------------------------------------------------------------------------------
                 image system      terrain system      terrain system

control points with sds-no.  1
----------------------------
obs x =      4  rms x =      9.71   rms x =    0.141   chv vx =      0.42
obs y =      4  rms y =      9.08   rms y =    0.132   chv vy =      0.39
obs z =      4  rms z =     17.89   rms z =    0.259   chv vz =      0.78


SIGMA NAUGHT     1.15          =      0.017
```

单位权中误差为 1.15 μ。

其定向点的加密结果为:

```
horizontal control points
                                              code of point
point-no.        x              y             input -> used          rx          ry     sds check

  1001     523458.071    2722981.556           HV 3               -0.183      -0.147     1   .  .
  4001     523269.753    2722798.906           HV 3                0.195       0.210     1   .  .
  7001     522841.777    2722171.695           HV 2               -0.068      -0.005     1   .  .
 12001     523156.095    2722295.608           HV 4                0.056      -0.059     1   .  .


vertical control points
                                              code of point
point-no.                       z             input -> used                      rz     sds check

  1001                      1778.090           HV 3                          -0.303      1      .
  4001                      1796.016           HV 3                           0.377      1      .
  7001                      1796.657           HV 2                          -0.165      1      .
 12001                      1798.696           HV 4                           0.091      1      .
```

7　第三条航线的单航线测试

此航线的数据准备依然和前者相同。

根据所提供的控制点的相应位置可用6个定向点，在 Virtuozo AAT 3.4 下有4张.tif影像数据未能转出.vz格式。按第一种测试的方法转出后，其内定向结果是：

```
------------------------------------------------------

Check interior orientation:
Total Images: 9
Limit is     0.010 mm
              3567.vz          0.0        0.0      OK
              3568.vz          0.0        0.0      OK
              3569.vz          0.0        0.0      OK
              3570.vz          0.0        0.0      OK
              3571.vz          0.0        0.0      OK
              3572.vz          0.0        0.0      OK
              3573.vz          0.0        0.0      OK
              3574.vz          0.0        0.0      OK
              3575.vz          0.0        0.0      OK

0 images over limits

------------------------------------------------------
```

内定向的精度符合要求。

其余按空三加密流程做，其像点、定向点的精度为：

```
ROOT MEAN SQUARE VALUES AND CHECK VALUES OF RESIDUALS OF PHOTOGRAMMETRIC OBSERVATIONS
-------------------------------------------------------------------------------------
                  image system     terrain system        image system

image points
------------
obs x =    179  rms x =      1.35   rms x =     0.020   chv vx =      4.05
obs y =    179  rms y =      1.97   rms y =     0.029   chv vy =      5.92


ROOT MEAN SQUARE VALUES AND CHECK VALUES OF RESIDUALS OF NON-PHOTOGRAMMETRIC OBSERVATIONS
-----------------------------------------------------------------------------------------
                  image system     terrain system      terrain system

control points with sds-no.  1
---------------------------
obs x =      6  rms x =     17.92   rms x =     0.264   chv vx =      0.79
obs y =      6  rms y =     12.19   rms y =     0.180   chv vy =      0.54
obs z =      6  rms z =      2.73   rms z =     0.040   chv vz =      0.12



SIGMA NAUGHT     3.01          =     0.044
```

单位权中误差为3.01 μ。

其定向点的加密结果为：

horizontal control points

point-no.	x	y	code of point input -> used	rx	ry	sds	check
1001	523458.071	2722981.556	HV 3	-0.402	0.186	1	. .
2001	523832.831	2722708.559	HV 3	0.431	-0.052	1	. .
5001	523590.605	2722347.874	HV 3	-0.227	-0.133	1	. .
8001	523269.850	2721919.350	HV 3	0.127	0.202	1	. .
10001	523618.431	2722689.563	HV 4	0.016	-0.298	1	. .
12001	523156.095	2722295.608	HV 4	0.056	0.094	1	. .

vertical control points

point-no.	z	code of point input -> used	rz	sds	check
1001	1778.090	HV 3	0.033	1	.
2001	1777.825	HV 3	-0.062	1	.
5001	1799.326	HV 3	0.053	1	.
8001	1777.097	HV 3	0.010	1	.
10001	1776.963	HV 4	0.008	1	.
12001	1798.696	HV 4	-0.043	1	.

第二条航线与第三条航线加密成功后，在 Virtuozo3.75 创建立体模型后进行测图测试。

对测图成果进行比对统计，结果如下：

(1)对同一地物航向左右相邻像对的接边差，平面位置差 0.2 m 以内的占 90%，最大差 0.5 m；高程差在 0.4 m 以内的占 85%，0.4～1.2 m 的占 15%。

(2)对同一地物旁向上下相邻像对的接边差，平面位置差小于 0.5 m 的占 80%，最大差 3.0 m；高程差 1.0～3.0 m 的占 10%，0.5～1.0 m 的占 40%，0～0.5 m 的占 50%。

以上结果是只对明显地物量测后所得的数据。测试图示意见图 3。

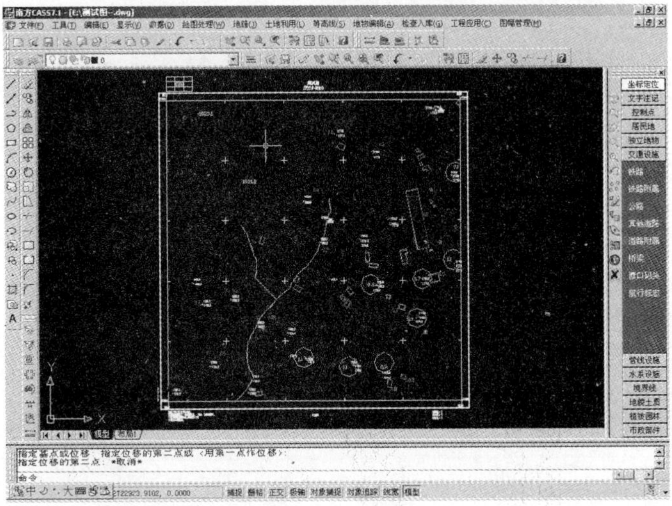

图 3　测试图示意

8　测试结论

此次试验是利用无人机所获取的数码影像数据在 VirtuoZo 摄影测量工作站上进行的尝试,地形图测试虽不成功,但是针对无人机的特点和缺点,利用无人机航拍是对现有常规航空摄影测量手段的一种补充,它能弥补常规摄影测量的不足,这一点已成为业界的一种共识。无人机摄影测量技术的发展还处于起步阶段,相信无人机航空摄影技术在以后的航测生产应用领域将会得到更广泛的应用。

参 考 文 献

[1] 李兵,岳京宪,李和军. 无人机摄影测量技术的探索与应用研究[J]. 北京测绘,2008(1):1-3.
[2] 郑小兵,郑彦春,等. 无人机摄影测量技术用于电力勘测的探索和设想[J]. 电力勘测设计,2009(6):22-24.
[3] 郑团结,等. 无人机数字摄影测量系统的设计与实现[J]. 机算机测量与控制,2006(14):5.

现代遥感技术应用于水土流失的监测与评估

张 锴 吴 朝 崔洪岩

（中水北方勘测设计研究有限责任公司）

摘 要 应用遥感技术综合分析影像数据，提取影响水土流失相关因子，计算得到土壤侵蚀量，并与往年数据比较得出变化情况，最终对流域水土流失面积、分布状况和流失强度、水土流失造成的危害及发展趋势、水土流失防治情况及其效益等方面有一个全面的掌握，为水保部门防治水土流失及政府决策提供依据。

关键词 遥感 土壤侵蚀 水保监测

1 遥感技术与遥感数据

遥感技术是20世纪60年代发展起来的一门综合性探测技术。与现代物理学、空间技术、计算机技术、数学和地理学密切相关。

遥感技术的定义是从远处探测感知物体，也就是不直接接触物体，从远处通过探测仪器接收来自目标地物的电磁波信息，经过对信息的处理，判别出目标地物的属性。

现代遥感技术主要包括信息的获取、传输、存储和处理等环节。完成上述功能的全套系统称为遥感系统，其核心组成部分是获取信息的遥感器。遥感器的种类很多，主要有照相机、电视摄像机、多光谱扫描仪、成像光谱仪、微波辐射计、合成孔径雷达等。传输设备用于将遥感信息从远距离平台（如卫星）传回地面站。信息处理设备包括彩色合成仪、图像判读仪和数字图像处理机等。

太阳辐射经过大气层到达地面，一部分与地面发生作用后反射，再次经过大气层，到达传感器。传感器将这部分能量记录下来，传回地面，即为遥感数据。图1为遥感数据获取原理图。

卫星遥感数据是地理信息系统数据库的重要组成部分。以它为基本数据源，根据它的属性信息建立数据解译标志，可提取基础地理信息数据。

遥感数据的类型：按平台分为地面遥感、航空遥感、航天遥感数据。

按电磁波段分为可见光遥感、红外遥感、微波遥感、紫外遥感数据等。

按传感器的工作方式分为主动遥感、被动遥感数据。

遥感数据的主要应用领域如下。

林业：清查森林资源、监测森林火灾和病虫害。

农业：作物估产、作物长势及病虫害预报。

水文与海洋：水资源调查、水资源动态研究、冰雪监控、海洋渔业。

国土资源：国土资源调查、规划和政府决策。

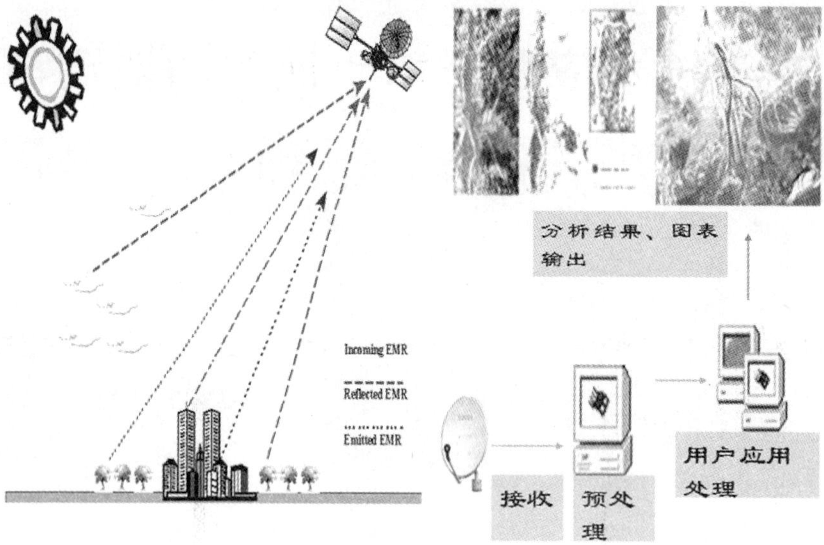

图 1　遥感数据获取原理图

气象：天气预报、气候预报、全球气候演变研究。

环境监测：水土保持监测、水污染、海洋油污染、大气污染、固体垃圾等及其预报。

测绘：航空摄影测量测绘地形图、编制各种类型的专题地图和影像地图。

城市：城市综合调查、规划及发展。

地理信息系统：基础数据、更新数据。

2　遥感技术在水土流失监测方面的应用

随着遥感影像资源的丰富和处理技术的日益提高，遥感影像覆盖面广、周期快、分辨率高和信息量丰富等特点使得遥感技术在水土保持监测领域发挥越来越大的作用。

2.1　土壤侵蚀遥感调查

在开展土壤侵蚀遥感调查工作的同时有必要熟悉一些土壤侵蚀的相关概念及行业标准。

2.1.1　土壤侵蚀概念

《中国大百科全书 · 水利卷》对土壤侵蚀（soil erosion）定义：陆地表面，在水力、风力、冻融和重力等外营力作用下，土壤、土壤母质和其他地面组成物质被破坏、剥蚀、转运和沉积的全过程。

由于世界各国所处的自然环境、社会状况、科技文化发展水平、土壤侵蚀发生和发展的动力、土壤侵蚀的表现形式、水土流失危害程度等的差异，对土壤侵蚀的概念在认识上也有差异。

2.1.2　土壤侵蚀分类系统

侵蚀类型将采用两级划分法：一级类型主要根据起主导作用的侵蚀外营力类型与性质来划分，如水力、风力、冻融等；二级类型采用影响侵蚀强度的土壤侵蚀因子进行判别，以此构成土壤侵蚀类型及其强度的组合分类系统，并采用二位数编码，第一位为侵蚀类型,第二位数为该类型下的侵蚀强度级别,详见表 1。

表 1

一级类型	强度等级(二级类型)					
1 水利侵蚀	11 微度	12 轻度	13 中度	14 强度	15 极强度	16 剧烈
2 风力侵蚀	21 微度	22 轻度	23 中度	24 强度	25 极强度	26 剧烈
3 冻融侵蚀	31 微度	32 轻度	33 中度	34 强度		

2.1.3 研究方法及作业依据

全面分析区域土壤侵蚀现状,把握主要影响因素,并依靠专家知识的支持,确定动态变化的区域;依靠 RS 和 GIS 相结合技术进行土壤侵蚀动态信息提取;将获得的土壤侵蚀专题数据进行集成汇总,形成符合统一要求的土壤侵蚀动态侵蚀专题数据。

如采用全数字作业的人机交互判读分析方法,可根据 TM2,3,4 波段假彩色合成数字图像、土地利用图、地形图,并参考其他确定土壤侵蚀类型及其强度的相关资料及图件,分析土壤侵蚀类型、坡度、植被覆盖度、地表组成物质等状况,经过综合分析而直接判定土壤侵蚀强度,在微机屏幕上直接进行土壤侵蚀类型和强度界线的勾绘、制图。全国范围调查的作业比例尺 100 000。图 2 为主要工作技术流程图。

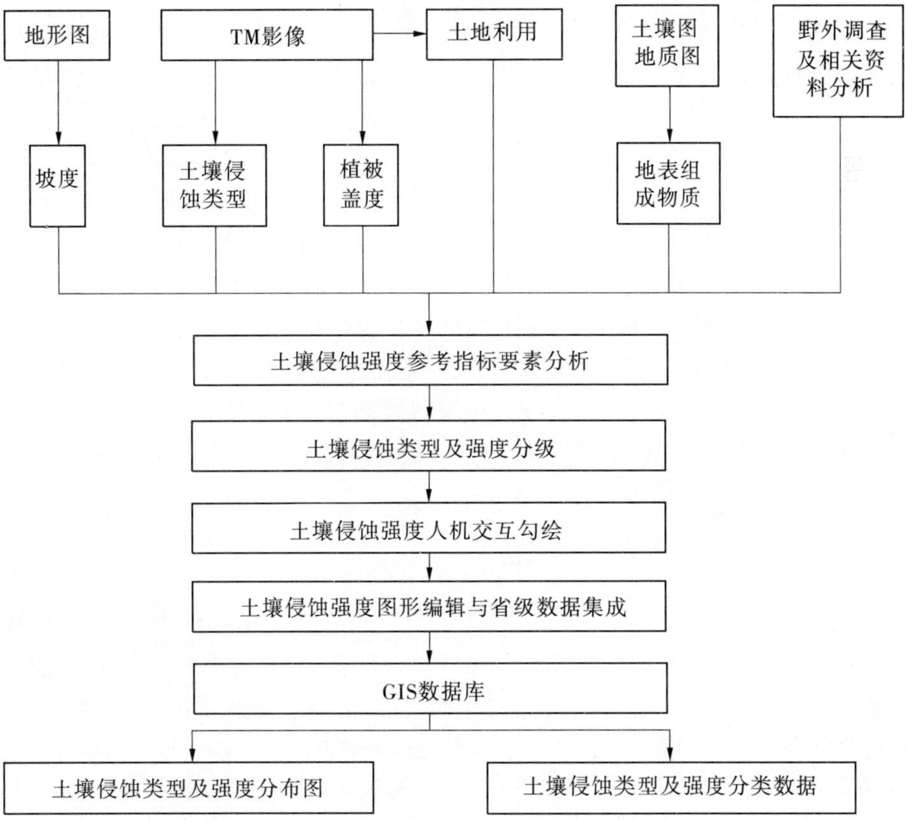

图 2 工作技术流程图

2.2 遥感动态水保监测分析

遥感动态水保监测是利用遥感的多传感器、多时相的特点，通过不同时相相对同一地区的遥感数据进行变化信息的提取。遥感信息的周期性和连续性为动态水保监测提供了可能。利用实时的遥感图像对土壤侵蚀强度的年度动态变化进行监测；分析土壤侵蚀总量以及年度变化趋势、植被资源动态变化趋势、工程措施治理效益、林草种植措施效益；对水土流失严重、生态环境恶化地区提出警示；通过对资料分析与评价，定期发布水土保持状况公告。

2.2.1 遥感动态水保监测的特点

遥感动态水保监测的特点：一是采用的方法多样，以目视判读、计算机图像处理以及两者相结合的方法进行；二是监测的空间尺度广泛，从某典型小流域至整个流域乃至全国范围；三是监测的时间跨度大，从几年的变化到几十年的变化。

2.2.2 遥感动态水保监测的流程

遥感影像应用在水保监测中的目的主要是监测水土流失的变化情况、水土保持调查数据的真实程度和准确性；监督水土保持规划的执行情况和进展情况，为国民经济建设和发展提供科学依据。水土保持监测功能主要包括以下 6 个方面：面蚀监视、沟蚀监视、水文要素监视、其他监视、水土流失成因分析、水土流失危害预测。

(1)数据资料的获取。综合分析影响水土保持的因素，包括土地分类、土壤侵蚀类型、侵蚀强度、地貌类型、母岩类型、植被盖度、坡度属性等，结合遥感技术的应用特点，着重从三个方面收集数据资料：①遥感影像资料(TM、SPOT)；②1∶50 000 地形图、土地利用分类图、行政区划图、土壤侵蚀图等；③基于文字和数据表格的监测区详查资料。

(2)监测工作流程。遥感动态水保监测技术主要是对不同时相的遥感数据进行组合、融合以提取出土地利用的变化信息，并结合实地调查与变更详查数据对监测变化信息进行核查，采用重点地区逐个图斑对照，一般地区统计比较的检查方法，对信息提取结果反复核查修改，直至满足精度要求。最后，生成各种格式的水土流失专题报表，通过各种统计分析预测未来水土流失变化，提取水土流失专题信息生成各种统计图表。包括以下 3 个方面：一是专题报表生成，二是统计分析，三是统计图表生成。

(3)土壤侵蚀动态监测流程图设计。土壤侵蚀动态监测主要是分析评价过去和现在不同时期土壤侵蚀发生发展及演变特征，对未来土壤侵蚀发展趋势进行预测，并据此提出土壤侵蚀防治对策。工作流程图见图 3。

3 结 语

采用高新技术对土地利用现状进行动态监测，利用已有的土地利用、水保监测数据、图件以及最新的卫星遥感信息，在 GPS 和 GIS 的支持下，对水土保持进行动态监测，及时掌握水保的最新动态变化；将空间遥感数据和其他专业数据进行综合分析，提高了遥感技术在水利信息化应用中的深度，为国家水土保持生态环境政策制定、水土保持信息定期发布、各级领导宏观决策、水土保持监督执法、科学规划、治理措施实施等提供科学依据，并且是实现由传统水保向现代水保转变的有效措施和技术支撑。同时，它用最少的人力、物力完成全国的水土流失调查，其费用是常规方法的千分之一或万分之一。遥感水土流失

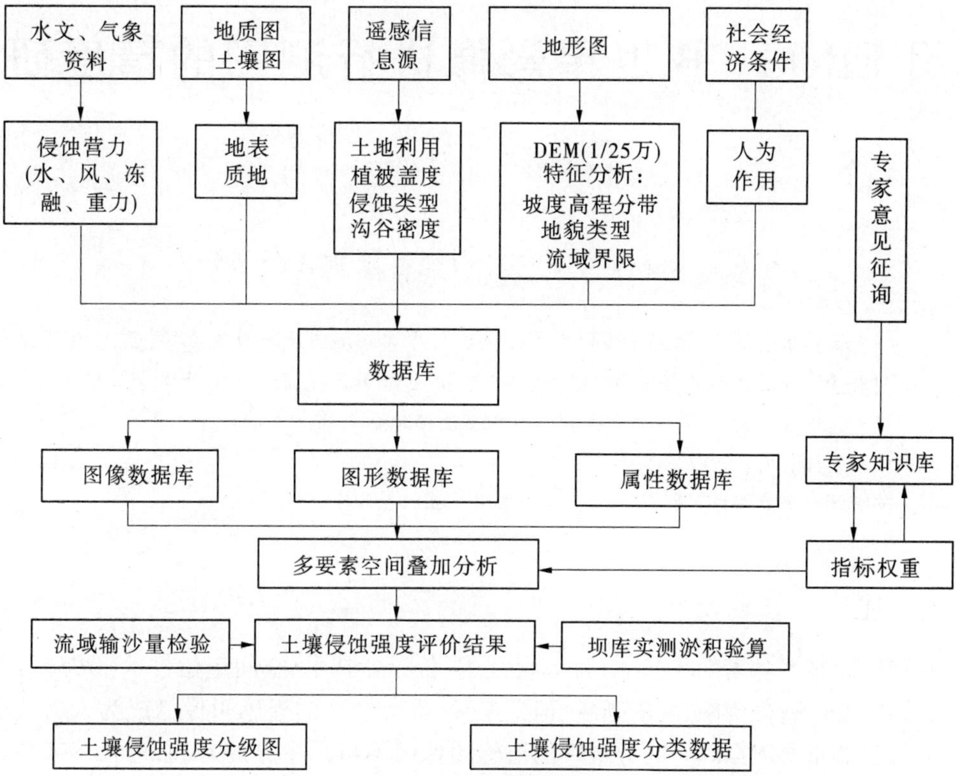

图3 工作流程图

调查的成果对于水土保持治理规划、国土资源整治都将产生重要的应用价值和社会效益。

参考文献

[1] 梅案新.遥感导论[M].郑州:高等教育出版社,2001.
[2] 中华人民共和国水利部.SL 197—2007 土壤侵蚀分类分级标准[S].北京:中国水利水电出版社,2008.

采用 EROS－B 卫星影像进行测图的精度研究

庞清艳　谢津平

（中水北方勘测设计研究有限责任公司）

摘　要　本文针对“海河流域重点蓄滞洪区白洋淀地形图及断面测量”项目，介绍了采用EROS－B高分辨率卫星遥感影像进行平面测图的生产工艺，控制点布设方案及质量控制方法。通过精度统计分析，确定了卫星遥感影像在平原地区测绘方面的应用范围。通过生产，形成了一套完整的测图技术方法。

关键词　遥感影像　EROS－B　数字测图　控制点分布　精度

1　概　述

现代遥感技术随着航天技术、计算机技术、传感器技术、空间定位技术（GPS）等的发展而逐渐完善。高分辨率、高清晰度、信息丰富、现势性强的遥感影像已成为人类获取地球空间信息的重要数据源。高分辨率的遥感图像已不再是军方的专利，近几年来高分辨率的卫星遥感图像逐渐应用到商业领域中，标志着人们在数据采集和更新上的一场革命。传统的地图数据采集和更新，要耗费大量的人力和物力，而且数据的生产、更新的周期长。现在，可以利用高分辨率的遥感影像，迅速获取数据（只须几天），缩短成图和更新周期，使得人们实时地采集数据、处理信息，更新数据以及分析数据成为可能，高分辨率的遥感图像成为测绘界越来越重要的数据源。

当前，遥感技术在测绘领域主要用来制作遥感影像图与小比例尺地形图，但尚未形成规模化的生产，且国家在这方面未制定相应的规范，对此还需要做大量的应用研究和创新工作。故本文对白洋淀蓄滞洪区约232.39 km^2 的区域利用 EROS－B 卫星遥感影像测绘1∶10 000 地形图的测试方法及测试结果进行详细介绍。

2　EROS－B 卫星遥感影像数据简介

EROS－B 高分辨率遥感卫星，能采集 0.7 m 分辨率全色影像，可与航片媲美，且成本低，精度高，更新周期短，使 EROS－B 卫星遥感影像逐渐成为制作城市中小比例尺地图的主角。相对于 Ikonos、LandsatETM、SPOT、CBERS、SPIN、Radarsat 等卫星传感器而言，EROS－B 空间分辨率具有明显的优势。

EROS－B 卫星是 2006 年 4 月 25 日以色列 ImageSat International 公司通过俄国 Start－1转换发射器成功发射的第二颗地球资源观测卫星。它非常灵活，卫星重约 300 kg，能在 500 km 左右的高度获取 0.7 m 分辨率的地表影像，卫星装有一台全色 CCD 相机，提供标准成像模式和条带模式，在轨道上可旋转 45°，能根据需要在同一轨道上对不同区域成像,并具有单轨立体成像能力。EROS - B 卫星采用了 TDI 技术,在阳光不充足的情况下也能获取高质量的影像。

EROS - B 的卫星影像数据能很及时获取,外业工作能及时展开,影像覆盖的面积广,像控点的布设也大量减少,从而节省了大量的外业工作量。

3 Erdas Imagine 中对 EROS - B 遥感卫星影像的处理过程

3.1 影像资料分析,内业选点

由于影像覆盖的面积广,像控点的布设也大量减少,该项目共 4 景影像,每景影像均匀选取 15 个明显地物点,4 景影像没有重叠的部分,共选取 60 个点。

3.2 像控点联测、刺点

EROSB 卫片像控点采取 15 点法按 5 行 3 列的面状均匀分布在像片四周及中央,检查点与像控点成对布设,不少于 15 点,检查点与像控点均刺在清晰、对比度明显且容易判读的地物点附近,如田埂交叉、乡村路交叉。尽量避免选在有阴影投射的范围内,如有阴影面的房角,陡坎下沿等处。

3.3 EROS - B 遥感卫星影像纠正

为了从图像中消除几何畸变,进而建立图像上的像元坐标与对应地物之间的地理坐标对应关系,因此在软件 Erdas Imagine 中进行 EROSB 数字卫星遥感影像的纠正:启动几何纠正(Geometric Correction)模块,选择 EROS - Orbital Pushbroom 模型,输入平均高程 6 m,设定好投影参数,这样 EROSB 的物理模型参数就自动加载进来,物理模型参数包括星历参数、传感器参数、图像参数、卫星姿态、卫星轨道、高度、坐标等。实际上这些参数就是卫星影像的内定向参数,将卫星影像的物理模型加载完成后卫星影像的内定向就自动完成了。

内定向完成后,开始几何纠正。几何纠正的平面控制采用外业采集的平面控制点,高程控制给定平均高程,多项式系数 3 次方,最少 10 个以上的控制点,且点位位置均匀分布,同时增加了部分检查点。图 1 为 786 景影像的纠正结果。

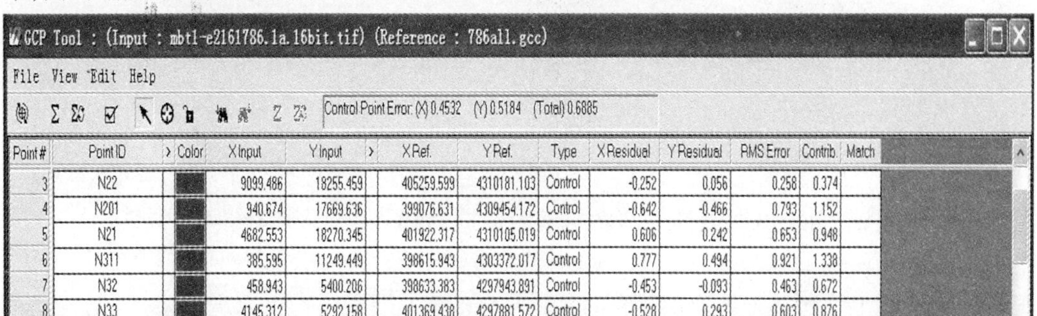

Point #	Point ID	Color	X Input	Y Input	X Ref.	Y Ref.	Type	X Residual	Y Residual	RMS Error	Contrib.	Match
3	N22		9099.486	18255.459	405259.599	4310181.103	Control	-0.252	0.056	0.258	0.374	
4	N201		940.674	17669.636	399076.631	4309454.172	Control	-0.642	-0.466	0.793	1.152	
5	N21		4682.553	18270.345	401922.317	4310105.019	Control	0.606	0.242	0.653	0.948	
6	N311		385.595	11249.449	398615.943	4303372.017	Control	0.777	0.494	0.921	1.338	
7	N32		458.943	5400.206	398633.383	4297943.891	Control	-0.453	-0.093	0.463	0.672	
8	N33		4145.312	5292.158	401369.438	4297881.572	Control	-0.528	0.293	0.603	0.876	
9	N421		5872.040	634.397	402594.990	4293631.516	Control	-0.062	-0.610	0.613	0.890	

图 1 786 景影像的纠正结果

精度分析:EROS - B 卫星影像纠正的平面精度为 ±2.2 ~ ± 3.8 m。依据《水利水电工程测量规范》要求:平坦地区地形图平面精度≤ ±5 m(高程精度不作论述,因为此次成图高程由外业实地测量)。由以上计算结果看:平面精度完全满足规范要求。

当精度指标达到要求后,重采样纠正影像。

3.4 影像拼接、裁剪

影像在 Erdas imagine 中拼接,拼接误差在2.0~6.5 m。

规范要求拼接误差最大不能大于0.8M(M 指比例尺),即8 m。所以拼接误差满足规范要求。

影像的裁剪是因为拼接后图像数据量太大,为了方便测图,根据实际情况把图像按实际坐标裁剪成数据量较小的几幅影像,便于利用,见图2。

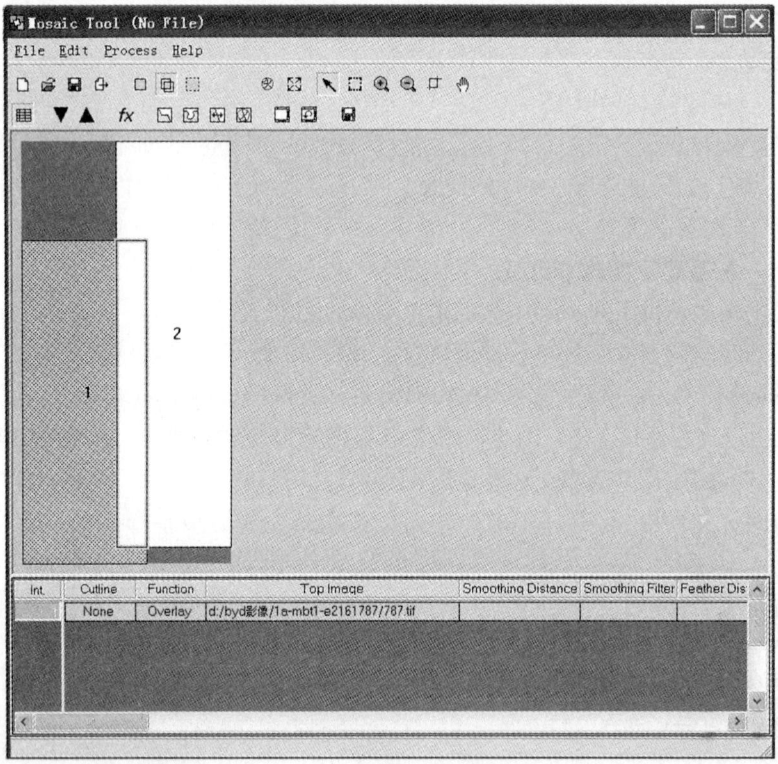

图2

4 数据检查

数据成图后,为了提供更具实用性的试验数据,我们进行了测图精度的检测。

检测分析(一):

为了检测卫片所测地形图的精度,外业实地测量了很多地物点来进行检查,见表1。

将检查点坐标输入到采集的地形图成果,对比检查点位略图判断检查点的位置,读出同名点的地形图坐标值,根据公式

$$M_x = \pm\sqrt{\frac{\sum_{i=1}^{i=n}\Delta X^2}{N}};M_y = \pm\sqrt{\frac{\sum_{i=1}^{i=n}\Delta Y^2}{N}}$$

求得 ΔX、ΔY 的中误差：$M_x = 1.89$ m，$M_y = 1.60$ m，再由中误差计算公式：$M_s = \pm\sqrt{(M_x)^2 + (M_y)^2}$ 求得：$M_s = \pm 2.48$ m。

表1 （单位：m）

点号	实地 Y	实地 X	参考 Y	参考 X	ΔY	ΔX
1	4 307 337.6	411 941.2	4 307 336.1	411 939.2	1.5	2.0
2	4 305 788.1	407 284.7	4 305 787.1	407 286.9	1.0	-2.2
3	4 303 881.0	414 161.3	4 303 883.1	414 162.2	-2.1	-0.9
4	4 294 908.9	413 002.2	4 294 907.7	413 004.4	1.2	-2.2
5	4 294 838.1	408 531.8	4 294 837.8	408 532.6	0.3	-0.8
6	4 290 866.7	405 905.3	4 290 865.3	405 907.4	1.4	-2.1
7	4 292 615.9	403 786.3	4 292 613.3	403 784.6	2.6	1.7
8	4 286 896.0	405 613.8	4 286 894.4	405 611.3	1.6	2.5

根据规范要求平面精度 ±5 m，由此可见平面精度满足规范要求。

检测分析（二）：

利用 2009 年 EROS－B 卫星影像所测地形图与 2002 年航片成图进行套合比较，如图 3 所示。

图3

为了检测地形图平面精度，自原航片成图的 1∶10 000 图纸资料上提取了一些点，经过坐标比对，其结果如表 2 所示。

表 2　(单位:m)

点号	参考 Y	参考 X	实地 Y	实地 X	ΔY	ΔX
1	4 310 871.6	410 570.4	4 310 872.8	410 572.9	1.2	2.5
2	4 310 449.0	410 531.2	4 310 448.1	410 528.0	-0.9	-3.2
3	4 310 340.5	410 558.0	4 310 338.2	410 559.3	2.3	-1.3
4	4 310 421.9	410 823.7	4 310 420.0	410 821.1	1.9	-2.6
5	4 310 422.3	411 011.5	4 310 422.3	411 012.3	0.0	-0.8
6	4 310 547.4	410 938.6	4 310 548.8	410 935.8	-1.4	2.8
7	4 310 834.0	411 061.1	4 310 836.6	411 059.0	-2.6	2.1
8	4 310 892.7	410 951.1	4 310 891.4	410 952.7	1.3	-1.6

由图纸的套合情况和同名点的坐标量测比对结果可以看出:两种成图结果差别不大,说明用 EROS - B 卫星影像所测地形图的方法和结果与传统的、可靠的航测成图相比是没有问题的。

因此该项目可以得出这样的结论:选用 EROS - B 卫星影像平面测图是成功的。

5　结　语

通过生产证明,使用高分辨率卫星遥感影像可以满足平原地区 1:10 000 基本比例尺地形图的测绘要求。卫星立体遥感影像覆盖面积相对较大,使用较少的控制点可满足测图精度要求,在一定程度上减少了外业控制的工作量,提高了生产效率,带来了一定的经济效益。今后,随着更高分辨率的遥感影像的推出,采用卫星影像测图技术将向更大比例尺方向发展。我们将在以后的生产实践中,不断钻研探索,为顺利完成基础测绘更新目标,为承揽卫星遥感影像的任务打下基础,积累宝贵经验,为测绘高新技术的发展作出自己的贡献。

参考文献

[1] 郭德方. 遥感图像的计算机处理和模式识别[M]. 北京:电子工业出版社,1984.
[2] 张祖勋,张剑清. 数字摄影测量学[M]. 武汉:武汉测绘科技大学出版社,1996.
[3] 党安荣,贾海峰,陈晓峰,等. 遥感图像处理教程[M]. 北京:清华大学出版社,2010.
[4] 水利水电规划设计总院. SL 197—97　水利水电工程测量规范(规划设计阶段)[S]. 北京:中国标准出版社,2006.